Gerd Binnig
Aus dem Nichts

GERD BINNIG

Aus dem *Nichts*

Über die Kreativität von Natur und Mensch

Mit Zeichnungen und Gedichten
von Rudi Gerharz

Piper
München Zürich

ISBN 3-492-03353-9
© R. Piper GmbH & Co. KG, München 1989
Gesetzt aus der Times-Antiqua
Satz: SatzStudio Pfeifer, Gräfelfing
Druck und Bindung: Clausen & Bosse, Leck
Printed in Germany

INHALT

VORWORT

Jede Art von schriftlicher Betätigung ist für mich ein Greuel, auch wenn es sich nur um das Schreiben einer Postkarte handelt. Zu diesem Buch hat es mich jedoch regelrecht getrieben, und zum erstenmal hat mir Schreiben Spaß gemacht. Meine Hoffnung ist, daß Sie mein Bild der Kreativität so aufregend und faszinierend finden wie ich selbst. Diese Hoffnung war für mich der Antrieb beim Schreiben.

Mir geht es in diesem Buch nicht darum, detaillierte Patentrezepte für kreatives Verhalten zu geben, sondern in erster Linie darum, ein tieferes Verständnis von Kreativität zu erreichen. Dazu muß man sich aber die gesamte Natur und nicht nur den Menschen anschauen. Die Natur war und ist in der Lage, ständig Neues hervorzubringen, ist also kreativ. Läßt sich die menschliche Kreativität mit der Kreativität der übrigen Natur vergleichen? Kann man Regeln angeben, nach denen Kreativität stattfindet?

Etwa ein Jahr bevor ich dieses Buch geschrieben habe, hatte ich lediglich ein intuitives Gefühl davon, was Kreativität sein könnte. Das Thema hat mich jedoch brennend interessiert, und ich wollte mehr darüber wissen. Im Laufe meines Lebens und während meiner Arbeit habe ich in dieser Hinsicht oft erstaunliche Erfahrungen gemacht, die mich immer wieder veranlaßten, über das Thema nachzudenken. Besonders plastische Eindrücke erhielt ich natürlich, wenn ich selbst in kreative Prozesse verstrickt war. Ich begann meine Gedanken und Eindrücke zu sortieren und konsequent weiter zu durchdenken. Dazu habe ich mich einen Tag pro Woche in ein stilles Kämmerlein eingeschlossen und gegrübelt. Ohne ein direktes Ziel hätte ich das nie gekonnt, also nahm ich mir vor, dieses Buch zu schreiben.

Als ersten Schritt dazu hielt ich an der Universität München eine Vorlesung zum Thema »Kreativität aus der Sicht eines Physikers«. Der erste Teil dieses Buches besteht aus der leicht überarbeiteten zehnstündigen Vorlesung. Sie brauchen keine Befürchtungen zu haben, es handelt sich dabei keineswegs um eine Vorlesung im üblichen Sinn. Ich versuche ganz zwanglos und spielerisch herauszufinden, was Kreativität ist. Dabei erhielt ich zudem einige wertvolle Anregungen von Studenten und anderen Hörern der Vorlesungen. Dafür bin ich sehr dankbar. Lassen Sie sich bitte nicht von der Naivität des ersten Teils, die sich auch im Stil ausdrückt, irritieren. Für kreative Prozesse braucht es reichlich Naivität.

Dieses Buch behandelt das Thema Kreativität in zweifacher Weise: Zum einen beschreibt es kreative Mechanismen, zum anderen verkörpert es selbst einen kreativen Prozeß. Während das Buch fortschreitet und entsteht, entwickelt sich nach und nach ein neues Bild von Kreativität. Der erste Teil des Buches ist nicht nach, sondern *während* eines Denkprozesses entstanden. Dies bedeutet, daß ich bei keinem der ersten neun Kapitel auch nur ahnte, was sich in den folgenden Kapiteln entwickeln würde. Dies ist sicherlich eine unübliche Art, populärwissenschaftlich zu schreiben. Ich hoffe jedoch, daß es einerseits das Thema vertieft und andererseits dem Buch eine besondere Dynamik und Lebendigkeit verleiht.

Im zweiten Teil versuche ich, das im Buch entwickelte Bild von Kreativität zu vertiefen und damit zu arbeiten, d.h. es auf alltägliche und auch auf nicht alltägliche Situationen anzuwenden. Dies könnte man im Prinzip beliebig ausdehnen, denn es gibt keinen Zusammenhang und keine Situation, die mit Kreativität nichts zu tun hätte. Die Breite des Themas sollte auch in den verschiedenen Ausdrucksformen dieses Buches deutlich werden.

Ich bin sehr froh darüber, daß es mir gelungen ist, Rudi Gerharz dafür zu gewinnen, künstlerische Beiträge zum Text dieses Buches beizusteuern. Rudi Gerharz ist für mich

8

einer der kreativsten Künstler unserer Zeit. Ich bin davon überzeugt, daß seine Gedichte und Bilder dem Buch eine zusätzliche Dimension verleihen und tiefere Regionen in Ihnen ansprechen werden, als dies der beschreibende Text allein vermocht hätte.

Es sei noch erwähnt, daß unzählige Diskussionen mit meiner Frau, mit Freunden und Arbeitskollegen mir sehr geholfen haben. Im besonderen entstand das Kapitel »Naturgesetze sind Evolutionsgesetze« aus einer engen Zusammenarbeit mit Jürgen Beier, Heinrich Hörber und Michael Niksch. Zu diesem Thema bin ich auch Theo Hänsch für anregende Diskussionen dankbar. Von Heidi Bohnet, Tilman Steiner, Manfred Weick, Rudi Gerharz und Heinrich Hörber, die das Manuskript des Buches sorgfältig gelesen haben, erhielt ich wertvolle Anregungen und Hinweise. Beim technischen Erstellen des Manuskriptes war die Hilfe von Petra Radzak von unschätzbarem Wert.

Schließlich danke ich meinen beiden Kindern, Iris (4) und Marvin (3). Sie haben mein Leben verändert und dadurch auch unter anderem dieses Buch möglich gemacht.

München, im April 1989   Gerd Binnig

ERSTER TEIL

DIE ENTWICKLUNG
EINER IDEE

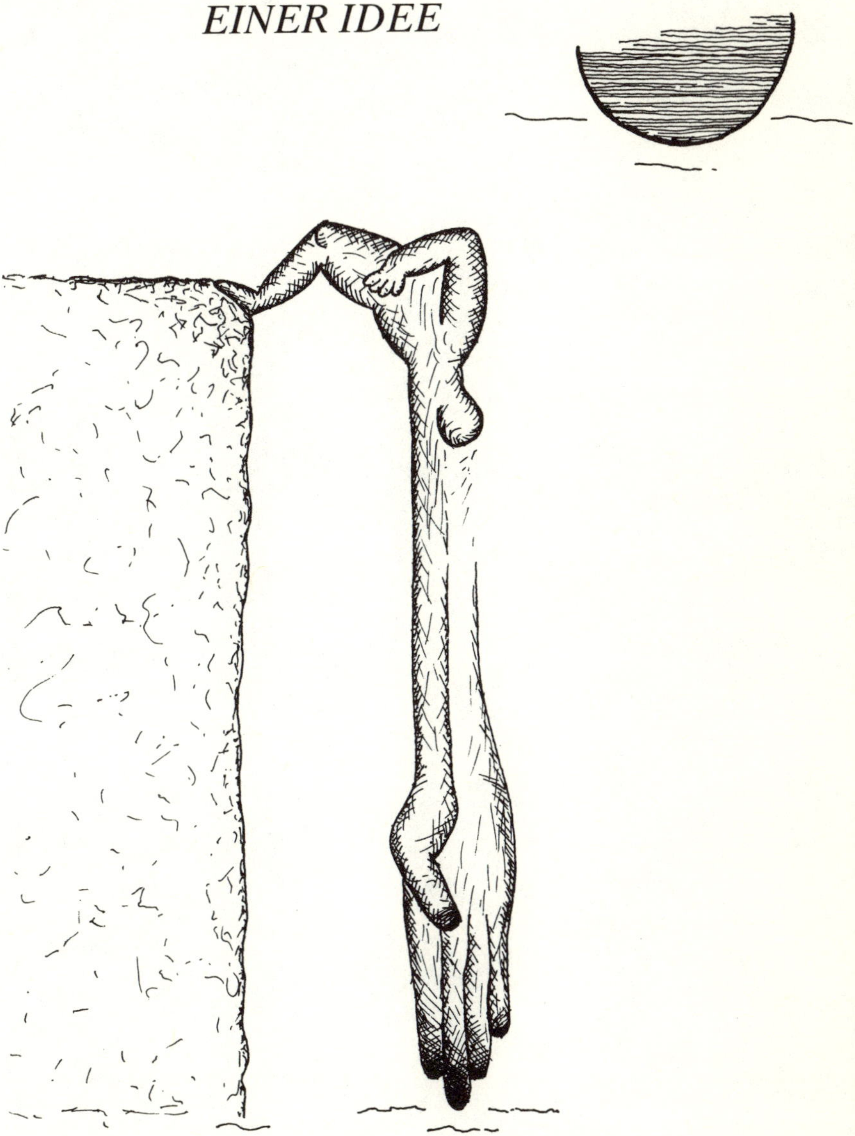

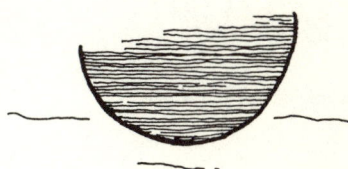

Göttliche oder menschliche Kreativität?

Alles wird klarer –
Mitten in der Betrachtung
Sinkt das Wort so tief
Daß man es nicht mehr fassen kann

Spiel mit dem Kreativitätsmuskel

Ich gebe zu, es ist reichlich vermessen von mir, über das Thema Kreativität zu schreiben: Ich habe mich bisher niemals wissenschaftlich mit dem Thema auseinandergesetzt, noch habe ich die Literatur darüber studiert. Aber möglicherweise ist das genau die richtige Methode, um an ein relativ neues Thema heranzugehen. Meine ursprüngliche Motivation, mich mit Kreativität auseinanderzusetzen, war meine Enttäuschung im Studium der Physik. Ich empfand sehr stark, daß üblicherweise bei der Lehre an der Universität die Kreativität zu kurz kam. Das Hauptgewicht lag darauf, Stoff – also Wissen – zu vermitteln, während das spielerische Umgehen mit diesem Stoff kaum eine Rolle spielte oder vollkommen übergangen wurde. Betrachtet man ein Kind, am besten ein Kleinkind oder einen Säugling, wie es/er lernt, dann stellt man fest, dieses Lernen ist eine Kombination von Spielen und Stoff, oder anders ausgedrückt, von Spiel und Spielzeug. Beides ist notwendig. Das Spielzeug ist Voraussetzung für das Spiel, und das Spiel ist Voraussetzung, um das Spielzeug zu begreifen; »begreifen« in diesem Fall sogar im wahrsten Sinne des Wortes, denn das Spielzeug wird spielerisch abgetastet. Es ist bekannt, daß Kinder, die mit Spielzeug im Übermaß ausgestattet sind, aufhören zu spie-

13

len. Die Fülle des Materials, des Stoffes, erdrückt die Kreativität. Ein wichtiger Faktor ist auch, wie der Stoff dargeboten wird. Nehmen wir ein Kind, das zum ersten Mal einen Würfel in der Hand hat und dieses geometrische Gebilde zu verstehen versucht. Dabei kann es stundenlang den Würfel rechtsherum, linksherum, vorwärts und zurück drehen und diese Tätigkeiten immer wiederholen, wobei es mit Vergnügen und großer Gebanntheit auf den Würfel starrt. Das geschieht »spielerisch«. Wenn ich dieses Bild heranziehe, um meine Erfahrungen beim Studium zu beschreiben, dann will ich damit ausdrücken, daß ich das Gefühl hatte, den Würfel nie in die Hand zu bekommen. Der Würfel wurde vor meinen Augen gedreht, mal rechts- und mal linksherum, und dann sollte ich auch gefälligst alles verstanden haben, und ein neues Spielzeug wurde an die Stelle des Würfels gesetzt. Es kommt mir sogar so vor, als ob viele Professoren ein spielerisches Umgehen mit dem Stoff geradezu als kindisch oder als Zeitverschwendung betrachteten. In ihren Augen beginnt Kreativität erst dann, wenn der Stoff »beherrscht« wird.

Dabei werden aber zwei Dinge, zwei wesentliche Dinge, außer acht gelassen. Einmal, daß das spielerische Erfassen des Stoffes die bessere Lernmethode ist, weil sie »Spaß macht«, lustbetont ist, und zum anderen, daß der »Kreativitätsmuskel« trainiert werden muß. Kreatives Denken will gelernt und geübt sein. Ich selbst habe dieses Mangelproblem für mich gelöst, indem ich während meines Studiums andere Dinge getan habe, die meinem Spieltrieb Nahrung gaben. Ich habe komponiert, Gedichte geschrieben und Bilder gemalt. Heute weiß ich, wie wertvoll das für mich war – selbst für meine wissenschaftliche Ausbildung –, denn die Mechanismen, die zu Kreativität in der Kunst führen, sind exakt die gleichen, die Kreativität in der Wissenschaft bewirken. Der Stoff ist ein anderer, doch das »Spiel« damit ist das gleiche. Ein interessantes Experiment dazu hat Prof. Dudley Herrschbach von der Berkeley Universität gemacht,

14

indem er seinen Studenten (womit er manche schockierte) als Übungsaufgabe im Fach Quantenmechanik vorschlug, Gedichte zur Quantenmechanik zu schreiben. Seine Absicht war, eine andere Art des Denkens zu schulen, die sonst im Studium zu kurz kommt, da üblicherweise das streng logische, das begriffliche Denken betont wird. Er wollte damit wohl den »Kreativitätsmuskel« der Studenten trainieren, denke ich.

»Kreativität« ist ein allumfassendes Thema

Das waren die Gedanken, die mir anfänglich durch den Kopf gingen. Als ich mich dann näher mit dem Thema befaßte, wurde mir klar, auf was ich mich da einließ, denn je länger ich darüber nachdachte, um so allgemeiner und umfassender erschien mir das Thema. Und irgendwann hatte ich das Gefühl, es gäbe überhaupt kein allgemeineres Thema mehr, denn es berührt ja praktisch alle grundlegenden Fragen dieser Welt: die Entstehung des Universums, die Evolution des Lebens und die Evolution des Universums, den Sinn des Lebens. Warum das Ganze stattfindet, und wohin das Ganze führt. Denn all dies hat etwas mit Kreativität zu tun, mit dem Entstehen von Neuem.

Sieht man sich die herkömmlichen Definitionen der Kreativität in den Lexika an, dann beziehen sie sich alle ausschließlich auf den Menschen – auf das Denken, auf die Phantasie und auf den Verstand, auf Gedankenblitze und Ideen. Von der Natur oder vom Universum ist nicht die Rede. Kreativität ist also, wie gesagt, immer auf den Menschen bezogen. Diese Auffassung schien mir zu eng begrenzt. Denn ist der Mensch wirklich das einzige Wesen oder die einzige »Institution«, die kreativ sein kann? So war es wohl ein kreativer Akt des Menschen, die Zange zu erfinden. Sie wurde jedoch schon etliche Zeit davor von Mutter Natur erfunden – z.B. als Krebsschere. Oder nehmen wir die Injek-

tionsnadel. Auch sie wurde schon vor langer, langer Zeit
von der Natur erfunden in Gestalt der Giftzähne von Schlangen. Die Ähnlichkeiten beider Erfindungen, der des Menschen mit der der Natur, springen ins Auge, und man fragt
sich: »Ist die eine Entwicklung, die des Menschen, kreativ
und die der Natur nicht?« Die Ergebnisse ähneln sich so,
daß man nicht an Zufall glauben kann. Denkbar ist auch,
daß der Mensch sich von der Natur hat inspirieren lassen. Es
gibt den Wissenschaftszweig der Bionik, in dem versucht
wird, von der Natur zu lernen und »natürliche Technik« auf
»menschliche Technik« zu übertragen. Der Mensch hat sicherlich bisher vieles von der Natur gelernt, und er wird weiterhin lernen. Darüber hinaus geht er aufbauend auf der
übrigen Natur aber auch einen eigenen kreativen Weg. Ich
glaube, daß er dabei nicht nur zu ähnlichen Endergebnissen
wie die übrige Natur kommen kann, sondern daß sogar die
Wege zu ihnen hin mehr Gemeinsamkeiten als Unterschiede aufweisen.

Der Mensch – »nur« ein Bestandteil der Natur

Ich sehe den Menschen nicht so, wie er heute oft gesehen
wird: neben der Natur stehend. Wenn man der Natur heute
sozusagen etwas Gutes antun will, dann sieht man sie als
Partner des Menschen. Dies ist meiner Ansicht nach falsch.
Wir sind nicht Partner, wir sind Teil der Natur. Wir sind ein
Unterbegriff. Denn der Mensch unterscheidet sich ja in keiner Weise prinzipiell von der übrigen Natur. Daß wir den
Menschen von der Natur abspalten und ihn über die Natur
stellen, hat wohl eine seiner Wurzeln im Christentum, das ja
den Menschen als etwas ganz Besonderes ansieht: Nur der
Mensch hat eine unsterbliche Seele und sonst niemand und
nichts, nur er ist Ebenbild Gottes. Den Menschen als etwas
so Großartiges aufzufassen, halte ich für einen Irrweg, denn
der Mensch ist ein Teil der Natur.

16

Jetzt werden Sie vielleicht denken: »Es ist eine triviale Äußerung zu sagen, der Mensch ist ein Teil der Natur.« Aber ich möchte an einem Beispiel zeigen, daß wir von unseren Gefühlen her einer solchen Aussage noch nicht zustimmen können. Schauen wir uns ein Bauwerk, z.b. einen Ameisenhaufen, an. Aus der Sicht der Ameise ist dieser ein riesiges Hochhaus. Wir haben keinerlei Schwierigkeiten zu sagen, es sei ein natürliches Gebilde. Wenn wir uns aber z.b. das Empire State Building ansehen, dann macht es uns Schwierigkeiten, dieses ein natürliches Gebilde zu nennen. Aber es *ist* ein natürliches Gebilde, ein Naturprodukt, denn es kommt von uns, die wir Bestandteil der Natur und deren Produkte somit auch natürliche Produkte sind. Die Bezeichnung »künstlich« ist also nicht als Gegensatz zu »natürlich« zu sehen, sondern nur als Unterbegriff. Von der Logik her ist das sofort zu erkennen, aber unser Gefühl macht uns da einen Strich durch die Rechnung. Das hat sicherlich mit unserer Erziehung zu tun. Ich glaube deshalb auch, daß einige unserer Umweltprobleme zumindest nicht in dieser Form so gravierend existieren würden, wenn wir etwas mehr das Gefühl hätten, daß wir ein Bestandteil des Ganzen sind und nicht *darüberstehen*.

Existiert Kreativität?

Bevor ich Kreativität definiere, möchte ich eine vielleicht etwas merkwürdige Frage stellen: »Existiert Kreativität überhaupt?«. Zu ihrer Beantwortung befragen wir einmal vorläufig nur unser Gefühl nach dem, was Kreativität sein könnte. Kommen wir zu dem Schluß, Kreativität existiert nicht, dann ist das Buch an dieser Stelle beendet. Geht man die Frage aus der Sicht des Physikers an, kann man tatsächlich einige Überraschungen erleben. Betrachten wir das Problem erst einmal vom Standpunkt der klassischen Physik aus, versetzen wir uns etwa 70 Jahre zurück und sehen uns das Weltbild zu jener Zeit an. Der Zustand des gesamten Universums war nach der damaligen Ansicht prinzipiell beschreibbar; die Naturgesetze glaubte man vollständig zu kennen. Wenn man aber den Gesamtzustand und die Naturgesetze kennt, dann war es nach der damaligen Auffassung möglich, auch alle weiteren zukünftigen Zustände des Universums zu berechnen. *Die Zukunft war festgelegt.* Es ist, als laufe ein Programm ab; die Natur verhält sich strikt nach Regeln – das nannte man Kausalität –, und dieses Programm wird in einer vorbestimmten und vollkommen festgelegten Art und Weise abgespult. Wo bleibt da nun Platz für Kreativität? Es drängt sich einem in diesem Zusammenhang von Natur und Schöpfer das Bild vom Computer und vom Programmierer auf, bei dem man sich fragen kann: »Wer ist kreativ – der Computer oder der Programmierer?« Wer hat das »Programm« der Natur geschrieben? Wer hat das Ganze gestartet? Die Anfangsbedingungen sind festgelegt; die Regeln sind geschrieben, d.h. das Programm ist geschrieben, und danach entwickelt sich das Ganze programmgemäß.

Nach der modernen Physik sieht das allerdings nicht mehr ganz so aus. Einsteins berühmter Ausspruch war: »Der Herrgott würfelt nicht.« Doch in der modernen Physik ist die Quantenmechanik vollkommen etabliert, die behauptet: »Die Natur würfelt.« Kommt man in sehr kleine Dimensionen, in die atomare Welt oder die subatomare Welt, dann ist die Kausalität nicht mehr gewährleistet. Es gibt nicht mehr für jedes Verhalten der Natur einen benennbaren Grund. Ein gutes Beispiel dafür ist der radioaktive Zerfall eines Atoms, z.B. der Alphazerfall. Wir haben ein Atom vor uns; es passiert nichts. Lange Zeit passiert nichts. Und plötzlich, ohne ersichtlichen Grund, zerfällt das Atom, indem es eine radioaktive Strahlung aussendet. Wir wissen nicht, warum ausgerechnet jetzt und nicht eine Stunde früher oder eine Stunde später oder zu einem ganz anderen Zeitpunkt. Es gibt keinen für uns ersichtlichen Grund für den »gewählten« Zeitpunkt des Zerfalls. Damit ist die Zukunft nicht mehr vorherbestimmbar. Die Kausalität ist verletzt.

Was heißt das für die Kreativität? Im Vergleich zum Weltbild der klassischen Physik scheint sich nicht viel geändert zu haben. Die Naturgesetze, die den Ablauf festlegen, sind nach wie vor da. Doch es ist noch die Statistik eingebaut – ein Würfelspiel. Nehmen wir zum Vergleich ein Computerprogramm mit eingebautem Würfel oder Zufallsgenerator. Solche Programme werden schon seit langem benutzt; man nennt sie Monte-Carlo-Simulationen. Wieder auf die Analogie Natur/Schöpfer bezogen, sieht es so aus, als wäre es diesem Schöpfer zu wenig herausfordernd, zu langweilig gewesen, ein einfaches, total definiertes Programm zu schreiben. Er hat deshalb den Zufall miteingebaut, um die Vorhersage schwieriger und damit für ihn selbst attraktiver zu machen. Das wäre ein *allmächtiger Schöpfer*, der all dies in Gang setzen kann, alles »machen« kann, allerdings *kein allwissender Schöpfer*, da er ja gespannt auf das Ergebnis des Programms wartet.

Man könnte sich auch folgendes vorstellen: Wenn unser Weltall, wie es heute die Physiker für möglich halten, geschlossen ist, d.h. eine Zeitlang expandiert (in dieser Phase befinden wir uns jetzt) und dann wieder in sich zusammenfällt, dann gibt es einen erneuten Urknall. Das Universum expandiert von neuem. Beim ersten Mal hat es sich auf irgendeine Art und Weise dadurch, daß der Zufall eingebaut ist, in einer unvorhersehbaren Art und Weise entwickelt. Das nächste Mal wird es sich anders entwickeln und danach wieder anders. Hat man beliebig viel Zeit zur Verfügung, diese Evolution des Universums immer und immer von neuem zu wiederholen, dann können damit unendlich viele Möglichkeiten durchgespielt werden. Man könnte sich sogar darüber hinaus vorstellen, daß das Programm ab und zu umgeschrieben wird, um von daher noch gewisse Variationen einzubringen, d.h. daß es immer neue Naturgesetze gibt oder daß vielleicht sogar mehrere Universa gleichzeitig ihr Programm abspulen, alle das gleiche Programm oder auch unterschiedliche. Ist das Programm »schlecht«, entstehen keine besonders interessanten Möglichkeiten. Ist das Programm gut, können komplexe, spannende Welten entstehen.

Wir wissen, daß unser Universum in der jetzigen Form nur existieren kann, weil die Gesetze so sind, wie sie sind. Würde man sie auch nur minimal abändern, sähe unsere Welt ganz anders aus. Leben wäre dann vielleicht nicht möglich. Eine solche Sicht des Universums hat etwas sehr Mechanistisches und scheint frei von jeglichen menschlichen Gefühlen. Doch es ist ein Weg, mit Distanz unsere Herkunft zu betrachten. Es ist ein Modell, das uns vielleicht zum Verständnis der Kreativität helfen kann.

Zu den Naturgesetzen, die die Voraussetzung für die Evolution der Materie und damit auch des Lebens waren und sind, möchte ich noch eine Bemerkung machen, denn ich habe sie nur erwähnt, ohne sie zu definieren. Wir entdecken in der uns umgebenden Natur irgendwelche Regelmäßigkeiten, Regelmäßigkeiten im Verhalten. Mehr ist es nicht. Insofern unterscheiden sich die physikalischen Naturgesetze nicht von den Verhaltensmustern von Pflanzen und Tieren, von Menschen oder sogar im speziellen von Fahrzeugen im Straßenverkehr. Die Naturgesetze sind zugegebenermaßen elementarer, aber hinter ihnen stecken wiederum noch elementarere Gesetze, die wir noch nicht alle kennen.

Das Beobachten von Regelmäßigkeiten möchte ich überspitzt folgendermaßen darstellen: Wir laufen z.B. durch die Landschaft und finden überall rote Knöpfe. Wenn uns nun jedesmal beim Drücken eines dieser Knöpfe eine Banane entgegenspringt, dann haben wir eine Regelmäßigkeit in der Natur, also ein Naturgesetz, festgestellt: Drückt man einen roten Knopf, wird eine Banane präsentiert. In so ähnliche Situationen bringen wir ja Schimpansen, um ihr Lernverhalten zu studieren. Wir wissen heute, daß Schimpansen in der Lage sind, Gesetze zu erkennen, so wie wir. Beim »Bana-

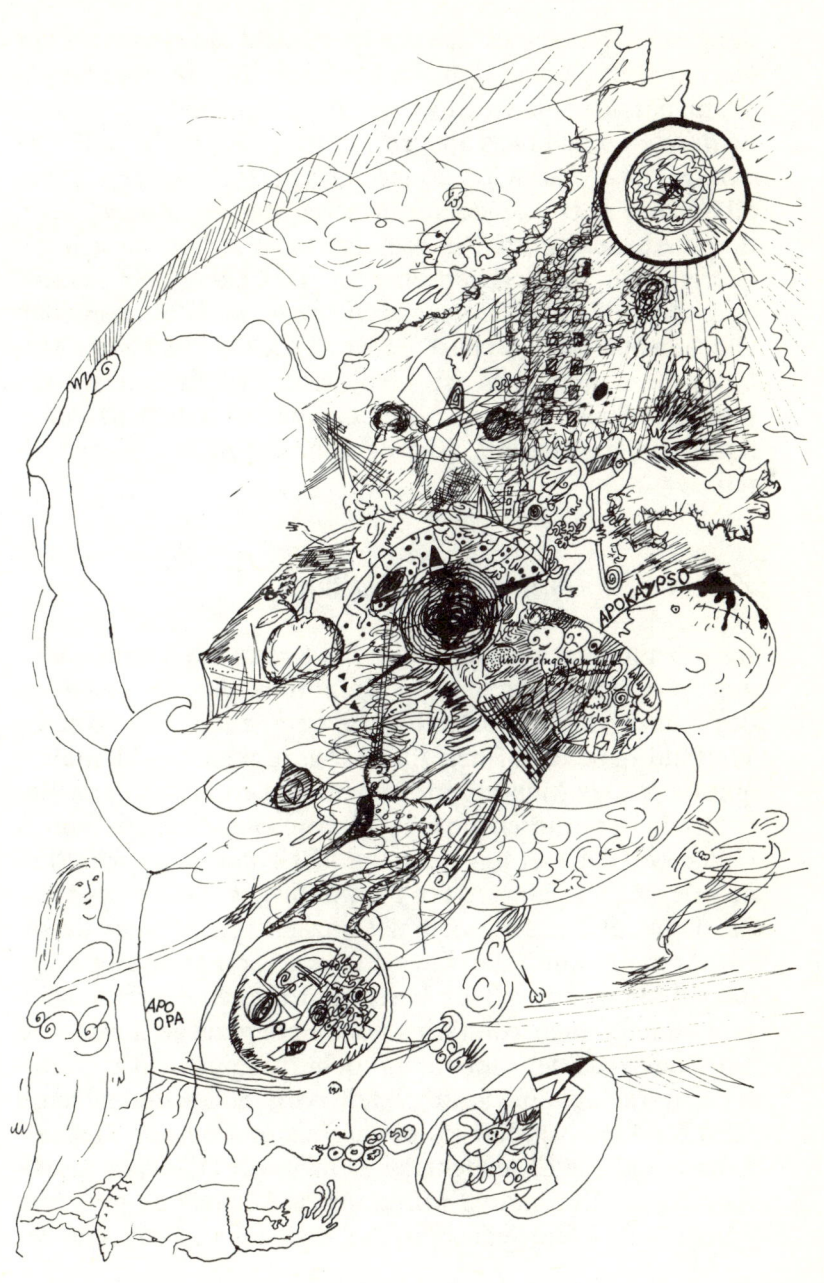

nengesetz« handelt es sich natürlich nicht um ein wirkliches Naturgesetz. Wir wissen, daß es nicht allgemeingültig ist. Wenn der Affe die Lektion gelernt hat, wird z.b. die Banane durch irgend etwas anderes ersetzt, oder der rote Knopf wird gegen etwas anderes ausgetauscht. Wir dagegen lernen z.b. das Gesetz: Gegeben sind zwei Massen; *immer*, wenn deren Abstand so und so groß ist, dann ziehen sie sich mit der und der Kraft gegenseitig an. Das haben *wir* gelernt, aber ob das für alle Zeiten gilt und ob für alle Zeiten mit den gleichen Werten – ob also die Kraft auch noch in einer Million Jahren die gleiche ist –, das wissen wir auch nicht. Bis jetzt gibt es allerdings noch keinen konkreten Anhaltspunkt dafür, daß die Naturgesetze nicht für alle Zeiten gelten sollten.

Zu einer Definition der Kreativität

Ich möchte jetzt zur Definition der Kreativität kommen; zu einer möglichst allgemeinen Definition, die die Evolution des Universums beschreibt. In dem eben gezeichneten Weltbild habe ich bisher die Einzigartigkeit des Menschen ignoriert. Der Mensch mit seinem Willen und seinem Bewußtsein ist natürlich einzigartig. Nur sollten wir uns einmal Gedanken darüber machen, ob nicht Tiere oder sogar Steine oder Atome eine Art Willen und Bewußtsein besitzen, die dann auf ihre Art ebenfalls einzigartig sind. Es wäre sogar für die Zukunft durchaus denkbar, Computer zu bauen, die einen eigenen Willen besitzen, der dem des Menschen sehr ähnelt. Auch wenn wir solche Gedanken als abwertend empfinden, da der Mensch mit dem Computer, also mit toter Materie, auf eine Stufe gestellt wird. Schon einmal hatte die Menschheit große Probleme, als die Wissenschaft erkannte, daß die Erde nicht das Zentrum des Universums ist. Auch diese Erkenntnis wurde als Abwertung empfunden. Aber das Problem liegt wahrscheinlich immer darin, daß der

Mensch sich selbst überbewertet und die sogenannte unbelebte Natur unterschätzt, denn diese ist nicht so unbelebt, wie wir das meinen.

Wir müssen uns mit dem Gedanken vertraut machen, daß tote Materie nichts Minderwertiges ist. In einem Stein z.B. sind alle Wunder dieser Welt enthalten, denn alle Naturgesetze (und damit alle Möglichkeiten, die aus ihnen resultieren können) spiegeln sich in ihm. Der Stein ist außerdem kein so einfaches Gebilde, wie man das manchmal annimmt. Er hat eine Art Leben. Der Stein hat z.B. ein Mitteilungsbedürfnis. Er wechselwirkt mit seiner Umgebung, ähnlich wie wir das auch machen. So signalisiert er seiner Umgebung seine Temperatur, indem er Licht aussendet. Wenn er heißer ist, strahlt er in einem ganz anderen Spektralbereich (z.B. hellrot) und auch intensiver, als wenn er abgekühlt ist und infrarotes Licht aussendet. Außerdem signalisiert er seiner Umgebung seine Masse, indem er andere Objekte anzieht. Wenn er magnetisch ist, dann zieht er magnetische Teile an. Ist er elektrostatisch geladen, zieht er Staub an und bedeckt sich damit. Er wechselwirkt also relativ heftig mit seiner Umgebung. Das unterschätzt man manchmal.

Der menschliche Wille – um unseren Exkurs zu beenden – ist überdies schwer beweisbar, wenn man ihn mit der Fähigkeit, *frei* zu entscheiden, gleichsetzt. Schon Schopenhauer hat dazu eine hübsche Geschichte erzählt: Jemand will seinem Freund vergeblich beweisen, daß er einen eigenen Willen besitzt. Wie soll das funktionieren? – Indem er etwas tut, für das es sonst keinen ersichtlichen Grund gibt. – Dann ist der Grund eben der, daß er es tut, um seinem Freund zu beweisen, daß er einen eigenen Willen hat.

Sich vorzustellen, daß der Mensch keine Entscheidungsfreiheit besitzt, daß er nur Bestandteil eines ablaufenden Programms ist, bereitet Unbehagen. Nehmen wir aber an, daß eine solche Vorstellung der Wahrheit nahekommt, dann gibt es so etwas wie Kreativität überhaupt nicht. Jedenfalls nicht in dem Sinne, wie wir sie unserem Gefühl nach verstehen. Allerdings ist in diesem gefühlsmäßigen Verständnis von Kreativität die Überbewertung des Menschen, seine Gott-Ebenbildlichkeit, enthalten. Wir machen uns vielleicht die Illusion, so kreativ zu sein wie ein Schöpfer, so daß wir völlig neue Dinge erschaffen können. Doch all die Möglichkeiten, die existieren, sind bereits in den Naturgesetzen verankert, und an denen können wir nichts ändern. Zumindest ist uns bisher noch nicht eingefallen, wie das durchführbar wäre. Es passiert das, was passieren muß, wobei dieses statistische Moment, das wir auch nicht beeinflussen können, immer mitspielt. Ich möchte diese Betrachtung abschließen, indem ich Werner Heisenberg zitiere: »Der Mensch kann machen, was er will, aber er kann nicht wollen, was er will.«

Wir sollten unseren Standpunkt und unsere Haltung zur Kreativität eines Programms nochmals überdenken. Genaugenommen braucht man Programme oder Computer überhaupt nur, weil sie irgendwie doch in der Lage sind, etwas Neues zu schaffen. Sind sie jedoch in der Lage, etwas Neues zu schaffen, dann sind sie in einem gewissen Sinn auch kreativ. Da der Computer von seinem Programmierer »gefüttert« wird, könnten wir also sagen: »Der Computer ist kreativ durch den Programmierer.« Oder auf uns bezogen: »Der Mensch ist kreativ durch die Naturgesetze.« Oder wenn man es religiös formulieren will: »Der Mensch ist kreativ durch einen Schöpfer.« Der Computer ist unser Werkzeug (hoffentlich kehrt sich das nicht um), und wir sind Gottes Werkzeug oder Werkzeug der Naturgesetze.

Die »Bausteinstruktur« unserer Welt

Ich habe vor kurzem einen Vortrag gehört, der diese Fragen sehr schön in einem anderen Zusammenhang behandelt. Prof. Reeves, CENS, hat seinen Vortrag nicht unter dem Thema »Kreativität« gehalten, sondern unter der Fragestellung: »Was haben wir in den letzten Jahrzehnten in der Physik über unser Universum gelernt?« Dies ist eine ganz andere Fragestellung, aber ich glaube, seine Antwort hat sehr viel zu tun mit dem, was ich eben über Kreativität formuliert habe. Darüber hinaus werden uns seine Aussagen helfen, Kreativität zu definieren. Dies sind seine zwei Aussagen: Erstens: Die Natur ist strukturiert wie eine Sprache. Ihre kleinsten Elemente sind die Buchstaben, die sich zu Worten zusammensetzen. Worte setzen sich zu Sätzen zusammen. Mehrere Sätze können eine ganze Geschichte, mehrere Geschichten können ein Buch und mehrere Bücher eine Bibliothek bilden usw. Damit formt man eine Komplexitätspyramide: Das Komplexere steht jeweils über dem Einfacheren. Nach eben diesem Prinzip ist unser Universum strukturiert. Die elementarsten Teilchen, die wir kennen, sind Leptonen und Quarks. Ob es vielleicht noch viel elementarere gibt, wissen wir noch nicht. Die erwähnten Teilchen setzen sich zusammen zu Neutronen, Protonen oder anderen Elementarteilchen. Diese wiederum bilden zusammengesetzt eine ganze Bandbreite von verschiedenen Atomen – je nach ihrer Zusammensetzung. Die Atome ihrerseits sind in der Lage, sich zu Molekülen zusammenzufügen, auch hier eine ganze Palette. Auf dieser Etage könnte man den Stein, von dem wir vorhin gesprochen haben, einsetzen. Sie sehen, er ist auf einer relativ hohen Entwicklungsstufe. Dann gibt es weiter die biologischen Materialien. Eine entscheidende Rolle spielen hier die komplexen Moleküle, die in der Lage sind, sich selbst zu reproduzieren. Dann folgen die Lebewesen, unter ihnen die Menschen, wobei die Menschheit als das wohl komplexeste Gebilde, das es momentan gibt, ganz oben steht. Was dann allerdings noch darüber kommt, das ist schwer zu sagen. Hier, in diesem Bild, ist es immer so, daß sich das Höhere aus den unteren Etagen zusammensetzt. Welches komplexe Gebilde sich aus der Menschheit formen wird, darüber kann man nur Vermutungen anstellen.

Reeves' zweite Aussage ist folgende: Diese Pyramide entwickelt sich fortlaufend. Das weiß man heute. Vor 60, 70 Jahren nahmen die Physiker an, das Universum sei statisch, so als existiere es schon immer in dieser Form und werde so für alle Zeiten fortbestehen. Das ist falsch. Heute wissen wir, so gut man eben überhaupt wissen kann, daß das Universum sich entwickelt. Das Universum ist also dynamisch. Die Pyramide hat sich erst gebildet. Am Anfang, kurz nach dem Urknall, vor etwa 20 Milliarden Jahren, gab es all diese Elemente der Pyramide überhaupt nicht. Da gab es nur Licht. Und dann hat sich im Laufe von Sekunden, Tagen, Jahren und Jahrmillionen eins nach dem anderen gebildet. Die Pyramide ist gewachsen und damit auch die Komplexität.

Und hier kann man sich fragen: »Sind das nicht jeweils kreative Schritte gewesen?« Es ist ja immer wieder etwas Neues entstanden. Dieses Wachstum findet nicht nur in die Höhe, also vertikal, sondern auf jeder einzelnen Etage, also horizontal, statt: also auch ein Wachstum in die Breite; eine ganze Bandbreite von Atomen, eine ganze Bandbreite von Lebewesen.

Um jetzt wieder auf die Kreativität zurückzukommen, stellen wir uns eine typische Intelligenztest-Frage: »Was ist all diesen Begriffen, die hier in der Pyramide auftauchen, gemeinsam – etwa in der Art von: Was ist die Gemeinsamkeit von Gänseblümchen und Elefant?« Ich glaube, daß all diese Gebilde, die hier auftauchen, Einheiten sind. Wie schon erwähnt, sind sie zusammengesetzt aus Untereinheiten. Aber sie treten als Einheit auf; sie wirken als Ganzes. Nehme ich eine dieser Untereinheiten heraus, wird auch das Ganze anders wirken. Ein Atom z.B., das in einer gewissen Art und Weise zusammengesetzt ist, hat eine bestimmte Eigenschaft. Ändere ich nur ein Element, ist es ein anderes Atom und hat eine andere Eigenschaft. Es ist dann ja auch anders zusammengesetzt. Das heißt, es kommt auf die Einheit, auf das Ganze, an. Da diese Elemente als Einheiten mit anderen Einheiten wechselwirken, würde ich sie gerne Wechselwirkungseinheiten taufen. Im folgenden nenne ich sie jedoch der Kürze halber etwas schlichter »Wirkungseinheiten«. Dieser Begriff sollte aber wohl sehr allgemein, sehr umfassend gesehen werden, so daß z.b. auch eine Idee eine Wirkungseinheit sein kann bzw. ist.

Wenn wir das Wachstum der Pyramide als kreativen Vorgang bezeichnen, dann definieren wir:

> Kreativität ist das Ermöglichen neuer Wirkungseinheiten.

Ich nenne es »ermöglichen« und nicht »schaffen«, um das menschliche Element herauszuhalten und um die Definition dadurch so allgemein wie möglich zu fassen. Auch der Begriff »Wirkungseinheit« soll – wie gesagt – hier allgemein gesehen werden. Eine Wirkungseinheit kann also auch ein Gedanke sein oder ein Buch. Wenn ich bei einem Buch einige Seiten herausreiße, dann wird es anders wirken. Das heißt, es kommt wirklich auf die Gesamteinheit an.

Wir müssen uns noch einige Gedanken zu dem Begriff »neu« machen. Wenn ich einen – mir – neuen Gedanken habe, woher weiß ich dann, daß dieser Gedanke neu ist? Vielleicht hat irgend jemand in China oder in Afrika oder Amerika diesen Gedanken schon gedacht oder vielleicht auch mein Nachbar. Und selbst wenn dieser Gedanke auf der ganzen Erde noch nicht gedacht wurde, dann sind vielleicht irgendwo sonst im Universum – oder möglicherweise in einem ganz anderen Universum – solche Gedanken »alte Hüte«. Andererseits ist der Gedanke neu für uns. Das heißt, die Kreativität muß man lokal – an einen Ort gebunden – definieren. Anders geht es nicht. Sie ist also nur für eine Stelle definiert und nicht für alle Orte. Es bleibt uns nichts anderes übrig, weil wir das ganze Universum nicht überblicken können und vielleicht noch nicht einmal wissen, ob es nicht noch andere Universa gibt.

Hier kommt man in den Bereich der Wertung hinein.

Wenn man sagt: »Dies war ein kreativer Schritt, doch jener Schritt war noch kreativer«, dann hängt das sicherlich auch mit der Lokalität zusammen. Wird das Rad zum x-ten Mal erfunden, kann es sich dabei um einen lokalen kreativen Akt handeln, aber um keinen besonders kreativen. Je enger lokal begrenzt ein kreativer Schritt ist, um so weniger bedeutend ist er; aber auch die Größe der Schritte geht natürlich in die Wertung ein. Was ist ein »großer Schritt«, und was ist »sehr lokal«, was ist »weniger lokal«? Hier ein Urteil zu fällen ist sehr subjektiv und schwierig. Vielleicht könnte man eine mathematische Definition finden, die das subjektive Element vermeidet. Ich will jedoch auf den Versuch verzichten.

Große und kleine Pyramiden

Das ist die Wirklichkeit
Und ist sie nicht –
Aus allen Fragen drängt es
Mit Fragen im Gesicht

Zunächst möchte ich das erste Kapitel kurz zusammenfassen:
  Wir fanden eine Definition für Kreativität, bei der die gesamte Natur miteinbezogen ist:

> Kreativität ist das Ermöglichen neuer
> Wirkungseinheiten, und sie ist lokal.

Die Gesamtheit aller kreativen Prozesse haben wir dabei als das Wachstum einer Pyramide (nach H. Reeves) in Höhe und Breite dargestellt. Dabei setzen sich die Elemente einer Etage zusammen aus Elementen der darunterliegenden Etagen.

Spielerisches Umgehen mit den Pyramiden

Ob uns das Bild der Pyramide im Verständnis der Kreativität weiterbringen wird, ist noch ungewiß. Wir müssen uns dazu erst einmal mit den Eigenschaften der Pyramiden vertraut machen. Einige Dinge fallen dabei auf. Wie bereits erwähnt nimmt die Komplexität von unten nach oben zu. Dabei geht allerdings etwas verloren: die Wiederholbarkeit oder Austauschbarkeit. Es gibt zahllose Neutronen auf der Welt, die alle, wenn man sie isoliert betrachtet, identisch sind. Es gibt auf der nächsten Etage der Pyramide jede Menge Wasserstoffatome, die alle mehr oder weniger identisch, oder besser: austauschbar, sind: Würde man sie untereinander austauschen, keiner würde es bemerken. Jetzt kommen wir in der Pyramide noch weiter nach oben. Nehmen wir z.b. Moleküle: Da kann man sich schon vorstellen, daß einige so komplex sind, daß sie im Universum nur einmal vorkommen. Oder sehen wir uns ein Staubkorn an. Selbst wenn wir ein mikroskopisch kleines Teilchen mit 10^{12} Atomen nehmen, ist es äußerst unwahrscheinlich, daß zwei ihrer Struktur nach vollkommen identische Staubteilchen auf der Welt existieren. Denn daß die entsprechenden Atome alle in genau der gleichen Art und Weise angeordnet sind, ist extrem unwahrscheinlich. Und kommen wir schließlich zum Menschen, dann ist eine Austauschbarkeit gänzlich unmöglich – sogar theoretisch.

Man muß natürlich auch den Geist des Menschen und sein Gedächtnis mit berücksichtigen. Dann ist ganz klar, daß es keine zwei identischen Menschen geben kann: Selbst eineiige Zwillinge mit identischen Erbanlagen unterscheiden sich aufgrund ihrer unterschiedlichen Lebenswege schon im Mutterleib. Sie sind ja nicht ineinander, sie sind nebeneinander. Sie sehen die Welt also aus etwas verschiedenen Blickwinkeln, und ihre Wege können nicht vollkommen identisch sein. Weder sind sie »wiederholbar« noch »austauschbar«. Ebensowenig ist es möglich – nicht einmal theoretisch –, daß zwei identische Sterne existieren oder gar Galaxien oder Menschheiten. Das ist ganz ausgeschlossen.

Weiter fällt uns auf, daß innerhalb der Evolutionspyramide der Materie die des Lebens steckt. Innerhalb dieser wiederum wächst eine kleinere Unterpyramide – die Evolutionspyramide des Geistes oder der Intelligenz. Diese geistige Evolution war und ist ja nur möglich, weil die übrige Evolution stattgefunden hat. Wenn es keine Atome gäbe, dann hätten sich nie Lebewesen entwickeln und damit auch die geistige Evolution in ihren Köpfen nicht stattfinden können. Auf die geistige Evolution kommen wir etwas später

noch zurück. Helfen uns diese Gedanken weiter? Ich weiß
es nicht. Wir wollen an ein neues Thema herangehen und
sind vorläufig etwas hilflos.

Man kann nicht vorhersagen, was wichtig werden könnte.
Es bleibt einem nichts anderes übrig, als erst einmal einige
Gedanken zusammenzutragen.

Einige Hypothesen zum Pyramidenmodell

In diesem Buch soll ja – wie bereits im Vorwort erwähnt –
versucht werden, das Thema Kreativität kreativ zu behandeln und sogar als kreativen Prozeß darzustellen. Wir befinden uns also mitten in einem Entwicklungsprozeß. Während solcher evolutionärer Vorgehensweisen läßt man sich
oft von Vermutungen, Vorahnungen oder Intuitionen leiten.

Wir stellen nun einige Behauptungen auf, die sich uns
aufdrängen – einfach frei in den Raum –, und versuchen erst
später, sie zu überprüfen und damit zu arbeiten. Die erste
Behauptung heißt:

Evolution läßt sich immer als
Komplexitätspyramide darstellen.

Gemeint ist dabei jede Art von Evolution; so läßt sich auch
die geistige Evolution wieder als bausteinartig zusammengesetzt beschreiben. Dabei bewirkt menschliche Kreativität das Wachsen von geistigen wie auch von materiellen
Pyramiden. Der Mensch hat teil an der gesamten Evolution des Universums, denn er baut einerseits Maschinen
und Gegenstände, die es vorher noch nicht gegeben hat,
ermöglicht aber andererseits auch etwas prinzipiell Neues,
indem er geistige Gebäude aufbaut, die vorher nicht
existierten. Natürlich baut er dabei auf einer Entwicklung
auf, die im Tier- bzw. im Pflanzenreich begonnen hat. Zweitens:

Kreativität ist das Ermöglichen des
Wachstums solcher Pyramiden.

Diese Behauptung ist eigentlich schon fast trivial, denn sie
folgt aus der Definition der Kreativität: Wenn Kreativität
das Ermöglichen von Wirkungseinheiten ist und die Pyramiden aus diesen Wirkungseinheiten aufgebaut sind, dann ist
natürlich Kreativität auch das Ermöglichen des Wachstums
dieser Pyramiden. Dies wäre eine andere Art und Weise,
Kreativität überhaupt zu definieren. Ich möchte noch einmal betonen: Die Pyramide wächst nicht einfach Stufe für
Stufe, sondern sie wächst gleichzeitig in die Höhe und in die
Breite.

Ich möchte noch eine dritte Behauptung, vielleicht die ge-
wagteste von allen, hinzufügen:

Alle Pyramiden wachsen nach den gleichen
oder zumindest sehr ähnlichen Mechanismen.

Ich behaupte das, weil ich wie viele Wissenschaftler daran
glaube, daß unser Universum einfach strukturiert ist. Darüber hinaus ist der Wunsch der Vater des Gedankens: Es
wäre schön, wenn es sich einfach darstellen ließe, denn dann
bräuchten wir uns nur eine dieser Pyramiden anzuschauen
und gut zu verstehen, um alles, was wir dort gelernt haben,
verallgemeinern und sagen zu können: »Das gilt für alle Pyramiden.« Wenn wir also z.B. speziell über die menschliche
Kreativität nachdenken, würden wir sie bereits dadurch besser verstehen, daß wir das über die Universumspyramide
Gelernte auf sie übertragen könnten.

Hierfür möchte ich ein Beispiel geben: Für das Entstehen
von menschlicher Kreativität nimmt man oft an, daß die daran beteiligten Menschen besonders ausgeprägte Eigenschaften haben müßten. Betrachtet man aber die Evolution des
Universums, erkennt man etwas anderes ganz deutlich: Man
braucht für Kreativität in der Natur statt extremer Eigenschaften oder Situationen oft subtil ausbalancierte Bedin-

gungen. So müssen z.B. für das Entstehen von Aminosäuren ebenso wie für das Herstellen von Atomen genau definierte Bedingungen vorliegen: Die Temperatur muß stimmen, die Dichte der Gase muß stimmen usw., damit die Moleküle entstehen können. Wenn z.b. bei zu hoher Temperatur zwei Atome zu schnell aufeinanderprallen, dann werden sie vielleicht sogar zertrümmert, zumindest jedoch wird keine Bindung zustande kommen; sie werden einfach wieder auseinanderbrechen. Wenn die Atome zu stark abkühlen, dann sind sie zu langsam, so daß sie kaum eine Chance haben zusammenzukommen, bzw. es einfach zu lange dauert, bis die zwei Atome ein Molekül bilden können. Derartige Bedingungen fördern eine kreative Entwicklung also nicht.

Damit ist auch klar geworden, daß der Zeitfaktor für die Kreativität eine große Rolle spielt. Wir werden in einem späteren Kapitel besonders darauf eingehen. Dieses Phänomen der subtil ausbalancierten Bedingungen würde ich nach zweitem Hinsehen ohne weiteres auf die menschliche Kreativität übertragen.

Beispiele zum Pyramidenmodell

Schauen wir uns doch einmal einige Beispiele von Kreativitätspyramiden an – z.B. unser gigantisches elektronisches Kommunikationssystem. Dabei könnte man wieder bei den »elementarsten Elementarteilchen« anfangen. Beginnen wir jedoch einfachheitshalber bei den Widerständen, Kondensatoren, Drosseln, Dioden, Transistoren, Röhren, Leuchtschirmen usw. Wenn man all dies wieder kombiniert, kann man auf der nächsten Etage komplexere Elemente bauen wie z.B. den Tiefpaß – das ist ein Filter, mit dem man hohe Frequenzen abblocken und tiefe Frequenzen durchlassen kann – oder den Schwingkreis, den man braucht, um einen Sender mit dem Radio zu empfangen. Mit Widerständen und Transistoren kann man einfache Verstärker bauen. Auf der nächsten Komplexitätsetage stehen dann Fernseher, Computer, Verstärker, Telefone ebenso wie alle möglichen elektronischen Geräte. Diese wiederum zusammengesetzt können ganze Netze aufbauen, nämlich Computernetze, Telefonnetze, Fernsehnetze und noch eine ganze Reihe anderer Netze, die elektronischer Natur sind. Eine solche Vernetzung findet heute schon auf der ganzen Welt statt. So ist dank des Satellitensystems z.b. auch das Fernsehen ein weltweites Netz. Diese Systeme zusammengenommen bilden unser gigantisches, sehr komplexes elektronisches Kommunikationssystem, das für sich allein – ohne den Menschen – überhaupt keine Wirkungseinheit wäre. Es ist so vollkommen abhängig vom Menschen, daß man sagen kann: »Es führt ein Parasitendasein.« Es benutzt den Menschen, denn ohne ihn wäre es keine Wirkungseinheit. Aber andererseits profitieren wir natürlich auch davon. Wir gehen also eine Art Symbiose mit dem Kommunikationssystem ein. Und durch beides, Menschheit plus Kommunikationssystem, ist die Komplexität erhöht.

Ein klares Beispiel für eine Pyramide nach dem Baukastenprinzip liefert auch die Musik. Innerhalb der Pyramide der menschlichen Ausdrucksformen befindet sich die Kunst und darin das Musikgebäude. Die elementarsten Bausteine sind die Töne. Diese setzen sich zusammen zu einer Melodie, diese z.B. zu Liedern oder zu Sätzen einer Symphonie.

Ein weiteres Beispiel entnehmen wir der Geographie. Wir können die Erde aufteilen in Erdteile, diese wieder in Länder. Die Länder setzen sich zusammen aus Bergen, Tälern, Flüssen, Wiesen usw. Diese wieder sind aufgebaut aus Pflanzen, aus Wasser, Erzen, Gesteinen usw. – Oder nehmen wir unsere Sprache. Reeves weiß natürlich, daß seine Aussage: »Unsere Welt ist strukturiert wie eine Sprache« in Wirklichkeit genau umgekehrt zu fassen ist. Die Struktur unserer Sprache haben wir der Welt abgeschaut. Wir fangen mit Lauten an wie *m, l, a, o, u, ch.* Daraus kann man Wörter formen: Mama, Papa. Mehrere Wörter zusammen – Papa ist doof – bilden einen Satz, und alle erdenklichen Kombinationen von Sätzen zusammengenommen ergeben unsere Sprache. Mit der Schrift ist es ähnlich: Buchstaben ergeben Schriften und Bücher, und alle Schriften und Bücher zusammengenommen kann man als Schrifttum bezeichnen.

Hier stellt sich die Frage: »Steht da die Pyramide nicht auf dem Kopf?« Denn es gibt doch nur ganz wenige Buchstaben, aber es gibt unzählige Worte, und es gibt unendlich viele Sätze. Andererseits gibt es wohl nur eine Literatur, die man allenfalls unterteilen kann in die englische, die deutsche, die französische usw. Literatur. Das ergibt also überhaupt keine Pyramide, sondern ein anderes merkwürdiges Gebilde.

In der materiellen Evolution ist es allerdings ähnlich: Auch da gibt es nur ganz wenige, verschiedene Atom*sorten*, die dann unzählige, verschiedenartige Moleküle formen. Vielleicht können wir uns das Ganze wie »Scrabble« vorstellen: Von den Buchstaben oder Atomen gibt es sehr viele. Wir haben einen ganzen Sack voll. Jedesmal, wenn wir ein Wort oder Molekül bilden, nehmen wir aus diesem Sack die entsprechenden Atome oder Buchstaben heraus, wodurch wir dann eine Anzahl von Buchstaben oder Atomen verbraucht haben. Um ein neues Wort oder Molekül zu bilden, müssen wir neue Buchstaben oder Atome nehmen. Stellen wir uns den Vorgang in einem solchen Bild vor, dann ist die Pyramide mit der Spitze nach oben sicherlich gerechtfertigt.

Wir könnten natürlich auch sagen: »Bei den Buchstaben ist es anders.« Es wird nichts verbraucht. Wir denken uns einfach ein neues »a« oder »b«, wenn nötig. Das ist jedoch nicht richtig, denn es kostet Energie, zu denken und darüber zu kommunizieren. Beim Bau der Pyramide entsteht Ordnung, die nach einem Naturgesetz Energie verbraucht. Ebenso wie ein Atom eine bestimmte Menge Energie beansprucht, kostet es immer wieder Energie, einen Buchstaben zu formen.

Die »Denkpyramide«

Jetzt kommen wir zur menschlichen Kreativität oder man könnte auch sagen zur Denkpyramide. Was ist das? Die Gedanken sind z.T. Abstraktionen der Dinge. Die Wirklichkeit spiegelt sich in unseren Gedankenmodellen; aber die Denkpyramide ist darüber hinaus mehr: Sie ist etwas Eigenständiges. Auf die Rolle, die die Logik dabei spielt, kommen wir noch zurück. Die reinste Gedankenpyramide, die mir einfällt, wird von der Mathematik geformt. Ganz oben an der Spitze steht die Mathematik allgemein. Darunter kämen für mich die Teilgebiete wie Algebra, Geometrie etc.

Aber was steht in den unteren Etagen? Das funktioniert ganz ähnlich wie beim Aufbau des Universums, nur daß wir jetzt nicht mehr abhängig von Naturgesetzen sind. Jetzt geben wir die Naturgesetze vor. Solch eine mathematische Pyramide aufzubauen ist das Höchste an Kreativität, was man überhaupt erreichen kann. Hier kann man sozusagen Gott und Schöpfer spielen, indem man die Naturgesetze oder die Voraussetzungen für das Entstehen dieser Pyramide selbst setzt, die Grundlagen, die Basis dieser Pyramide selbst definiert. Auf der untersten Etage sind all diese Voraussetzungen, die Definitionen enthalten. In der nächsten Etage sind dann schon die Kombinationen der verschiedenen Definitionen enthalten mit den Lehrsätzen, die daraus folgen. Und auf der übernächsten Etage gibt es dann die Untergebiete der Mathematik wie Algebra, Geometrie usw.

Daß hier wiederum das gleiche Bausteinprinzip angewandt wird, ist sehr schön zu sehen. Ich habe das nicht im Detail ausgearbeitet, sondern will es nur beispielhaft zeigen. Man definiert z.B. die Gerade mit ihren Eigenschaften, und auf der nächsthöheren Etage kann man aus ihr dann, dreimal verwandt – aus drei Geraden nämlich, die sich miteinander schneiden –, ein Dreieck definieren usw.

Logik

Was aber ist nun die Logik – und welche Rolle spielt sie? Wenn man versucht, Kreativität zu verstehen, kann man nicht umhin, sich über die Logik Gedanken zu machen. Die Logik ist so etwas wie das Skelett der menschlichen Intelligenz. Sie nimmt deshalb auch in der Kreativität des Menschen eine besondere Stellung ein. Darüber hinaus ist sie zusammen mit der Intelligenz erst mit der Zeit entstanden und gewachsen. Sie hat selbst eine Evolution durchlaufen. Gefühlsmäßig wird die Logik von vielen als etwas Unverständliches und sehr Kompliziertes angesehen. Ich glaube aber, die Logik ist auf relativ einfache Prinzipien zurückzuführen. Das Vermeiden von Widersprüchen z.b. ist ein elementares Grundprinzip beim Aufbau des logischen Gebäudes. Wenn ich eine Äußerung mache, die einen Sachverhalt vollständig beschreibt, wie »Das Haus ist grün«, und dabei betone, daß diese Beschreibung komplett ist, dann kann ich nicht gleichzeitig sagen: »Das Haus ist nicht grün«. Das sind zwei sich generell ausschließende Äußerungen zum gleichen Sachverhalt, und das nennen wir einen Widerspruch. Es gibt Fälle, in denen die Beschreibung des Sachverhaltes nicht ausschließlich ist. Dann muß man das aber ausdrücklich betonen. Nehmen wir folgende Aussagen wie z.B.: »Das Chamäleon ist grün«, »Das Chamäleon ist nicht grün«. Diese beiden Aussagen widersprechen sich nicht unbedingt. Aber »Das Chamäleon ist grün« ist insofern eine falsche Aussage, als sie richtig, d.h. genauer definiert, heißen muß: »Das Chamäleon *kann* grün *sein*«, oder »... ist *im Moment* grün«, um damit ganz klar auszudrücken, daß die Beschreibung »Das Chamäleon ist grün« nicht komplett oder ausschließlich ist.

Hier einige weitere Beispiele für unlogische Aussagen entsprechend dem oben Gesagten: »Alle Menschen haben Haare auf dem Kopf, mein Opa nicht«. Das ist ein Widerspruch; denn die Definition von »alle Menschen« heißt:

»auch mein Opa«, da auch er zur Spezies der Menschen gehört. Und wenn ich sage: »Alle Menschen haben Haare«, hat auch mein Opa Haare. – Oder ein anderes Beispiel: »Ich weiß, daß ich nichts weiß.« Nach »Ich weiß« im Hauptsatz folgt im Nebensatz: »Ich weiß nichts«. Das sind zwei Aussagen zu meinem Wissen, die komplett und gegenteilig sind und damit einen Widerspruch bilden.

Ich kann natürlich auch Schlußfolgerungen ziehen, die falsch sind. Die einzelnen Aussagen selbst müssen dabei nicht falsch sein. Ich sage z.B.: »Alle Menschen haben ein Gehirn, *also* ist jeder, der ein Gehirn hat, ein Mensch«. Die Schlußfolgerung könnte stimmen, wenn es keine Tiere auf der Welt gäbe, die Gehirne haben. Aber das »also« ist mit Sicherheit verkehrt, weil es sich hier um eine typische Umkehraussage handelt, die oft gemacht wird, die aber unzulässig ist. In den meisten Fällen ist eine solche Umkehrung falsch. Das genannte Beispiel will vermitteln, daß ich die erste Formulierung »Alle Menschen ...« umdrehen kann und damit wieder eine richtige Aussage erhalte. Dies wird durch das »also« und durch die Tatsache ausgedrückt, daß die zweite Aussage eine Umkehrung der ersten ist. Mehr noch: Das »also« will uns suggerieren, daß dem eine allgemeine Regel zugrunde liegt – nämlich: Umkehrungen von Aussagen sind *immer* erlaubt. Das ist aber unrichtig.

Mit diesen Gedanken möchte ich keineswegs eine vollständige und umfassende Beschreibung des Begriffes »Logik« geben, sondern lediglich zeigen, daß einfache, sehr elementare Denkprinzipien dahinterstecken. Das gesamte Gebäude der Logik ist jedoch sehr komplex. Ebenso wie die Naturgesetze das Verhaltensmuster der Materie bestimmen und beschreiben, stellt die Logik das Netzwerk von »Verkehrsregeln« beim Denken dar. Sie muß wohl zusammen mit den Gedanken entstanden sein, so wie die Verkehrsregeln sich Hand in Hand mit den Fahrzeugen entwickelt haben.

38

Die »Wissenspyramide«

Information ist auf die verschiedenste Art abgespeichert. Die Information in unseren Köpfen nennen wir Wissen. Man erkennt einen »Wissenden« daran, daß er sich komplex und vorhersehbar verhält oder äußert. Ein Unwissender in bezug auf den Straßenverkehr, der zum erstenmal in eine Stadt kommt, lebt gefährlich, denn sein Verhalten ist unvorhersehbar und kann von den anderen Verkehrsteilnehmern nicht abgeschätzt werden – ebenso wie ihm das Verhalten der anderen nicht vorhersehbar erscheint. Wissen heißt also auch, sich in komplexen Zusammenhängen und Abläufen nach Regeln zu verhalten. Je komplexer die Regeln sind, desto komplexer ist das benötigte Wissen.

Auch in diesem Zusammenhang bildet der Mensch mit seinem Wissen keine Ausnahme in der Natur. Ein Tier weiß, wie es sich zu verhalten hat. Diese Information ist in seinem Kopf, in seinen Genen und auch in anderen Dingen abgespeichert. Ebenso besitzen aber auch Pflanzen, Steine, Atome und Elektronen Informationen darüber, wie sie sich zu verhalten haben. In der unbelebten Natur sind alle Naturgesetze abgespeichert, aber in einer anderen Form als in unseren Köpfen. Es ist noch nicht vollständig gelungen, das »Wissen« der Natur auf unseren Geist abzubilden, also in unsere Sprache oder unsere Art von Wissen zu übersetzen. Das wird wohl auch nie geschehen.

Auf der obersten Etage der Wissenspyramide steht alles Wissen dieser Welt. Darunter kommt das Spezialwissen, das aus speziellerem Spezialwissen der drittobersten Etage zusammengesetzt ist usw. Konkret heißt das, auf der zweitobersten Etage könnte man sich verschiedene Formen von Wissen, also menschliches, tierisches, pflanzliches oder sachliches Wissen vorstellen. Menschliches Wissen, wie auch die anderen Formen, ist aus verschiedenen Arten von Fachwissen zusammengesetzt, die wiederum noch feiner unterteilt werden können. Im Fachwissen der Medizin z.B. steckt das Fachwissen der Zahnmedizin, darin das Wissen über Plomben usw.

Kreativität in der Wissenspyramide

Wo innerhalb dieser Pyramide befindet sich die Kreativität? Sie ist auch ein Fachwissen. Denn auch der Umgang mit Wissen gehört zum Wissensschatz: Jeder hat diesen Umgang irgendwann einmal gelernt. Wir haben in diesem Kapitel bereits die Denkpyramide behandelt. Gehört die Kreativität nicht dort hinein? Selbstverständlich, denn die Pyramide der Denktechniken ist in der Pyramide des Wissens enthalten. Die Wissenspyramide ist eine gewaltige Pyramide, in der sehr viele andere Pyramiden als Unterpyramiden enthalten sind. Man kann sich sogar fragen, ob es überhaupt andere Dinge außer Wissen oder Information gibt. Auch Materie verhält sich möglicherweise so, wie sie sich verhält, weil sie *weiß*, wie sie sich zu verhalten hat. Der Widerstand, den wir spüren, wenn wir mit dem Ellbogen auf den Tisch drücken, ist vielleicht nur ein Informationsvorgang. Wie bereits am Beispiel des Steines gezeigt tauscht Materie ständig heftig Information aus. Diese Information miteinbeziehend verhält sich Materie nach bestimmten Regeln. Stellen wir uns vor, daß Materie eine Evolution ähnlich der des Lebens durchlaufen hat, dann ist das Verhalten von Materie erlernt. Die Materie meines Ellbogens »weiß«, daß sie nicht die des Tisches durchdringen darf. Könnte man eventuell Materie umschulen?

Kreativität ist die Fähigkeit, vorhandene Information gewinnbringend umzustrukturieren und sie zu vermehren. Andere Formen des Umganges mit Wissen sind Bestandteil der Kreativität. Jeder hat im Laufe der Zeit auch Logik in sein Wissen aufgenommen oder auch Möglichkeiten, Informationen zu filtern, so daß er nicht alles, was seine Umwelt auf ihn losläßt, auch aufnimmt. Diese Filter erwirbt sich je-

40

der Mensch. Andererseits lassen die Filter doch manchmal ganz Unwichtiges rein, und man behält es über Jahre, und manchmal vergißt man äußerst wichtige Dinge. Die Filter funktionieren also nicht immer.

Über die untersten Wissensetagen habe ich mir noch nicht groß Gedanken gemacht, nur soviel: Was ist der einfachste Gedanke, der Basisgedanke, den man haben kann? Bei einem Computer sind es »ja« und »nein« und die logischen Verbindungen »und« und »oder«. Beobachtet man ein Baby, stellt man ganz ähnliches fest. Ein Baby denkt »ja« oder »nein«. Damit sind schon die ersten vier Begriffe abgehakt. Es benutzt »ja«, »nein«, »und« und »oder«. Es kann »ja« schreien oder »nein« schreien. Dabei nutzt es auch den Begriff »und«, denn nur wenn die äußeren Bedingungen stimmen, schreit es nicht: wenn es satt ist *und* warm *und* trocken *und* umsorgt (d.h. wenn Berührung und Stimme der Mutter oder einer anderen Person vorhanden sind).

Der künstliche natürliche Tod
oder die Tricks der Natur

Und stürb' der Tod
Dann stünde still die Zeit
Wir lebten ewig
Und alles würd' Detail
Und jeder Augenblick
Müßt' wiederkehr'n
Da wir ja ewig lebten

Zuerst eine Zusammenfassung des letzten Kapitels in groben Zügen:

Wir haben gesehen, daß man mit der Definition von der Kreativität als Ermöglichen neuer Wirkungseinheiten sie auch auffassen kann als Ermöglichen des Wachstums von Komplexitätspyramiden. Innerhalb der Pyramiden kann man wiederum kleinere Unterpyramiden entdecken. Das heißt also: Wie die komplexeren Wirkungseinheiten aus elementareren aufgebaut sind, so setzen sich die kleinen Pyramiden zu größeren zusammen. Dies ist ein interessanter Aspekt, den wir aber erst einmal nicht weiterverfolgen. In diesem Kapitel wollen wir uns nun die ersten zarten Gedanken dazu machen, wie die kreativen Prozesse im einzelnen aussehen, und damit versuchen, zum Kern des Themas Kreativität vorzudringen.

Die Dynamik der Pyramiden

Wie geht also das *Wachstum* der Pyramiden vor sich? Wie entsteht z.B. eine neue Wirkungseinheit? Für ein Molekül wissen wir das. Da kommt ein Wasserstoffatom z.B. mit einem Chloratom zusammen, und es bildet sich ein HCl-Molekül. Kommt ein Heliumatom mit einem Heliumatom zusammen, dann fliegen sie wieder auseinander, und es passiert gar nichts. Die Natur probiert, Dinge miteinander zu kombinieren, um auf der nächsten Ebene Komplexeres herzustellen, und das funktioniert entweder, oder es funktioniert nicht. Damit es jedoch überhaupt funktionieren kann, müssen ganz subtile, ausbalancierte Bedingungen vorherrschen – das hatten wir schon im vorigen Kapitel betont. Wenn die Teilchen zu schnell aufeinanderprallen, fliegen sie wieder auseinander. Ihre Energie ist zu hoch, um eine Bindung zu ermöglichen.

Wenn wir jetzt eine Brücke zur menschlichen Kreativität bauen wollen, kann man dieses Aufeinanderzufliegen vielleicht verallgemeinernd eine Behauptung nennen. Hier ist die»Behauptung«: Wasserstoff und Chlor bilden zusammen unter bestimmten Bedingungen ein HCl-Molekül. Die Natur probiert es, und sie prüft die Behauptung. Wenn man es so formuliert, sieht man sofort die Analogie zur menschlichen Denkweise. Wir stellen Behauptungen auf, die dann daraufhin geprüft werden, ob sie zutreffen oder nicht. Man weiß heute, daß unsere beiden Gehirnhälften verschiedene Funktionen übernehmen. Die linke ist eher für die Logik, also eher für das Analysieren, und die rechte für intuitives Denken, also wohl eher für Behauptungen, zuständig.[*] Ich habe immer wieder festgestellt, daß es Leute gibt, die das eine, und Leute, die das andere besser können. In Rüschlikon habe ich – ich will keine Namen nennen – zwei Forscher-

---

[*] Lit.: Karl R. Popper/ John C. Eccles: »Das Ich und sein Gehirn«, Piper Verlag, München, 1982.

kollegen. Es war immer köstlich zu beobachten, wie der eine einfach wild irgendwelche Behauptungen aufgestellt und sie auf einen Kollegen losgelassen hat, von dem er genau wußte, daß der sie analysieren konnte. Dieser hat als sehr guter Analytiker Fehler, Widersprüche oder Schwachpunkte sofort herausgefunden und somit dem Kollegen eine neue Basis für weitere Behauptungen geschaffen. Und die beiden zusammen haben für eine gewisse Zeit ein phantastisches Team gebildet. Der eine hat behauptet und der andere hat analysiert. Hier besteht allerdings die Gefahr einer gewissen Ungerechtigkeit, weil derjenige, der die Behauptungen aufstellt, möglicherweise allein das Lob erntet. Er war ja der Kreative, der die neue Behauptung aufgestellt hat, die sich dann als richtig erwies. Das ist natürlich ungerecht, denn für beides braucht es besondere Fähigkeiten. Diese Ungerechtigkeit, diese Unsymmetrie, muß der »Synthetiker« durch sein Verhalten aufheben. Nur er kann etwas dagegen tun, und wenn er klug ist, tut er es, denn sonst hat das Team keinen Bestand.

Beispiel Rastertunnelmikroskopie

In diesem und im nächsten Kapitel möchte ich ein Beispiel für das Wachstum einer speziellen Pyramide bringen. Dafür habe ich mir die Entstehung des Tunnelmikroskops ausgesucht. Nicht weil ich denke, das sei etwas besonders Kreatives, sondern einfach weil ich weiß, was passiert ist. Ich war eben dabei.

Bevor ich aber dazu komme, möchte ich zuerst noch eine Frage stellen, über die ich in diesem Zusammenhang gestolpert bin: Wieso gab es Tunnelmikroskope denn nicht schon längst? Das ist doch eigentlich sehr merkwürdig, denn es ist ein unglaublich einfaches Instrument. Wenn man es z.B. mit einem Menschen vergleicht, der doch um einiges komplizierter strukturiert ist und den es ja offensichtlich schon lange gibt, ist es wirklich erstaunlich, daß Tunnelmikroskope nicht längst vor dem Menschen evolutionär entstanden sind. Da muß irgend etwas Besonderes vorliegen, das in dem, was wir bis jetzt behandelt haben, noch nicht enthalten ist. Hat es etwas mit den Besonderheiten der belebten Natur zu tun?

Wirkungseinheiten in der belebten Natur

Klammern wir einmal, um dieser Frage nachzugehen, das Leben aus unserer Welt aus und schauen uns an, was denn da an komplexen Wirkungseinheiten übrig bleibt. Sterne sind relativ komplexe und kreative Wirkungseinheiten; sie produzieren verschiedenartige Atome. Aber was gibt es z.B. auf unserer Erde, wenn man sich alles Leben wegdenkt? Man kann sagen: Ein See ist eine Wirkungseinheit. Er wirkt u.a. als Temperaturstabilisator für seine Umgebung. – Oder ein Vulkan: Er ist eine Art Überdruckventil. Da platzt nicht die ganze Erde auf, sondern der Druck entlädt sich an einer Stelle. – Oder unsere Atmosphäre: Sie ist u.a. eine Art Poliermittel. Die groben Strukturen unserer Erde werden durch die Atmosphäre immer runder poliert.

Man fragt sich, ob in der Natur nicht komplexere Wirkungseinheiten denkbar sind. Man könnte sich z.B. folgendes vorstellen: An einem Strand gibt es zwei kleine Gruben, halb gefüllt mit bestimmten Materialien. Bei Flut könnten sich die Gruben leicht mit Wasser füllen und so, wenn die Materialien bestimmte Bedingungen erfüllen, eine Batterie bilden. Bei Ebbe vertrocknet die Batterie. Wenn ein Strom fließen kann und damit vielleicht sogar etwas zum Leuchten gebracht wird, entsteht auf die Art ein Ebbe-Flut-Anzeiger. Das wäre eine recht komplizierte Wirkungseinheit. Ich bin sogar fest davon überzeugt, daß es ähnliche Dinge gegeben hat oder gibt. Doch sie entstehen und verschwinden wieder, sie entwickeln sich nicht. Man stellt sich natürlich auch die Frage, wofür so ein Anzeiger von Ebbe und Flut gut sein

46

soll. Auf was oder wen wirkt er? Gegenfrage: Worauf wirkt ein Molekül, das einsam durch den Weltraum fliegt? Antwort: Es wechselwirkt z.B. mit Licht und mit anderen Teilchen: Also macht es einen Unterschied, ob das Molekül da ist oder nicht. Der Ebbe-Flut-Anzeiger wechselwirkt als solcher nicht mit seiner Umwelt, wenn niemand da ist, der ihn beobachtet und für den er wichtig wäre. Die Wirkungseinheiten erhalten – wie der Name schon sagt – ihre Existenzberechtigung nur über ihre Wechselwirkung mit oder ihre Wirkung auf andere Wirkungseinheiten. Die Existenzberechtigung aber ist die Voraussetzung für eine Weiterentwicklung. Deshalb gab es bisher kein Tunnelmikroskop. Es war niemand da, der mit ihm hätte wechselwirken können oder wollen.

Schauen wir uns – in diesem Zusammenhang – einmal die *Menschheit* als Wirkungseinheit an. Wie wirkt sie nach außen? Was gibt ihr eine Existenzberechtigung? Betrachtet man ihre Außenwirkung, dann kann man nur sagen, sie bewirkt ein rasantes Wachsen an Komplexität. Ihre Wirkung ist bis heute jedoch fast ausschließlich auf die Erde beschränkt, die Wirkung auf das Universum insgesamt ist minimal. Unsere Wirkung auf die Erde ist andererseits nicht besonders positiv. Wir verdrängen z.B. andere Lebewesen, und es gibt das Potential für die Vernichtung aller Lebewesen durch die Kernwaffen. Da muß man sich fragen: »Wozu ist das Ganze gut? Was ist überhaupt der Sinn der menschlichen Kreativität? Was soll ganz allgemein das Wachsen der Pyramiden überhaupt?« Ich habe nur die Fragen gestellt. Eine Antwort darauf kann ich nicht liefern. Die Wirkungseinheiten geben sich gegenseitig eine Bedeutung und die Existenzberechtigung, aber das ergibt noch keinen übergeordneten Sinn. Oder ist der Sinn die Vermehrung der Komplexität? Dann muß man sich fragen, was der Sinn der Komplexität ist.

Beschränkung der Vielfalt

Wir haben schon einmal davon gesprochen, daß ab einer bestimmten Komplexität – also ab einer bestimmten Etagenhöhe in der Pyramide – die Möglichkeiten, neue Wirkungseinheiten zu erzeugen, nahezu unendlich werden. Die Vielfalt von Dingen, die ich erzeugen könnte, ist riesig groß, aber die dazu notwendigen Bausteine sind nur in endlicher Zahl verfügbar. Insofern kann die Natur das Potential nicht ausschöpfen.

Zudem gibt es ein Zeitproblem. Abgesehen davon, daß es viel Zeit kostet, eine Unzahl von Möglichkeiten auszuprobieren, können die Elemente nicht mehr so schnell miteinander verbunden werden, weil sie wegen ihrer geringen Anzahl im Mittel viel zu weit voneinander entfernt sind. Bei extremer Vielfalt braucht es zuviel Zeit, um beispielsweise ein Element, das sich an einem Ende des Universums befindet, mit einem Element aus einem anderen Teil des Universums zu verknüpfen. Deswegen ist es hier vielleicht angebracht, das Wachstum nach bestimmten Kriterien fortschreiten zu lassen und nicht alles mit allem unter der Fragestellung: »Gibt es eine neue Wirkungseinheit oder nicht?« zu kombinieren.

Kreative Mechanismen des Lebens

Um der Lösung dieses Problems etwas näherzukommen, stellen wir einmal die Frage: »Welche Mechanismen waren denn bei der Entwicklung der Lebewesen besonders wirkungsvoll?« Für den ersten Schritt war es wichtig, daß die Makromoleküle entstanden, die sich selbst reproduzieren konnten. Dies als die ausschließliche Basis des Lebens ist dann schon eine Art von Beschränkung. Der nächste große Schritt war, diese Moleküle auch als Bauplan zu nehmen. Sie sind ja codiert. Und diese Codes sind tauglich als Bau-

white rabbits in a black box

plan z.B. für die Herstellung von Herrn Meier. Wenn ich diesen Code, der in unseren Erbanlagen vorhanden ist, lesen kann, kann ich also Herrn Meier bauen. Seine Lebenserfahrung ist dabei natürlich nicht miteingeschlossen. Das Lesen des Codes der menschlichen Gene ist heute noch nicht möglich, aber irgendwann vielleicht doch. Ein weiterer Schritt ist, daß solche Moleküle, damit sie sich überhaupt reproduzieren können, in der Lage sind, wirkungsvoll *Energie aufzunehmen*.

Die Reproduktion stellt einen höheren Ordnungszustand dar, dessen Erzeugung Energie verbraucht. D.h. diese Moleküle müssen irgendwie Energie aufnehmen. Es entstand die effektive Methode, Energie über Chlorophyll aus dem Sonnenlicht aufzunehmen. Als weitere Erfindung in der Kette gibt es die Konkurrenz. Sie war wohl von Anfang an da als Streit um die Energiequellen. Konkurrenz ist hier allgemeiner zu sehen, so daß z.B. auch die Jagdkunst des Adlers und das Fluchtvermögen des Hasen mit einbezogen sind. Und dann wurde wohl die Gruppe entdeckt: Es ist gut, Freunde zu haben. Aus dieser Gruppe heraus ist auch wahrscheinlich irgendwann einmal der Tod erfunden worden. Den *natürlichen Tod* meine ich hier, nicht das Gefressenwerden und auch nicht das Verbrauchtsein, sondern das Austauschen älterer Mitglieder gegen den Nachwuchs. Das nennen wir den natürlichen Tod. Es ist ein – vielleicht sogar *das* – zentrale Thema des Menschen. Wir kommen gut mit Neuanfängen zurecht, mit dem Abschied haben wir große Probleme. Dabei ist beides so eng miteinander verknüpft.

All diese verschiedenen »Erfindungen« findet man ebenfalls in unserer Intelligenz wieder. Die Reproduktion ist ja auch ein wichtiger Punkt der Intelligenz. Der Code in der DNS, der als Plan benutzt wird, um etwas nachzubilden, ist nichts anderes als ein Gedächtnis. Gedächtnis und Reproduktion sind eng miteinander verknüpft. Information muß irgendwo und irgendwie abgespeichert sein, damit sie reproduziert werden kann. Auch für die Intelligenz ist die Beschränkung etwas ganz Wichtiges. Im Sprichwort heißt es: »In der Beschränkung zeigt sich erst der Meister.« Und: »Konkurrenz belebt das Geschäft.« Oder in bezug auf die Gruppe: »Einigkeit macht stark.« Auch der körperliche Tod findet seinen Gegenpart in dem Sterben einer Idee: Gibt es eine – sagen wir es vorsichtig – zeitgemäßere Idee, »stirbt« die alte. Dies trifft nur langfristig wirklich zu. Kurzzeitig gibt es Fluktuationen und Rückschläge.

Kommen wir noch einmal auf den natürlichen Tod zurück und fragen uns: »Ist eine Gruppe, in der der natürliche Tod der Individuen existiert, wirklich einer anderen Gruppe ohne diesen Tod überlegen?« Für die Antwort gibt es eine ganze Menge Anhaltspunkte aus unserem täglichen Leben. Sind wir einmal im Erwachsenenalter, dann tun wir uns schwer, uns schnellen Veränderungen anzupassen. Die Quantenmechanik z.b. war, als sie eingeführt wurde, für die meisten Physiker ein Schock. Wie bereits erwähnt, hat sogar das Genie Einstein gezweifelt: »Der Herrgott würfelt nicht«. Er hat sich gegen die neuen Erkenntnisse gewehrt. Und viele seiner Zeitgenossen hätten sich wahrscheinlich nie hundertprozentig mit dem Gedanken vertraut machen können, daß zum Teil der Zufall unsere Welt regiert. Die Jüngeren jedoch sind mit dieser Vorstellung aufgewachsen. Für sie ist das etwas Natürliches, und sie gehen damit auch ungezwungen um. Insofern sterben mit den Individuen z.B. überholte Vorstellungen, die sonst nur sehr langsam verschwinden würden.

Man könnte sich allerdings fragen: »Ist der natürliche Tod nicht doch das Resultat des Verbrauchtseins eines Individuums?« Ich glaube nicht, daß ein Mensch notwendigerweise verbraucht wird. Die Baupläne sind ja vorhanden, und damit hätte im Prinzip jedes Lebewesen die Fähigkeit, sich ständig mit Hilfe des Stoffwechsels zu erneuern. Selbst bei ernsthaften Verletzungen könnte es sich selbst mit einem gewissen Energieverbrauch reparieren, d.h. Verbrauch könnte im Prinzip durch Erneuerung behoben werden. Die Natur zeigt aber offensichtlich an einer perfekten Erneuerung kein Interesse, sondern hat statt dessen »künstlich den natürlichen« Tod eingeführt, eben um die Gruppe zu stärken. Dies ist zumindest meine Überzeugung. Es scheinen auch die wissenschaftlichen Untersuchungen der Biologen und Mediziner darauf hinzuweisen.

Darüber hinaus kann man sogar sagen, daß der individuelle Mensch nicht nur einmal, sondern ständig stirbt, da einiges an ihm ständig erneuert wird, nicht nur im Sinne von: Verbrauch kompensieren, sondern im Sinne von: Austausch gegen etwas Neues. Wir sind nicht die gleichen, die wir vor zehn Jahren waren, d.h. die Person von vor zehn Jahren ist tot. Es gibt sie nicht mehr. Ideen sterben, Zellen sterben, Neues wird geboren. Damit findet auch schon auf der Ebene unterhalb des Individuums der Austausch statt, und irgendwann muß dann das ganze Individuum »dran glauben«. Der Tod des Individuums ist eine Notwendigkeit, um eine Gruppe oder Gesellschaft lebensfähiger zu machen. Wir wissen, daß nicht nur Lebewesen sterben. Alles stirbt. Auch ein Stern stirbt. Irgendwann explodiert er als Supernova, und dann existiert der Stern, in dieser Form zumindest, nicht mehr. Es gibt möglicherweise nichts, was für alle Zeiten existiert.

Noch einmal: das Beispiel Rastertunnelmikroskopie

Jetzt komme ich auf die Entstehung der Rastertunnelmikroskopie zu sprechen. Auch hier war Beschränkung wichtig: Wir haben uns ein Thema gesetzt. Sobald man sich ein Thema setzt, ist ja die völlige Freiheit dahin. Man kann vielleicht das Thema nachher noch abändern oder wieder verlassen, aber erst einmal *beschränkt* man sich auf ein *Feld von Möglichkeiten*. Was die *Konkurrenz* angeht: Sie ist natürlich da, immer, egal was man macht. Ich glaube, bei der IBM in Rüschlikon haben wir uns gegenseitig nicht gefressen, aber so etwas wie Schattenwurf ist schon da – jeder möchte so ein bißchen in der Sonne stehen, damit er bessere Mittel bekommt, oder einfach nur, weil es angenehmer ist. So etwas spielt eine Rolle. Konkurrenz muß man viel allgemeiner sehen, denn ein Konkurrenzgefühl, das wir in uns tragen, kann ja auch durch unsere Vergangenheit geprägt sein, dadurch z.B. daß wir vielleicht ein Spannungsfeld aus früheren Zeiten mit uns herumtragen. Es gibt Leute, die stehen z.B. noch lange, nachdem ihr Vater gestorben ist, mit ihm in Konkurrenz.

Wir, H. Rohrer, Chr. Gerber, E. Weibel und ich, arbeiteten als Gruppe, und es war wirklich eine Gruppe. Eine Gruppe ist eine Wirkungseinheit, sie wirkt als Ganzes. Wenn ich ein Element herausnehme, dann wirkt die Gruppe anders. Es kann z.B. sein, daß beim Herausnehmen eines Elementes die Gruppe besser wirkt. In unserem Fall war das nicht so. Jeder hatte etwas beizutragen, das die anderen nicht gekonnt hätten oder zumindest nicht in dem Maße. Es war die Ergänzung vorhanden, und vor allen Dingen war der Wille da, eine Gruppe zu sein, in der man miteinander arbeitet und nicht gegeneinander. Insofern waren günstige Voraussetzungen gegeben. Die Gruppe in der damaligen Form existiert heute nicht mehr. Sie hat sich aufgelöst, vielleicht einfach, weil es so gut ist. Diese Vierergruppe, so wie sie war, hat phantastisch funktioniert, das bedeutet jedoch nicht, daß sie ewig leben muß. Wenn neue Gruppen sich formieren, entstehen leichter neue Dinge. Und das ist auch tatsächlich so gewesen. Es gab neue Gruppierungen, aus denen dann wieder wirklich neue Dinge entstanden sind. Man könnte dies als den *natürlichen Tod* einer Gruppe ansehen.

Das nächste Kapitel betrifft die menschliche Kreativität. Wie funktioniert sie? Wie kann ich sie trainieren? Deswegen möchte ich dieses Kapitel überschreiben mit »Bau' dir eine Pyramide, und wohne darin für eine Zeit«. Hier ist gesagt: »Bau' dir eine Pyramide«, und nicht: »Miete dir eine Pyramide«, denn wenn ich mir eine Pyramide baue, dann betrachte ich sie als etwas Eigenes. Und wenn ich etwas Eigenes habe, dann werde ich mit viel mehr Mut, viel mehr Motivation und mit viel weniger Hemmungen dort anfangen zu arbeiten und zu verändern und auszuprobieren. In einer Mietwohnung fällt es mir sicherlich viel schwerer, Wände herauszureißen, Fenster einzubauen und ähnliches mehr. Am Anfang ist die Pyramide noch sehr unstrukturiert oder vielleicht noch unwohnlich und unordentlich. Doch mit der Zeit entsteht etwas daraus.

Bau' Dir eine Pyramide, und
wohne darin für eine Zeit

Die Schuhe der Pandora – –
Ganz leicht tritt sie auf
Zuletzt nur noch die Spuren ihrer Zehen
Die im Sande vergehen

Am Anfang wieder eine kurze Zusammenfassung des letzten Kapitels:
Die Pyramiden sind gewachsen durch zufällige Begegnungen einzelner Elemente. Der Zufall ist dabei natürlich nicht »rein«, da z.B. die Naturgesetze einen Rahmen stecken für zufällige Begegnungen. Hier fragt man sich, wodurch die Naturgesetze entstanden sind. Es kommen zu den zufälligen Begegnungen noch andere Momente hinzu, wie die notwendigen Beschränkungen auf ein Feld von Möglichkeiten. Die Naturgesetze beschränken die Möglichkeiten, da außerhalb ihres Rahmens nichts passieren kann. Resultieren die Naturgesetze etwa aus der Notwendigkeit, bei evolutionären Vorgängen Beschränkungen einzuführen? Auf diese Fragen werden wir sicherlich im Laufe des Buches zurückkommen.
Wir hatten einige »Erfindungen« aufgezählt, die die Natur sich bei der Evolution des Lebens hat einfallen lassen. Da war z.B. die *Reproduktion*, die Fähigkeit eines DNS-Moleküls, sich zu kopieren. Diese Moleküle eignen sich zudem als Baupläne für das Lebewesen als Ganzes. Ein weiterer wichtiger Punkt ist die notwendige *Energieaufnahme* beim Aufbau der geordneten Strukturen. Die *Konkurrenz* wiederum ist natürlich direkt aus dem Problem der Energieaufnahme entstanden, weil es zum Streit um die Energie-

quellen kommt. Um ein Gegengewicht zur Konkurrenz zu schaffen, ist dann wohl die *Gruppe* erfunden worden, also Interessengemeinschaften von Individuen, die sich gegenseitig Schutz geben können. Aus dem Schutz des einzelnen Individuums resultiert möglicherweise die Notwendigkeit, den *natürlichen Tod* des Individuums einzuführen.

In diesem Kapitel möchte ich anhand der Entwicklung der Tunnelmikroskopie beschreiben, wie eine Wirkungseinheit entsteht. Dazu werde ich erst einmal erklären, wie das Tunnelmikroskop funktioniert, dann darstellen, wie die Idee dazu entstand und sich weiterentwickelte, und schließlich diese Entwicklung auch als das Wachstum einer Pyramide darstellen. Obwohl das Tunnelmikroskop an sich ganz einfach ist, ist das Wachstum der Pyramide eher komplex.

Wie entstand die Tunnelmikroskopie?

Unsere ursprüngliche Motivation war, Oberflächen von festen Körpern wie Metallen oder Halbleitern besser zu verstehen. Man wußte, daß das Verhalten von Oberflächen hochinteressant ist. Viele Details waren bekannt, aber man hatte auf den Oberflächen die einzelnen Strukturelemente noch nicht sehen können, weil es sich dabei letztlich um Atome handelt, und es gab bis dahin keine Methode, Oberflächen Atom für Atom »anzuschauen«. Das ist so ähnlich, wie wenn ich wüßte, daß es auf der Erde Lebewesen gibt, und ich auch sehr viel über diese Lebewesen in Erfahrung bringen könnte, ich diese Lebewesen aber noch nie gesehen hätte. Wir haben dann folgende, neue Methode entwickelt: Der Kern des neues Instrumentes ist eine sehr feine Spitze, die wir ganz nah an eine Oberfläche bringen. Bei nahezu atomar-kleinem Abstand beginnt ein Strom von dem vordersten Atom der Spitze auf ein gegenüberliegendes Atom der Probe zu fließen. Verringere ich den Abstand, nimmt der Strom zu, vergrößere ich ihn, nimmt der Strom ab.

Wenn wir einen Strom messen, dann wissen wir, da ist ein Atom nahe vor der Spitze. Wenn wir die Spitze jetzt ein bißchen seitlich verschieben, dann sitzen wir vielleicht zwischen zwei Atomen, und der Strom ist etwas reduziert. Ich kann auch mehrfach, zeilenförmig, über ein Atom gehen und davon ein Fernsehbild erhalten, wenn die Stärke des Stromes die Helligkeit der Bildschirmleuchtpunkte bestimmt.

Daß der Strom auch dann fließen kann, wenn Spitze und Probe noch durch ein an sich isolierendes Vakuum getrennt sind, nennt man Tunneleffekt. Stellen wir uns die Elektronen als frei beweglich in den beiden Elektroden (Spitze und Probe) vor. Treffen sie bei dieser Bewegung auf die Oberfläche (also auf die Grenzfläche: Material/Vakuum), dann werden sie in das Material zurückreflektiert. Dabei dringen sie jedoch etwas in das Vakuum ein, werden demnach nicht exakt an einer vorhersehbaren Stelle, also wie Tennisbälle von einer Wand, reflektiert. In ganz kleinen Dimensionen verhält sich die Natur etwas anders. Kleine Teilchen wie Atome oder Elektronen verhalten sich z.T. wie elektromagnetische Wellen (z.B. wie Licht oder Radiowellen), und eine elektromagnetische Welle wird nicht hundertprozentig scharf an einer Grenze reflektiert, sondern sie wird immer etwas in das Material eindringen. Wenn ich also z.B. einen dünnen Goldfilm nehme, dann wird ein Teil des Lichtes hindurchstrahlen. Es gibt kein Material, das nicht lichtdurchlässig wäre, vorausgesetzt, es ist dünn genug. Und in der gleichen Art verhalten sich Elektronen. Immer wird ein kleiner Teil von ihnen in diese Wand »Vakuum« eindringen. An der Stelle, an der sich Spitze und Probe nahe sind, ist die Wand sehr dünn. Dort können die Elektronen durchdringen. Bei angelegter Spannung fließen dann die Elektronen vorwiegend von einer Seite zur anderen; es fließt ein Strom.

Der Ausgangspunkt für unsere Gedanken, die uns in Richtung Tunnelmikroskopie brachten, war der Wunsch, eine sehr lokale, örtlich begrenzte Information von einer Oberfläche zu erhalten. Dazu fiel uns einfach ein: tunneln.

Tunneln ist ja eine lokale Methode; denn nur da, wo die oben erwähnte Wand sehr dünn ist, also die Spitze der Probe extrem nahe kommt, fließt auch wirklich ein Strom. Es ist sogar ein extrem lokaler Strom. Selbst wenn ich eine völlig stumpfe Spitze nehme, die sehr gut poliert und sehr rund ist, wird der Strom als sehr feiner Strahl nur dort fließen, wo die Wand atomar dünn ist (ca. 0,0000005 mm). Der Strom reagiert sehr heftig auf die kleinste Änderung des Abstandes von der Spitze zur Probe. Wichtig ist dabei natürlich, daß man die Spitze auch fein genug kontrollieren kann, um sie von Atom zu Atom zu führen. Dazu haben wir piezoelektrisches Material genommen. Dieses Material war bekannt und wurde schon zu verschiedenen Zwecken verwandt. Legt man eine Spannung an piezoelektrisches Material, verformt es sich ein bißchen. Diesen Effekt kann man so einsetzen, daß man einmal in die eine Richtung und einmal in die andere Richtung verformt, je nach geometrischer Form des piezoelektrischen Materials und je nach Anbringung verschiedener Elektroden. Ich will hier nicht zu sehr in die Details gehen. Bei geschicktem Aufbau kann man damit eine Spitze in alle Raumrichtungen innerhalb subatomarer Dimensionen bewegen. So hatten wir es uns zumindest vorgestellt. Wir wußten nicht, ob es so fein funktionieren würde, aber wir dachten, es sei möglich.

Weiterhin mußten wir das Gerät vor Vibrationen schützen, denn wenn die Spitze nur minimal gegen die Probe vibriert, ist eine Zerstörung von Spitze und Probe unvermeidbar. Der Abstand Probe-Spitze beträgt ja nur ein bis drei Atomdurchmesser. Wir sind folgendermaßen vorgegangen: Wir haben erst einmal probiert, ohne Vibrationsisolation auszukommen. Als das nicht klappte, dachten wir daran, das Mikroskop an einer Feder aufzuhängen, denn damit ist es ja schon ein bißchen von der Außenwelt abgekoppelt. Das funktionierte allerdings auch nicht. Wir haben dann eine supraleitende Schwebeeinrichtung zu bauen versucht, nach Art der »schwebenden Jungfrau«. Das sieht man ja ab und zu in Zeitungen, als Demonstration der neuen Hoch-temperatur-Supraleiter: ein Stück Supraleiter, das über einem Magneten schwebt. Dieses Prinzip haben wir genutzt. Es hat geklappt, und wir haben unsere ersten Resultate erhalten.

Wir hatten somit erst einmal ein System, das funktionierte, so daß wir das Mikroskop verbessern konnten, z.B. es unempfindlicher machen gegen Vibrationen. Deshalb probierten wir später, die Schwebung durch ein Gummiband zu ersetzen, was aber nicht so gut funktionierte. Dann haben wir das Gummiband durch mehrere Federn und eine Wirbelstromdämpfung ersetzt. Das ist ähnlich wie beim Auto, wo man durch die Stoßdämpfer verhindert, daß der Wagen zu sehr auf und ab schwingt. Wie beim Auto sorgen Federn dafür, daß der Stoß sich gar nicht erst so stark auswirkt. Nach weiteren Verbesserungen des Mikroskops konnten wir diese weiche Aufhängung durch Gummipuffer ersetzen, und heute nehmen wir z.T. überhaupt keine Vibrationsisolation mehr, und es funktioniert auch. Damit sind wir in Hinsicht Vibrationsisolation wieder am Anfang der Entwicklung angelangt. Oft muß man erst einmal ein Ziel erreichen, dann kann man sich von dort aus eventuell sogar wieder zurückarbeiten.

Bald nach den ersten Erfolgen hatten wir die atomare Auflösung im Sinn, d.h. wir wollten die Atome der Oberfläche sehen. Dazu brauchten wir natürlich eine »atomscharfe« Spitze. Anfänglich fanden wir den Gedanken, ein Atom über eine Oberfläche zu führen, selbst ein bißchen verrückt. Aber wir dachten, wenn wir diese Spitze so fein kontrollieren können, daß wir in ein paar Atomabständen darüberfahren und auf Zehntel oder Hundertstel Atomdurchmesser stabil halten können, dann können wir z.B. auch ganz gezielt mit einer groben Spitze in eine Oberfläche reinfahren, sie ganz zart berühren und vielleicht ein Atom herausziehen. Das kann man ja hundertmal versuchen, und irgendwann hat man Glück, und dann funktioniert das Ganze.

Auch eine andere Methode erschien uns erfolgverspre-
chend. Wenn man so nah dran ist, dann genügt eventuell
eine kleine Spannung von einigen Volt, und es entstehen riesige Feldstärken, die bewirken können, daß die Oberflächen zerrissen werden. Dann fliegen z.b. ein paar Atome je
nach Polarität in die eine oder in die andere Richtung, also
zur Spitze hin oder von ihr weg. Mit etwas Glück bleibt vielleicht ein Atom vorne auf der Spitze sitzen. Da wir den Prozeß sehr schnell Hunderte von Malen wiederholen können,
wobei wir nach jeder Feldanwendung durch ein Bild mit
dem Tunnelmikroskop die Veränderung der Auflösungen
testen können, geben wir dem Glück eine gute Chance.
Heute machen wir die Spitzen von vornherein sehr scharf,
und wenn sie zusätzlich noch etwas rauh sind (z.B. durch
einen dünnen Kohlenstoffilm als rauhen Überzug über die
Spitze), dann erhalten wir, da immer ein Atom da ist, das
weiter herausschaut, fast mit Sicherheit auf Anhieb atomare
Auflösung.

Das Abtragen von Oberflächenatomen durch hohe elektrische Feldstärken haben wir von der Feldionenmikroskopie übernommen. Man nennt es dort Feldverdampfen. Die
Feldionenmikroskopie war die erste Methode, einzelne
Atome in besonderen Positionen auf speziellen Spitzen
sichtbar zu machen. Sie ist aber nicht einsetzbar, um Materialien oder deren Oberflächen Atom für Atom zu betrachten. Dennoch war ihre Erfindung ein Durchbruch. Erstmals
konnte E. Müller mit dieser Methode Atome »sehen«.

Ich glaube, wenn man den ganzen Prozeß einer speziellen
Evolution genauer studiert und besser versteht, kann man
sehr viel auch über die anderen Evolutionen lernen, und damit auch vieles über Kreativität.

Wir wollen deshalb im einzelnen am Beispiel der Tunnelmikroskopie sehen, nach welchem Mechanismus eine Pyramide wachsen kann. Wir wollen etwas Neues entstehen lassen und suchen nach einem neuen, interessanten Problem.
Dabei kann uns die Pyramide helfen. Also gehen wir hinein

60

in die Pyramide. Das macht man automatisch und unbewußt, wenn man ein neues Problem sucht, ohne das Bild der Pyramide im Kopf zu haben. Die Pyramide ist ja auch nur ein Modell. Man kann das sicherlich auch anders umschreiben.

Die ersten Möbelstücke

Dabei muß man natürlich sehr sorgfältig den Anfang auswählen, weil schon das erste, was man in diese Pyramide hineinschreibt, eine Richtung festlegt. Das erste Möbelstück, das man in die Pyramide stellt, kann z.b. auch eine Frage sein, auf die man vorerst keine Antwort weiß.

Exkurs: Der Wille zur Kreativität und Intuition

Ein Punkt, der mir bei der menschlichen Kreativität besonders am Herzen liegt, ist der Wille zur Kreativität, daß ich oder eine Gruppe überhaupt kreativ sein will. Wenn ich es nicht will, passiert auch nichts. Ich muß ja immer auf der Suche sein. Und es gibt hundert gute Gründe, dies nicht zu tun. Ich werde später ein Kapitel nur diesem Thema widmen und etliche gute Gründe dafür nennen, nicht kreativ zu sein. Einige davon sind wirklich gute Gründe. Andererseits gibt es auch schlechte Gründe. So habe ich in Deutschland z.B. immer wieder einen sehr verkrampften Umgang mit Fehlern beobachten können. Man produziert natürlich unheimlich viele Fehler, wenn man versucht, kreativ zu sein. Da gibt es soviel Ausschuß. Dies ist wohl ein Beispiel für einen guten Grund. Aber die oft zu beobachtende, übertriebene Angst vor den Fehlern ist, finde ich, ein eher schlechter Grund, Kreativität zu scheuen. Man sollte zu Fehlern ein natürlicheres Verhältnis bekommen und einfach wissen, *wie notwendig sie sind*. Für mich ist das nur eine Aufklärungsfrage. Wir

62

sollten erkennen, daß ein Fehler weder gut noch schlecht ist. Er ist einfach notwendig, wenn ich kreativ sein will. Unser verkrampftes Umgehen mit Fehlern hängt sicherlich mit unserer Erziehung oder Ausbildung zusammen und läßt sich eher als ein kollektives Phänomen beschreiben. Denn wenn man sich gegenseitig wirklich ermutigen würde, Fehler zuzulassen, würde sich schon etwas ändern. Doch diese gegenseitige Ermutigung findet nicht in dem Maß statt, wie sie stattfinden müßte. Auf das Thema werde ich noch zurückkommen. In der Pyramide muß stehen: »Ich will kreativ sein«, sonst geht nichts.

Ich möchte, bevor ich die Pyramide im Detail einzurichten beginne, erst einmal beschreiben, was ich unter dem Wort *Intuition* verstehe, da der Begriff häufiger vorkommen wird. Wir haben oft sehr komplexe Entscheidungen zu treffen, die wir nicht nach logischen Gesichtspunkten klären können. Sie sind zu komplex, als daß wir die Probleme mit unserem Verstand lösen könnten. Ich würde sagen, das Bewußtsein ist in einer gewissen Art und Weise überfordert. Und da müssen andere Mechanismen einsetzen, die anders wirken. Wir werden in einem späteren Kapitel versuchen, einen möglichen Mechanismus zu finden, der im Unterbewußtsein zu suchen und der in der Lage ist, auf Kosten von Genauigkeit sehr komplexe Gedanken zu bearbeiten. Diesen Vorgang einer sehr komplexen Analyse oder Synthese auf Kosten der Genauigkeit wollen wir Intuition nennen.

Weitere Möbelstücke

Wir hatten als erstes in die Pyramide ganz oben hineingeschrieben: *Experimentalphysik*, sehr allgemein. Ich war natürlich Experimentalphysiker und der Heini Rohrer auch, da liegt es irgendwie auf der Hand, Experimentalphysik oben hineinzuschreiben. Aber man sollte die Dinge, die man hineinschreibt, doch immer hinterfragen. Es könnte sein, daß sich vielleicht irgendwo eine Tür auftut, die zu einem ganz anderen Gebiet führt, zu dem man selbst einen persönlichen Beitrag liefern könnte. Man sollte nichts in die Pyramide schreiben, ohne es zu hinterfragen. Wir fanden also, Experimentalphysik ist das Richtige. Und als nächstes schrieben wir in die Pyramide: *Oberflächen*. Wir hatten vorher nie etwas mit Oberflächen zu tun gehabt, weder Heini Rohrer noch ich. Heini Rohrer ist jedoch ab und zu über Oberflächenprobleme gestolpert. Diese Entscheidung hatte wohl, genauso wie die Entscheidung für einen bestimmten Beruf, etwas mit Intuition zu tun. Den Beruf, den man wählt, kann man in den meisten Fällen gar nicht logisch bestimmen. Da laufen Entscheidungsprozesse auf ganz andere Art und Weise ab, die man nicht ganz versteht und die wohl sehr viel mit dem Unterbewußtsein zu tun haben. Und genauso war es mit den Oberflächen. Da ist einfach die Intuition: Oberflächen. Man kann nicht beweisen, daß es ein interessantes Gebiet ist. Wenn das Gebiet sehr jung ist – und die Oberflächenphysik war sehr jung –, dann kann man nur sagen: Das ist ein interessantes Gebiet; es könnte sich zu etwas Besonderem entwickeln. Man kann auch nicht richtig beschreiben, warum man das annimmt. So etwas wird oft natürlich trotzdem gemacht, als Augenwischerei. Man kann auch das langweiligste Gebiet als interessant und vielversprechend darstellen.

Heini Rohrer hatte noch spezifiziert: *inhomogene Oberflächen*. Oberflächen waren studiert durch indirekte Methoden, und man wußte, Oberflächen sind nicht so homogen geordnet, wie man denkt. Selbst bei Einkristallen, die im Inneren sehr geordnet sind, können die Oberflächen stellenweise sehr ungeordnet sein, und gerade an diesen Stellen passieren oft die interessanten Dinge.

Speziell Inhomogenitäten waren absolut nicht verstanden. Das war uns klar, und wir haben dann auch gemerkt, warum das so war. Es fehlte eine Methode, sich Oberflächen lokal anzuschauen. Wir sind dann sozusagen in die große

Universumspyramide auf eine Etage höherer Komplexität gegangen, in die Abteilung Geräte, und haben uns besonders die Oberflächengeräte angeschaut. Wir konnten jedoch kein Gerät finden, das genügend lokale Informationen hätte liefern können, um die kleinsten Unordnungen zu sehen. Es ist übrigens interessant, daß wir unsere Pyramide momentan von oben wachsen lassen. Normalerweise ist ja die Pyramide der Natur von unten hoch gewachsen. Vielleicht geht die menschliche Kreativität etwas anders vor. Man steckt sich Ziele. Von diesen Zielen merkt man aber nur etwas, wenn man im Prozeß steht. Von außen betrachtet sieht man lediglich, daß irgendwann plötzlich etwas Neues entstanden ist. Insofern wollen wir in einem späteren Kapitel prüfen, ob die übrige Natur sich nicht auch so etwas wie Ziele stecken kann.

Nach der Diskussion über Oberflächen kam ein kleiner Sprung, ein: Hoppla, Moment mal, *lokal*. Da war jetzt wieder ein zufälliges Zusammentreffen im Spiel, weil einerseits sich Heini Rohrer schon Gedanken über die Oberflächenphysik gemacht hatte, da man in der sogenannten Josephsongruppe in Rüschlikon große Probleme mit zu lokalen Tunnelströmen hatte, und ich andererseits zu der Zeit bereits direkt mit Tunneln gearbeitet habe. Tunneln hat, wie im vorigen Kapitel diskutiert, nichts mit Bergbau zu tun. Für die Supraleitung hatte das Tunneln eine besondere Bedeutung, und ich habe auch in der Supraleitung damit gearbeitet. Dabei hatten wir, wie auch die Josephsongruppe, immer das Problem, daß die Oberflächen ja nicht 100 %ig flach oder homogen sind, sondern eher rauh von Natur aus. Es ist äußerst schwierig, Oberflächen oder Grenzflächen ausreichend flach und homogen zu bekommen. Der Strom fließt dann oft sehr lokal, und das stört. Auf jeden Fall lag es für Heini Rohrer und mich auf der Hand, daß die Begriffe »lokal« und »tunneln« zusammenhängen. Aber jetzt kann man natürlich sagen: »Tunneln hat mit Oberflächen gar nichts zu tun.« Beim Tunneln gibt es keine Oberflächen, es gibt nur

Grenzflächen. Unter einer Oberfläche versteht man im allgemeinen die Grenze zwischen Vakuum oder auch Luft und irgendeinem Festkörper oder einer Flüssigkeit. Beim konventionellen Tunneln jedoch ist ein fester Isolator zwischen zwei festen Elektroden »gesandwiched«.

Solche Ungereimtheiten dürfen einen allerdings beim kreativen Vorgehen nicht irritieren. Sie entstehen oft nur aus alten Gewohnheiten, die man geduldig neu überprüfen sollte. Man kann leicht das Vakuum wieder in das System einführen, indem man den Isolator herauswirft und durch ein Vakuum ersetzt, da Vakuum wie ein Isolator wirkt. Das ist ein recht einfacher gedanklicher Sprung, der eigentlich nur eine Umkehrung der geschichtlichen Entwicklung des Tunnelns darstellt. Vakuumtunneln war die ursprüngliche Idee. Das Tunneln mit den Isolatoren ist erst daraus entstanden, weil Vakuumtunneln experimentell nicht durchführbar schien. »Isolatortunneln« war machbar und so erfolgreich, daß man wohl das Vakuum vergessen hat. Für mich – wie auch für manch anderen »Tunneler«, wie ich später hörte – war Vakuumtunneln nicht vergessen, sondern blieb insgeheim ein Traum. Ab und zu tauchte die Idee des Vakuumtunnelns in den letzten Jahrzehnten wieder auf. Der Durchbruch gelang jedoch nicht, weil die experimentellen Schwierigkeiten als zu groß erschienen. Zwei lose Elektroden getrennt durch Vakuum tendieren dazu, bei kleinsten Vibrationen gegeneinanderzuschlagen. Vakuum herzustellen ist kein allzu großes Problem. Doch Vakuumtunneln war eine experimentelle Herausforderung. Aber wir stellten einfach die Behauptung auf: Bis jetzt hat das noch keiner technisch in den Griff bekommen – wir können das. Das ist schlicht eine freche Behauptung, und auch die schreiben wir in die Pyramide mit hinein. Es kann sein, daß man sie mit der Zeit wieder herausnehmen muß, wenn man feststellt, es geht nicht. Aber man kann sie erst einmal hineinschreiben.

So also war die Pyramide am Anfang mit »Möbelstücken« eingerichtet. Da stand: *Methode für lokale Oberflächenana-*

lyse (MflOA), und eine Etage tiefer: Vakuumtunneln. Mehr stand da noch nicht. Die Methode sollte natürlich so lokal wie möglich sein, deshalb stellten wir uns die eine Elektrode als Spitze vor. Dann weiß man ungefähr, wo der lokale Strom fließt. Also wird eine Etage unter »Vakuumtunneln« die Spitze aufgeführt. Unser weiteres Vorgehen war, erst einmal zu zeigen, daß wir Vakuumtunneln in den Griff bekommen. Und gleichzeitig kann die gedankliche Pyramide weiterwachsen, kann komplexer werden.

Da ist ein Problem – eben die Vibrationen. Der Abstand der beiden Elektroden ist winzig klein. Man muß irgendwie kontrollieren, daß die Vibrationen das Ganze nicht zerstören. Also schreibt man unten in die Pyramide noch die *Vibrationsisolation* hinein. Ferner muß man die Spitze auch dort hinführen können, wo man sie haben möchte; an bestimmte Stellen, vielleicht an eine besonders inhomogene Stelle. Deswegen muß man die Spitze bewegen können. Also haben wir zusätzlich noch hineingeschrieben: *piezoelektrische Bewegung* der Spitze. Dann haben wir eine Laus konstruiert. Das ist so ein Laufmechanismus, der die Spitze erst einmal grob irgendwohin positioniert, weil diese Piezos zwar feine Bewegungen ermöglichen, aber keine großen Entfernungen überbrücken können. Weiter stand »*Elektronik*« in der Pyramide, um die Mechanik zu steuern.

Das Ganze war eigentlich ein Gebäude, das so neu nicht war. Vakuumtunneln als Idee existierte, und lokale Oberflächenanalysen waren auch schon vorhanden. Das einzig Neue war und ist die Verbindung von beidem – daß man Vakuumtunneln benutzt, um das Problem von Inhomogenitäten an Oberflächen zu lösen. Das war schon neu, aber gut, es lag in der Luft und war auch noch nicht so besonders aufregend.

Dieses ganze Gebäude blieb so zwei Monate lang unverändert. Und das ist eigentlich erstaunlich. Denn heute wissen wir, der nächste Schritt, der sehr wichtig war, ist ein ganz einfacher Schritt. Trotzdem hat er eine ganze Weile auf sich warten lassen, wohl weil es ein neuer Schritt war. Einfache Schritte liegen oft nicht auf der Hand. Sie brauchen Zeit. Deswegen ist es wichtig, daß man wirklich eine Zeitlang in solchen Pyramiden lebt. Das hätte auch ein Jahr dauern können oder noch länger. Gelohnt hätte es sich trotzdem. Das neue Konzept bestand darin, die Spitze nicht nur von hier nach dort zu bewegen, sondern kontinuierlich zu scannen, also kontinuierlich und zeilenförmig über die Oberfläche zu führen. Dieser einfache Gedanke hat zwei Monate auf sich warten lassen. Dabei ist auch er an sich nicht neu, sondern nur in der Kombination mit Vakuumtunneln. Das ist aber entscheidend, denn nun tauchte ein neuer Begriff in unserer Pyramide auf: Raster-Tunnel-Mikroskopie. Egal, wie man es nennt, es ist etwas Neues. Wenn man rastern kann – so wie bei einem Fernsehbild, eine Zeile nach der anderen –, dann erhält man ein Bild. Man bekommt eine Information, die sich kontinuierlich verändert. In der nächsten Zeile wieder eine Information, die sich kontinuierlich verändert. Die Idee der Tunnelmikroskopie war also der erste Durchbruch.

Es handelt sich dabei wieder um genau den gleichen kreativen Prozeß wie schon beschrieben: Es werden bereits vorhandene Elemente zusammengeführt, und auf der Etage darüber wird eine neue Wirkungseinheit geformt: Daß man mit Spitzen rastern kann, war bekannt. Es gab bereits eine ganze Menge von Abtastmethoden, die Spitzen verwendeten und diese über irgendwelche Oberflächen führten, vielleicht nur entlang einer Linie, wie beim Schallplattenspieler. Da wird ja auch eine Spitze über eine Oberfläche geführt. Diese Methode existierte, und die Idee für das Vakuumtunneln existierte auch. Man mußte nur die beiden Dinge miteinander kombinieren. Sie sind sich mit Sicherheit schon vorher öfter zufällig begegnet – Rastern und Tunneln –, aber es ist nie die Idee zum Rastertunnelmikroskop entstanden. Der Gedanke, die beiden zu kombinieren und damit ein Mikroskop zu machen, hat nicht existiert, obwohl er so elementar einfach ist. Wir müssen uns deshalb fragen: »Hätten wir nicht gleich diese Pyramide bauen können, nicht gleich ›Vakuumtunneln‹ und ›Rastern‹ kombinieren können? Wozu eigentlich der Umweg über ›lokale Oberflächenanalyse‹?« Ich denke, dies ist ein allgemeines Phänomen. Beim Transistor z.B. war das ähnlich: Das kontinuierliche Kontrollieren war hier ebenfalls ganz wichtig. Man hat den Widerstand einer Diode schon lange gehabt, und auch die Idee, daß man etwas steuern kann, hat schon lange existiert. Daraus jedoch, daß man beides kombinierte, daß man den Widerstand einer Diode kontinuierlich steuerte, ist der Transistor entstanden. Das ist auch eine ganz einfache, elementare Kombination von zwei Dingen, die schon existierten.

Warum braucht es immer so lange? Tunneln und Rastern sind sich, wie gesagt, 100%ig vorher schon öfter begegnet. Es gab sogar eine Gruppe, die mit Spitzen gerasterte Bilder erzeugt und außerdem zu tunneln versucht hat. Sie hatte die Kombination direkt vor der Nase. Und trotzdem haben sie diese Verbindung nicht hergestellt. Das Wichtige dabei ist wohl, daß man die neue Wirkungseinheit überhaupt erkennt. Man bringt zwei Sachen zusammen, und wenn sich das im Kopf abspielt, muß man erkennen, daß es eine neue Wirkungseinheit ist, sonst zerfällt sie wieder. Es ist wie eine Begegnung von zwei He-Atomen, die wieder auseinanderfliegen, und nichts passiert. Man muß erkennen, daß es eine neue Wirkungseinheit ist. Man muß sich also immer wieder die Frage stellen: Handelt es sich um eine neue Wirkungseinheit oder nicht? Das Problem dabei ist natürlich, daß es sich bei den meisten Dingen, die man einfach mal so zusammenbringt, nicht um neue oder interessante Wirkungseinheiten handelt. Dinge wahllos zu kombinieren ist meistens erfolglos und frustrierend, und insofern wird man mit der Zeit wahrscheinlich faul und sagt sich: »Na ja, jetzt frage ich nicht jedesmal danach. Das kostet mich auch immer viel Zeit.« Aber man sollte zumindest im Kopf haben, daß diese Frage »Habe ich eine neue Wirkungseinheit?« oft etwas bringt. In vielen Fällen wird diese Frage jedoch auch durch die Existenz psychologischer Barrieren unterbunden. Zu manchen Gedanken braucht es eine gewisse Unverfrorenheit. So war es damals schon ein frecher Gedanke, eine Spitze in atomaren Dimensionen kontrolliert mechanisch manipulieren zu wollen.

Austauschen und Verändern bringt neue Wirkungseinheiten

Jetzt begann es immer mehr Spaß zu machen, und es wurde immer aufregender, in dieser Pyramide zu leben. Wir hatten ein hochgestecktes Ziel und glaubten, es erreichen zu können. Jetzt ist also etwas Neues entstanden – Rastertunnelmikroskopie –, zusammengesetzt aus Rastern und Vakuumtunneln, und dann stehen in der Etage darunter die einzelnen Elemente, die das Vakuumtunneln und das Rastern überhaupt ermöglichen.

Sind wir damit fertig? Wir sind damit bei weitem nicht fertig. Jetzt können wir nämlich eine ganze Menge Fragen stellen. Jedes einzelne Element, das in der Pyramide aufgeführt ist, können wir jetzt hinterfragen und uns überlegen: Können wir es ersetzen? Was passiert dann mit der ganzen Pyramide? Wir können alles austauschen und dann sehen, was sich an der Pyramide ändert. Damit entstehen wieder neue Dinge. Wenn man schon einmal so eine Pyramide hat, in der etwas Neues entstanden ist, dann bietet sich dieses Spielchen geradezu an. Am Anfang wächst alles langsam, und dann geht es recht schnell. Irgendwann allerdings kommt es natürlich wieder zu einer Verlangsamung.

Welche Änderungen oder Neuerungen können wir noch einbringen? Wir können z.B. die Spannung kontinuierlich variieren. Das ist ein Freiheitsgrad, den man hat, und den nutzen wir auch. Daraus ist etwas ganz Interessantes entstanden. Wenn man die Spannung variiert, variiert man die

70

Energie der Elektronen, die auf die andere Seite »tunneln«, und damit hat man eine Methode, um die energetischen Zustände der Gegenelektrode abzufragen. Ich will es einmal anders formulieren, damit es verständlicher wird: Wenn wir uns einen Gegenstand mit Licht anschauen, dann wechselwirkt z.B. eine Wand, die, sagen wir, braun aussieht, mit den auftreffenden Lichtteilchen, den sogenannten Photonen. Je nach ihrer Energie werden diese Photonen reflektiert oder absorbiert. Und genauso machen wir es jetzt mit den Elektronen. Wir variieren einfach durch die Spannung die Energie der Elektronen, und dann werden sie entweder absorbiert oder reflektiert. Also ein Strom fließt oder fließt nicht, bzw. er fließt stärker oder weniger stark. Damit erhält man eine Information, die man für Licht die Farbe des Gegenstandes nennt. Nur reden wir jetzt bei der Tunnelmikroskopie von der Farbe einzelner Atome.

Eine simple Sache: Wir variieren die Spannung und können die Farbe der Atome sehen. Von der atomaren Auflösung habe ich allerdings noch gar nicht geredet. Hier gab es einige Schwierigkeiten. Es geht dabei um den Zustand der Spitze: Wie bekomme ich die Spitze so fein wie überhaupt nur irgend möglich? Wir haben dazu einige Methoden entwickelt. Hier war vor allem erst einmal die Psychobarriere »Atom« zu überwinden. Bevor wir überhaupt nur versuchten, atomare Strukturen zu beobachten, mußte unsere Phantasie über ihren Schatten springen. Zu der Zeit war es ein sehr kühner Gedanke, sich ein Atom am Ende der Spitze auszumalen und sich vorzustellen, dieses kontrolliert über die Atome einer Oberfläche gleiten zu lassen. Auch für diese Frechheit brauchten wir Zeit – allein um den Gedanken zuzulassen. Wir haben uns dann bald an die Vorstellung gewöhnt und uns dann später darüber gewundert, wie emotional und ablehnend andere reagierten, wenn wir versuchten, dieses Bild zu vermitteln. Erst konnten wir es uns selbst nicht vorstellen, und dann konnten wir uns nicht vorstellen, daß man es sich nicht vorstellen konnte.

Wir brauchten allerdings immer etwas Glück, um das einzelne Atom am Ende der Spitze zu fixieren. Einige Zeit später, nachdem das Gerät schon lange funktioniert hat, haben wir uns gefragt: Kann man nicht eine Spitze ganz kontrolliert Atom für Atom aufbauen? Dieses Problem hat Hans Werner Fink in Rüschlikon in Angriff genommen. Ihm ist es tatsächlich gelungen: erst 7 Atome in einer Ebene dicht gepackt, dann 3 Atome obendrauf und 1 Atom ganz zuoberst. Damit hat er die kleinste Pyramide der Welt gebaut. Das ist jetzt die Spitze auf die Spitze getrieben.

Damit ist wieder etwas ganz Neues entstanden. Mit Hilfe dieser Spitzen-Pyramide wächst möglicherweise eine ganze Technologie-Pyramide für sich selbst. Einfach indem man hier an einer Stelle in unserer Tunnelmikroskopie-Pyramide ein bißchen »herumdreht«, entsteht etwas ganz Neues. Dieses Neue ist momentan erst im Wachsen, zeigt aber schon jetzt ein ungeheures Potential. Man hat damit eine ganz besondere Elektronenquelle. Wenn man im Vakuum an solch eine Spitze eine Spannung von nur ca. 15 V anlegt, dann kommt ein Elektron nach dem anderen aus dem vordersten Atom heraus. Bei umgekehrter Polung der Spannung wirkt eine derartige Spitze ebenso als Ionenquelle, wenn das Vakuum durch ein verdünntes Edelgas ersetzt wird. Hier wächst momentan eine neue Evolutionspyramide.

Bei der Vibrationsisolation ist nichts besonders Neues entstanden, außer daß sich die ganze Sache vereinfacht hat. Man kann sogar z.T. darauf verzichten. Die Fein- und die Grobsteuerung der Spitze ist mittlerweile ebenfalls stark vereinfacht.

Eine Etage höher in der Pyramide könnte man fragen: Ist Rastern die einzige Möglichkeit? Dazu ist noch niemandem etwas eingefallen. Man kann alles fragen. Auch: Ist Vakuum sinnvoll? Und da ist die Antwort eindeutig: Vakuum ist sinnvoll, aber man kann es auch durch bestimmte Materialien ersetzen. Man kann z.B. Flüssigkeiten nehmen. Diese isolieren ebenfalls, verhindern aber dennoch nicht, daß man die Spitze bewegen kann. Man hat dann herausgefunden, daß man durch Flüssigkeiten wie Wasser oder Öl durchtunneln kann. Das war ein wichtiger Schritt, weil biologische Vorgänge ja im großen und ganzen im Wasser stattfinden. Der Stoffwechsel z.B., der in den Zellen unseres Körpers vor sich geht, läuft über die wässrigen Lösungen zwischen und in den Zellen ab. Nun hat man möglicherweise Zugang dazu, lebende Organismen mit nahezu atomarer Auflösung zu beobachten. Somit haben einzelne Details, an denen man »dreht«, eventuell eine ganz große Bedeutung.

Dann Tunneln. Warum ausgerechnet Tunneln? Es gibt ja auch andere Methoden, um festzustellen, daß sich ein anderes Atom in der Nähe meiner Spitze befindet. Diese Methode wurde erst fünf Jahre, nachdem das Tunnelmikroskop gebaut wurde, entdeckt. In Kalifornien hatte ich zusammen mit Prof. Cal Quate und Christoph Gerber die Idee, Tunneln auszutauschen gegen Kraft. Die beiden einander gegenüberstehenden Atome spüren sich in dem Fall nicht mehr über einen Strom, sondern sie spüren sich über die Kraft, die sie aufeinander ausüben. Wir mußten hier natürlich die Frage stellen: Kann man eine solch kleine Kraft überhaupt messen? Die Frage hatte vorher wohl noch niemand gestellt. Wir konnten sie zum Glück mit »Ja« beantworten, und mittlerweile existiert eine neue Art der Mikroskopie. Man nennt sie Kraftmikroskopie (oder kurz: AFM von Atomic Force Microscopy), sie mißt also die Kraft zwischen jeweils zwei Atomen und kann atomare Strukturen ähnlich wie bei der Tunnelmikroskopie erfassen. Da kein Strom benötigt wird, kann man jetzt auch Isolatoren anschauen oder biologische Materialien, durch die der Strom vielleicht nur sehr schlecht fließt. Wieder wächst durch Hinterfragen eines einzelnen Elementes der Pyramide eine neue.

Als nächstes hinterfragen wir Oberflächen. Kann man ausschließlich Oberflächen anschauen? Nein, man kann auch z.B. kleine »durchsichtige« Teilchen auf diese Oberfläche setzen. Diese werden dann den Tunnelstrom beeinflussen und dadurch sichtbar. Man tunnelt nicht zu ihrer Oberfläche, sondern durch sie hindurch. Man kann auch, wenn man durch Wasser tunnelt, nicht mehr von einer Oberfläche im eigentlichen Sinne reden, sondern von der Grenzfläche Probe/Wasser. An dieser Grenzfläche können sich interessante Vorgänge abspielen: Zum Beispiel gehen Substanzen, die sich im Wasser befinden, möglicherweise auf die Oberfläche und verändern sie. Oder umgekehrt, irgend etwas von der Oberfläche begibt sich ins Wasser. Daraus ergibt sich, daß oben in unserer Pyramide nicht allein Physik steht, sondern auch Biologie, Chemie und Elektrochemie. Auch im Vakuum kann man ja chemische Vorgänge beobachten, wenn einzelne Gasatome oder Moleküle sich an eine Oberfläche binden.

Das war ein Beispiel, wie eine Pyramide wächst. Es gibt unzählige solcher Beispiele, wie Pyramiden zu wachsen anfangen und dabei komplexer und komplexer werden. Sie wachsen in die Höhe und in die Breite, von rechts nach links, von links nach rechts, von unten nach oben und von oben nach unten. Man kann jederzeit wieder in die Pyramide hineingehen und hinterfragen, ob es sich lohnt, etwas zu verändern oder etwas Neues einzufügen.

Ein Gedankensprung

Zum Abschluß möchte ich kurz noch eine ganz andere Pyramide wachsen lassen, die ich einfach mal zum Spaß gebaut habe. Es sind Gedanken, die Ihnen sprunghaft erscheinen mögen, die sich aber zusammengebraut haben und jetzt entladen. Ich denke, wenn alles nach diesen Pyramiden wächst, dann wachsen vielleicht die Kriterien, nach denen diese Pyramiden wachsen, auch als Pyramiden. Dabei geht es um die Mechanismen der Kreativität. Diese sind möglicherweise auch erst mit der Zeit gewachsen. Sagen wir, am Anfang gab es die Naturgesetze. Dazu möchte ich vorerst nicht mehr sagen. Es gab die Zeit. Man fragt sich natürlich: »Was ist das – die Zeit?« Vorläufig sagen wir einmal: »Zeit ist die Veränderung unseres Universums, oder Zeit ist die Veränderung der räumlichen Strukturen.« Dann gibt es den Zufall, über den wir schon geredet haben. Er scheint sogar fest in den Naturgesetzen eingebaut zu sein. Dann gab es Energie. Es gab die Expansion des Weltalls nach dem Urknall. Das führte zu einer Abkühlung. Sehr bald nach dem Urknall sind die elementaren Teilchen entstanden. Das sind die Startbedingungen.

Auf der nächsten Stufe sind dann die zufälligen Begegnungen entstanden. Diese sind nur möglich, weil es all diese Dinge auf der Etage darunter gegeben hat. Weil es überhaupt Strukturen gab, die sich begegnen konnten. Weil es Teilchen gab. Begegnen konnten sie sich nur, weil es die Zeit gibt. Aus diesen zufälligen Begegnungen ist Neues entstanden. Und diese zufälligen Begegnungen haben unter variierenden Bedingungen stattgefunden während der Abkühlung des Universums. Dadurch wurden verschiedene Möglichkeiten ausprobiert. Und auf der nächsten Stufe, wo das Leben sich zu entwickeln begann, da gab es einen neuen Mechanismus: die *Reproduktion*, die Reproduktion von Makromolekülen.

Mit der Vorstellung der Reproduktion gehen wir einmal zurück zu den Naturgesetzen. Gibt es da nicht Ähnlichkeiten? Was ist denn überhaupt ein Naturgesetz? Es ist doch eigentlich nur eine Wiederholung. *Verhalten* wiederholt sich, *reproduziert* sich. Es sieht so aus, als sei Reproduktion etwas ganz Entscheidendes. Sie schränkt den Zufall ein. Wir starten mit der Reproduktion, gehen über zu den zufälligen Begegnungen, kommen wieder bei der Reproduktion an. Aus diesem Gedankengang drängt sich ein Bild auf: Durchläuft unser Universum immer wieder die gleichen Stadien? Dreht da ein Programm eine Schleife nach der anderen?

Das kann man spaßeshalber weiterdenken und sehen, was dabei herauskommt. Sagen wir einmal: Die Reproduktion von Verhalten, also das wiederkehrende, gleichartige Verhalten der elementarsten Teilchen, entspricht den Naturgesetzen. Diese haben die Materie hervorgebracht, so wie sie heute ist. Die Materie enthält alle Makromoleküle. Mit der Materie sind auch die Makromoleküle entstanden. Durch die Reproduktion bestimmter Makromoleküle ist das Leben entstanden. Jetzt kann man das weiterspinnen: Mit dem Leben sind entstanden: Gedanken. Diese werden *reproduziert*! Wenn ich einen Gedanken habe, kann ich ihn weitergeben, jemand anders hat einen Gedanken, kann ihn auch weitergeben. Der gleiche Gedanke wird reproduziert, sowohl örtlich als auch zeitlich. Ich kann z.B. heute einen Gedanken haben, den ich abspeichere und morgen wieder denken kann. Er wird örtlich und zeitlich reproduziert. Es entsteht Intelligenz.

Jetzt kann man versuchen, das noch weiterzuspinnen, einfach noch ein bißchen science fiction zu spielen. Man könnte das Ganze so nennen: erste, zweite und dritte Evolution – Materie, Leben und Intelligenz. Das hört sich gut an. Weiter: Vielleicht ist das Ganze so entstanden: Durch eine Reproduktion von irgend etwas (ich weiß noch nicht, was) ist

76

überhaupt Vakuum entstanden oder der Raum. Mit diesem Raum sind auch die Eigenschaften des Raumes entstanden, z.B. seine Symmetrien. Und durch Reproduktion dieser Eigenschaften sind irgendwelche Energieformen entstanden, wie, das kann ich nicht sagen. Ich phantasiere jetzt einfach ein bißchen. Man kann ja nachher überprüfen, was davon einen Sinn hat. Mit den Energieformen sind Verhaltensformen dieser Energieformen entstanden. Wenn sich Energiestrukturen begegnet sind, haben sie sich irgendwie verhalten. Mit der Reproduktion von Verhaltensformen ist die Materie entstanden. Damit sind die Makromoleküle entstanden. Mit der Reproduktion der Makromoleküle ist das Leben entstanden. Damit sind die Gedanken und durch deren Reproduktion die Intelligenz entstanden.

Was kommt nach der Intelligenz? Dazu fällt einem vieles ein. Ich schreibe einmal hin, was sich mir aufdrängt: die künstliche Intelligenz. Wobei wir künstlich nicht als Gegensatz zu natürlich, sondern als Spezialfall davon sehen wollen. »Künstlich« bedeutet, es ist vom Menschen gemacht. Damit spekuliere ich, daß mit der künstlichen Intelligenz noch etwas ganz Wichtiges in der Zukunft passieren wird. Möglicherweise entsteht künstliches Leben. Also sagen wir: »Mit der Reproduktion von künstlicher Intelligenz wird künstliches Leben entstehen.« Damit haben wir Menschen eigentlich ganz schlechte Karten. Vielleicht werden wir überflüssig. Sollten wir etwas dagegen tun? Und wie wird es dann weitergehen? Wir haben hier die erste bis sechste Evolution. Es muß noch eine siebte geben, denn sieben ist eine magische Zahl.

Dualismus und das
Kreativitäts-Rädchen

Zwei Schalen einer Waage
stürze dich – und wage

Zunächst eine Zusammenfassung:

Bei der Beantwortung der Frage, welcher Mechanismus die Pyramiden wachsen läßt, stießen wir auf die merkwürdige Tatsache, daß ein Pyramidenwachstum immer wieder eingeleitet wird durch Reproduktion. Es wird etwas reproduziert, dann wächst eine Pyramide bis zu einem Punkt, an dem es sich wieder lohnt, etwas, das da entstanden ist, zu reproduzieren. Daraufhin wächst eine neue Pyramide, bis wieder irgend etwas entsteht, das sich zu reproduzieren lohnt usw. Das kann man fast so darstellen wie eine Computerschleife. Man hat einzelne Elemente, die man sich einander zufällig begegnen läßt, bis irgend etwas aus diesen Begegnungen entstanden ist, das wiederum reproduktionsfähig ist. Dann beginnen wieder zufällige Begegnungen, aber jetzt auf einer anderen Basis. Dem Neuen, das entsteht, entnimmt man ein Teil, setzt es als einzelnes Element wieder an den Anfang der Schleife, und das Ganze startet aufs neue. Es wird ständig Neues produziert, und die Schleife kann im Prinzip beliebig oft durchlaufen werden.

Auf jeden Fall liegt die Vermutung nahe, daß auch der Raum, mit all seinen Eigenschaften, durch eine Art Evolution entstanden ist. Dabei hätten wohl Reproduktionen ebenfalls eine große Rolle gespielt, die sich heute in den Symmetrien des Raumes ausdrücken. Wie das im einzelnen vonstatten ging, ist noch sehr schwer zu sagen. Später, mit dem Entstehen von Teilchen, setzten sich bestimmte Eigenschaften durch, d.h. es entstanden unsere Naturgesetze. Möglicherweise konnten sich bestimmte Teilchen durchsetzen und reproduzieren, und andere gingen unter. Zumindest existieren die Teilchen, die wir kennen, in riesiger Anzahl, sie existieren in reproduzierter Form. Im Rahmen der so entstandenen Materie, auch diesmal nur innerhalb eines kleinen Teilbereiches, setzte erneut eine Reproduktion ein, die der Makromoleküle, aus denen sich das Leben entwickelte. Aus dem Leben sind die Gedanken entstanden. Diese waren es offensichtlich auch wieder wert, durch Kommunikation reproduziert zu werden. Damit ist die Intelligenz entstanden, und daraus, das kann man heute schon absehen, entsteht vielleicht die künstliche Intelligenz. Möglicherweise entsteht einmal künstliches Leben, eben durch Reproduktion der künstlichen Intelligenz. Anzeichen dafür, daß es eigenständiges, vom Menschen relativ unabhängiges künstliches Leben geben könnte, gibt es schon heute. Elektronische Schaltkreise werden nicht mehr ausschließlich vom Menschen konstruiert und kontrolliert, sondern intelligente Maschinen übernehmen z.T. die Analysen der Schaltkreise und wirken auch direkt bei deren Verbesserung mit. Die Schaltkreise reproduzieren und mutieren sich also schon zu einem gewissen Anteil selbst. Die Maschine, vom Menschen ins Leben gerufen, wird möglicherweise eines Tages auf eigenen Beinen stehen – sogar im wörtlichen Sinne.

Hier könnte man sich fragen: Was hätte das künstliche Leben dem natürlichen Leben voraus? Eine Antwort ist, daß wir sehr große Schwierigkeiten haben, in den Raum hinauszugehen, unsere Erdoberfläche zu verlassen, während künstliches Leben damit keine Probleme zu haben brauchte. Vielleicht wird dies einmal ein Schritt ähnlich dem der Lebewesen vom Wasser ans Land. Wahrscheinlich ermöglicht der Schritt zur künstlichen Intelligenz die Bevölkerung des Universums, einschließlich des luftleeren und schwerelosen Raumes. All das bisher Gesagte ist ein bißchen »gesponnen« – vielleicht aber auch nicht; das wird die Zukunft zeigen.

Interessant bei dieser ganzen Betrachtung ist, daß die Reproduktionen nicht starr festgelegt sind. Auch das Verhalten von Materieteilchen ist nicht starr. Es gilt ja das statistische Moment darin. Wenn ich *ein* Teilchen an einen Spalt streuen lasse, dann ist nicht vorherzusagen, welchen Weg es nimmt. Das Verhalten wird also nicht starr reproduziert, wenn ich das z.B. mit mehreren Elektronen mache, sondern es gibt eine Variation. Man kann nur sagen, in welchem Rahmen sich diese Variation bewegt, man kann Wahrscheinlichkeitsaussagen treffen. Und so ist es bei allen anderen Dingen auch, z.B. bei den Makromolekülen. Lebewesen werden ja nicht starr reproduziert, sondern da gibt es Variationen im System.

So ist es vielleicht bei allen Evolutionen, auch bei der der Gedanken: Die Ideen werden ja auch nie 1:1 übertragen. Da gibt es Mißverständnisse und verschiedene Interpretationen, denn jeder stellt sich unter einem bestimmten Gedanken etwas ganz anderes vor. Damit gibt es auch hier Variationen.

Wir hatten am Beispiel der Tunnelmikroskopie gesehen, wie eine Pyramide wächst, was bei einem Prozeß abläuft, bei dem Neues entsteht. Dabei konnten wir feststellen, daß sich nicht einfach zwei Elemente zu einer neuen Wirkungseinheit vereinigen, so wie sich z.B. zwei Atome zu einem neuen Molekül zusammenfügen. So lief der Prozeß nicht ab, obwohl er im Prinzip so hätte ablaufen können. Auch hier gab es wieder zwei Elemente als Ideen, nämlich das Scannen von Spitzen und das Vakuumtunneln aus einer Spitze. Diese beiden Ideen, die schon alt waren, hätten einfach miteinander kombiniert werden können, und man hätte etwas Neues gehabt: das Tunnelmikroskop.

Aber das war nicht der Weg. Und ich glaube, so wäre der Weg auch nicht möglich gewesen. Ab einer gewissen Komplexität muß der Weg anders verlaufen. Auch bei der Entwicklung der sehr komplexen DNS müssen andere Mechanismen als der Zufall eine Rolle gespielt haben. Berechnet man die Wahrscheinlichkeiten für die Entstehung eines Menschen aus dem Zufall, so wird ein Sechser im Lotto zu einer vergleichsweise völlig sicheren Sache. Auch bei der Evolution des Lebens sind wohl ganz andere Mechanismen wirksam gewesen als die »rein« zufällige Begegnung. Dieser Mechanismus ist natürlich auch immer vorhanden, aber es muß noch etwas anderes hinzukommen. Es wird in der Pyramide hin- und hergesprungen; es werden Ziele definiert, ganz unscharfe Ziele, und dann geht es wieder hin und her und herauf und herunter in der Pyramide. Wie es im einzelnen funktioniert, versteht man noch nicht so völlig. Ich möchte später noch einmal genauer darauf zurückkommen und noch einen neuen Aspekt hineinbringen, der schon indirekt anklang.

Da ist die Formulierung eines Ziels. Ein Ziel ist ja schon eine Beschränkung. Die Beschränkung scheint einer der wichtigsten Mechanismen der Evolution zu sein. Hat man ein Ziel, muß man nicht mehr alles durchspielen, was viel zuviel Zeit kosten würde. Was man in der Evolution des Lebens als gezieltes Vorgehen bezeichnen könnte, werden wir in einem späteren Kapitel behandeln. Beschränkungen gibt es jedenfalls in Hülle und Fülle. Nur was sich in dem Streit um die Energiequellen durchgesetzt hat, hat sich weiterentwickelt. Nur bestimmte Moleküle dienen als Grundlage des Lebens. Auch die Reproduktion ist schon eine Beschränkung. Ich lasse nicht mehr die ganze Vielfalt zu, sondern arbeite nur noch mit den Dingen, die sich reproduzieren.

Zwischen den Polen

In diesem Zusammenhang möchte ich einen Begriff aus der Psychologie benutzen: den Begriff des Konflikts. Man möchte einerseits eine große Vielfalt erzielen, andererseits

scheint aber auch die Beschränkung wichtig zu sein. Das scheint ein allgemeines Phänomen unserer Natur zu sein: die Existenz des Konfliktes zwischen zwei Polen. Dazu einige Begriffe: Beschränkung – Chaos; erneuern – erhalten; Synthese – Analyse (sehr wichtig für den Vorgang der Kreativität, auf den ich gleich zu sprechen komme); groß – klein usw. Dabei scheint nicht das Extrem, d.h. der eine oder der andere Pol erstrebenswert zu sein, sondern die Natur sucht die Mitte. Es ist oft nur die Frage: Wo liegt die Mitte? Das ist natürlich nicht definiert und ist wahrscheinlich kaum zu definieren. Aber hier gibt es sicherlich ein Optimierungsproblem. Wir wollen aber erst einmal überprüfen, ob dieses Prinzip ganz allgemein gilt oder ob es Ausnahmen gibt. Könnte man sich nicht Dinge vorstellen, für die ein Extrem wünschenswert ist, d.h. daß man ganz eindeutig auf die eine Seite gelangen und vom anderen Pol möglichst weit wegbleiben will? Gibt es solche Fälle? Wenn das Prinzip allgemein ist, dann darf es solche Fälle nicht geben.

Kreativität als Wechselspiel

Bei der Evolution spielen offensichtlich zwei Pole eine besondere Rolle: Einfalt und Vielfalt. Zuviel Vielfalt bedeutet Chaos. Unsere Naturgesetze stellen ja schon eine Beschränkung der Vielfalt im Verhalten von Teilchen dar. Gäbe es sie nicht, hätten wir chaotisches Verhalten. Bei zuviel Beschränkung gibt es keine Freiheit, etwas Neues zu entwickeln. Das ist die Einfalt. Auch die Natur hat sich da für eine Art Mittelweg entschieden: ein bißchen Beschränkung, ein bißchen Vielfalt. Ob das jetzt genau die Mitte ist oder nicht, ist natürlich eine andere Frage. Genauso ist es mit der Synthese und der Analyse. Das sind auch zwei Begriffe, die einander polar gegenüberstehen, die aber auch direkt in einer Wechselwirkung miteinander stehen. Meine Behauptung ist, daß menschliche Kreativität das Wechselspiel ist zwischen Synthese und Analyse. Synthese würde ich als den Versuch definieren, neue Wirkungseinheiten zu finden, indem ich z.B. zwei Dinge, die bereits bekannt sind, auf der nächsthöheren Etage zu kombinieren versuche. Die Analyse besteht dann darin, herauszufinden, ob es sich hier wirklich um eine neue Wirkungseinheit handelt und wie bedeutend sie ist. Dabei kann auch ein Zwischenschritt zu einer neuen Wirkungseinheit selbst eine spezielle Wirkungseinheit sein. Dies zu beurteilen, d.h. zu analysieren, ist dann natürlich besonders schwierig. Die Fähigkeiten zur Synthese und zur Analyse kann man zwar bei sich selbst trainieren. Aber da man nicht alles machen kann, muß man Schwerpunkte setzen und je nach Talent mehr das eine oder das andere zu beherrschen versuchen. Die Leute, die hierbei ins Extrem gehen und sich sehr stark auf eine Seite spezialisieren, scheinen verrufen zu sein. Die extremen Synthetiker nennt man »Spinner« und die extremen Analytiker »Klugscheißer« oder »Besserwisser« – oder neutraler: »Kritiker«. Es gibt allerdings auch einige Leute, die können beides in so ausgeprägtem Maße, daß man sie Genies nennt. Die Extreme werden im Volksmund als etwas Negatives angesehen, obwohl das reichlich ungerecht ist, denn für eine kreative Gemeinschaft braucht man diese Leute. Man braucht Spinner, die immer wieder neue Elemente kreieren, und man braucht Kritiker, die das Neugeschaffene analysieren. Die Leute, die beides können, sind in der Regel nicht so talentiert für eins der Extreme: Sie können meist entweder weniger gut analysieren oder weniger gut spinnen. Daß man die Extreme so stark mit negativen Worten belegt, hängt vielleicht damit zusammen, daß es einen Regelmechanismus braucht, damit das Spektrum nicht zu breit wird. Man könnte – als Synthetiker – z.B. so sehr ins Extrem gehen, daß man nur noch wahllos irgendwelche Elemente zusammensetzt. Diese Art von Wachstum der Pyramide scheint aber ab einer gewissen Komplexität nicht mehr zu funktionieren. Jemand, der andererseits versucht, eine noch unausgegorene

Idee durch harte und voreilige Kritik im Keim zu ersticken, schadet kreativen Personen. D.h. man möchte weder ins eine noch ins andere Extrem gehen. Diejenigen, die zu stark in eine Richtung abdriften, holt die Gesellschaft deshalb durch negative Kennzeichnung wieder zurück.

Kreativität an unseren Schulen?

Wir können uns nun fragen: Was von dem bisher Gesagten lernen wir in der Schule oder an der Universität? Werden wir da zu Spinnern oder zu Besserwissern erzogen? Oder auch zur Mitte? Werden wir kreativ erzogen? Meine Behauptung ist, daß wir weder zu Synthetikern noch zu Analytikern erzogen werden, d.h. daß wir Kreativität überhaupt nicht beigebracht bekommen, überhaupt nicht trainieren. Wir werden ja nicht aufgefordert zu analysieren: Handelt es sich um eine neue Wirkungseinheit? Im Gegenteil: Wir bekommen in den meisten Fällen die Ergebnisse in der Schule und an der Universität vorgesetzt: Das *sind* neue Wirkungseinheiten, etablierte Wirkungseinheiten.

Und es wird auch nie von uns verlangt, daß wir diese Ergebnisse hinterfragen. Eine solche Diskussion kommt wohl manchmal vor, aber sehr, sehr selten. Und daß wir gar aufgefordert würden zu »spinnen«, irgend etwas Neues zu schaffen, ist eine echte Rarität. D.h. beides wird in unserer Ausbildung normalerweise vernachlässigt. Ich finde das enttäuschend, und mehr als das: Ich halte es für einen Fehler, den man sich immer weniger leisten kann.

Synthese – Analyse

Jetzt möchte ich etwas genauer auf die Synthese und die Analyse eingehen, darauf, wie ihr Wechselspiel überhaupt funktioniert. Eine Synthese kann z.B. durch ein Brainstorming gefördert werden. Jemand nennt einen Begriff oder ein Thema – das ist vielleicht das, was oben in der Pyramide steht –, und dann schreibt man alles auf, was einem dazu einfällt. Es werden Querverbindungen hergestellt. So z.B. kann eine Pyramide wachsen. Dann kann man – das haben wir auch schon gesehen – die einzelnen Begriffe wieder austauschen: Was fällt mir zu einem Begriff ein, und wogegen kann ich ihn austauschen? Man sucht dabei immer nach Gemeinsamkeiten. Dies ist wieder die notwendige Beschränkung. Man beschränkt sich auf ein Feld von Möglichkeiten. Man möchte sich nicht zu weit von diesem Feld, von dem Thema entfernen. Mit der Variation eines Themas arbeitet man bei der Synthese sehr stark. Die Analyse dagegen seziert das Neuentstandene und prüft es: Handelt es sich um eine neue Wirkungseinheit, ja oder nein? Und dabei werden Schlüsse gezogen, die dazu führen können, daß die Synthese wieder auf eine neue Idee kommt, eine neue Querverbindung sieht, die sie ohne die Analyse nicht gesehen hätte.

Ich nehme noch einmal die Tunnelmikroskopie als Beispiel dafür, wie das Wechselspiel zwischen Synthese und Analyse abläuft. In diesem System gibt es auch noch die Intuition. Intuition, wie ich schon angedeutet habe, ist eine Art Analyse oder eine Art Synthese, die nicht streng logisch vorgehen kann, weil das Problem zu komplex ist. Ich werde nachher ein Beispiel nennen. Wenn die Analyse wirklich überfordert ist, wenn man nicht mehr streng logisch folgern kann, dann muß eine Unschärfe eingebaut werden, und dazu wird diese strenge, logische Abfolge verhindert. Dann können sich z.T. zwar Fehler einschleichen, aber andererseits wird es möglich, daß man auch komplexe Themen angehen kann, die mit rein logischen oder analytischen Methoden nicht mehr zu erfassen sind. Wenn man kein Oberflächenphysiker ist – und das waren weder Heini Rohrer noch ich –, kann man nur die Intuition sprechen lassen. Man kennt das Gebiet ja kaum. Dann kann man nur hoffen, daß das Gebiet ergiebig sein wird.

Die Intuition war in diesem Fall richtig, denn die Oberflächenphysik gewinnt extrem an Bedeutung.

Dann kommt die Analyse. Jetzt kann man anfangen, das Oberflächengebiet zu analysieren, und stellt fest, daß es dort eine ganze Menge interessanter Probleme gibt. Es fehlt aber etwas; es fehlt die lokale Methode. Das stellte sich bei der Analyse heraus. Und dann kam wiederum die Synthese und konstatierte: »›Lokal‹ erinnert mich an ›Tunneln‹«, ohne nach einem Sinn zu fragen. Ob das einen Sinn gibt, die zwei miteinander zu kombinieren, das bearbeitet dann wieder die Analyse. Sie verbindet einfach »lokal« mit »tunneln«, ganz naiv, und stellt dann fest: »Das geht nicht. Beim konventionellen Tunneln gibt es ja überhaupt keine Oberfläche. Da gibt es nur eine Schichtstruktur. Das hat mit lokaler Oberflächenanalyse überhaupt nichts zu tun. Da ist gar keine Oberfläche vorhanden.« Wenn man also an den Punkt kommt: Nein, so geht das nicht, dann ist es bei kreativen Prozessen immer ganz wichtig, zu fragen: »Ist dieses Nein absolut, oder geht es vielleicht doch? Was kann ich drehen, was kann ich verändern, daß aus dem Nein vielleicht ein Ja wird?« Über dieses Nein stolpert man immer wieder. Das habe ich auch auf anderen Gebieten schon festgestellt. Äußert jemand eine Idee, dann behauptet oft ein anderer: »Nein, aus dem und dem Grund geht es nicht«, ohne zu hinterfragen, ob man diesen Grund nicht vielleicht aus dem Weg räumen kann. Also muß man an einem solchen Punkt immer fragen: »Geht es unter gar keinen Umständen?« Oder nimmt man da irgendwo eine Voraussetzung an, die gar nicht zulässig ist, die gar nicht notwendig ist, an die man sich nur gewöhnt hat?

Wenn man sich in unserem Beispiel die Frage stellt: »Geht es überhaupt nicht?«, dann kommt einem sofort der Gedanke: Vakuumtunneln. Da ist ein Vakuum, und da ist eine Oberfläche. Die Schicht ist ja das Vakuum selber, und damit ist es eine Oberfläche. Aber das fällt einem natürlich nur ein, wenn man in dem Gebiet ein bißchen »drin« ist. Und da wird auch einfach nur zusammengestellt: Vakuumtunneln und Oberfläche, ganz naiv, ohne zu wissen, ob das überhaupt einen Sinn macht und zu irgend etwas führt. Möglicherweise ist diese Kombination ja etwas total Unsinniges. Danach fragt die Synthese nicht. Es ist die Analyse, die dann nach Widersprüchen sucht oder nach Gründen, warum das eben nicht gehen kann, oder nach Parallelbeispielen usw.

Und hier gab es kein gutes Gegenbeispiel. Die Analyse ergab lediglich, daß Vakuumtunneln vorher schon probiert, aber als experimentell zu schwierig abgetan worden war. Und dann muß man wieder fragen: »Bisher immer abgetan, aber ist vielleicht jetzt der richtige Zeitpunkt? Muß das so sein? Ist ein prinzipielles Problem dahinter, oder kann man es umgehen?« Das ist immer wieder die Frage, wenn das »Nein« auftaucht. Und dann kann die Analyse von neuem einsetzen, um das zu klären.

Das größte technische Problem beim Vakuumtunneln sind wohl Vibrationen gewesen, weil die zwei Elektroden so unglaublich dicht beisammen sein müssen, ohne sich zu berühren. Fällt uns dazu etwas ein? Daraufhin hat die Synthese eingeworfen: »supraleitende Schwebung«. Das war zu dem Zeitpunkt eigentlich nichts Neues, aber in diesem Zusammenhang hatte es bestimmt noch keiner versucht. So könnten eventuell die Vibrationen verhindert werden. Wir hatten dazu ein paar Einfälle, die uns Selbstvertrauen gegeben haben. Letztlich stellten sie sich zwar als Irrwege heraus, aber sie haben uns Mut gemacht, und das war eigentlich das Entscheidende bei der Sache. Ob wir wirklich irgendeinen Vorsprung hatten oder die Ideen wirklich gut waren, war dabei oft gar nicht so wichtig. Der Wille und das Selbstvertrauen sind wichtig. Etwas Naivität kann dabei nicht schaden. Weiß man zuviel, kann das entmutigen.

Jetzt kommt die Frage an die Analyse: »Schaffen wir es mit diesen Voraussetzungen?« Worauf die Analyse einräumen muß: »Das kann ich nicht beantworten. Ich kann das alles gar nicht berechnen. Es würde Jahre dauern, das wirklich bis ins Detail auszurechnen. Ich bin überfordert. Ich gebe weiter an Intuition.« Die Intuition ist natürlich immer optimistisch und sagt:»Klar, das schaffen wir schon.« Und außerdem – eine ganz wichtige Mitteilung –:»Es ist interessant. Mach nur mal, es ist interessant, weil es etwas Neues ist.« Selbst wenn es nicht funktioniert, hat man einen Lerneffekt. Es wird schon etwas dabei herauskommen, und dann hat es sich gelohnt. Die Analyse beklagt sich natürlich, daß sie auf die Intuition angewiesen ist, die doch so unzuverlässig oder auch fehlerhaft arbeitet. Worauf die Synthese antwortet:»Das verstehe ich nicht. Ich verstehe mich gut mit der Intuition. Du mußt auch immer alles erklären können.«

Der Dialog zur Kreativität

Ganz ähnliches lief ab, als ich anfing, mir Gedanken zur Kreativität zu machen. Hier der Dialog – vielleicht ein bißchen gestrafft – zur Frage: Was ist Kreativität? Auch hier beginnt die Intuition:»Das Thema ist interessant, weil es relativ neu ist. Da stecken Überraschungen drin.« Die Intuition hatte recht, denn heute weiß ich, daß das Thema sogar noch sehr neu ist. Erst viel später ist mir aufgefallen, daß es in den Lexika von 1955 das Wort Kreativität überhaupt noch nicht gibt. Es steht erst in den neuen Lexika, und ich habe mittlerweile auch mit Psychologen diskutiert, die einhellig der Meinung sind: Kreativität ist bis heute noch nicht klar definiert. Wir allerdings haben ja nun eine Definition. Jetzt kommt die Synthese. Sie stellt einfach Querverbindungen her. Dabei fällt auf, daß die Natur immer Neues schafft. Und in der Kreativität steckt ja der Begriff»neu«, also ergibt sich als Querverbindung zu»neu« der Begriff»Natur«. Die Analyse, ob die Natur wirklich kreativ ist, konnte gar nicht gemacht werden, denn Kreativität hatte ich zu dem Zeitpunkt noch nicht definiert. Und dann hat die Synthese wieder zu

90

arbeiten angefangen: »Evolution – da entsteht Neues – und Kreativität müssen einen Zusammenhang haben«, was die Analyse bestätigte. Daß auch der Zufall eine wichtige Rolle bei diesen Gedanken spielte, war mir klar. Aber hier steht der Mensch auf der einen Seite und auf der anderen die Natur. Mit Kreativität meint man normalerweise, wie schon festgestellt, den Menschen. Deshalb kann man fragen: »Muß man Natur und Mensch unbedingt getrennt sehen?« Die Analyse antwortet: »Nein, es existieren eigentlich ungeheure Gemeinsamkeiten. Mensch und Natur kann man überhaupt nicht voneinander trennen. Es gibt keine prinzipielle Grenze zwischen Mensch und Natur.« So die Analyse. Das hieße also, man muß Kreativität auch allgemeiner sehen und mit der übrigen Natur in Verbindung bringen.

Und dann gab es eine zufällige Begegnung, von der ich schon berichtet habe. Ich hatte bei einer Feier einen Vortrag von Professor Reeves gehört, der die Pyramide vorstellte, welche das Wachstum des Universums beschreibt. Sofort behauptete die Synthese: »Diese Pyramiden eignen sich zur Beschreibung der Kreativität«, was die Analyse bestätigte, aber einschränkend: »Dann müssen wir aber die Gemeinsamkeiten aller dieser Elemente suchen, die in der Pyramide stehen, und die Frage ist: Wie nennen wir die?« Die nennen wir ja heute Wirkungseinheiten. Aber am Anfang kommt man nicht gleich auf diesen Begriff. Relativ schnell findet man »Einheiten«, und diese Einheiten sind bestimmt durch ihre Eigenschaften. Analyse: »Das klingt nicht gut – Eigenschaftseinheiten.« Daraufhin bemüht sich die Synthese wieder und kommt auf »Wirkung«. Dazu stellt die Analyse fest: »Ja, fast äquivalent: Die Eigenschaften der Dinge rufen ja bestimmte Wirkungen hervor. Die Eigenschaften werden überhaupt erst durch die Wirkung festgestellt. Also nennen wir sie Wirkungseinheiten.« »Das Schaffen von Wirkungseinheiten«, sagt die Synthese, »ist die Definition von Kreativität.« »Das ist nicht gut, weil Schaffen wieder nur auf den Menschen bezogen ist«, antwortet die Analyse. »Wir müssen ein Wort suchen, das nicht nur für den Menschen gilt. Ein Wort so ähnlich wie Schaffen, aber es soll nicht für den Menschen allein, sondern auch für die Natur gelten.« Die Synthese findet das Wort »Ermöglichen«, was die Analyse gutheißt: »Ein Mensch ermöglicht irgend etwas, und eine Situation kann ebenso etwas ermöglichen.« Aber es fehlt noch das Wort »neu«. Und schließlich heißt dann die Definition:

> Kreativität ist das Ermöglichen neuer Wirkungseinheiten.

Diese Definition wird anschließend einer größeren Analyse unterzogen: Wenn das die Definition ist, dann folgt, daß z.B. ein Geldgeber kreativ ist. Entdecke ich irgendwo ein Talent und sage: »Dem gebe ich jetzt Geld, damit seine Fähigkeiten schneller zum Durchbruch kommen, damit er vielleicht überhaupt erst seine Pläne durchführen kann«, bin ich als Geldgeber dann kreativ? Nach unserer Definition: ja; zumindest sind Talent und Geldgeber zusammengenommen kreativ. Trotzdem ist einem nicht ganz wohl; irgend etwas an der Definition stimmt nicht. Die Kreativität des Geldgebers besteht ja nur darin, daß er Geld gibt. Möglicherweise ist das aber tatsächlich ein kreativer Akt, denn es gehört z.B. dazu, die richtigen Leute zu erkennen. Also folgt aus der Definition auf jeden Fall, daß ein Geldgeber Teil eines kreativen Vorganges sein kann.

Auch ein Stern wäre danach kreativ: Er erzeugt Atome, also neue Wirkungseinheiten, zumindest lokal neue. Und ebenso ist ein Manager, der einem seiner Leute Barrieren aus dem Weg räumt, selbst kreativ. Er hat sicherlich die neue Wirkungseinheit, die daraus unter Umständen resultiert, mitermöglicht.

Wenn also unsere Definition Sinn macht, dann sind all die genannten Leute kreativ. Zumindest sind sie als Gruppen kreativ, denn als Einheit haben sie etwas bewirkt. Auf den ersten Blick widerstrebt diese Definition unserem normalen Verständnis von Kreativität allerdings ein bißchen.

Kreativität: ein kollektives Phänomen

Reden wir einen Moment über die Gruppe. Z.B. könnte die Analyse fortfahren: »Ja, es ist selten einer allein wichtig, es ist immer die Gruppe wichtig.« Eine Person als ein Element aus der Gruppe formuliert nun eine neue Wirkungseinheit. Ist dann diese Person der Kreative, oder wo steckt die Kreativität? Ich könnte auch das Experiment machen, Gruppenmitglieder auszutauschen. Wäre auch ohne dieses oder jenes Mitglied eine neue Wirkungseinheit entstanden? Unter Umständen ergibt es sich, daß – egal, wen ich hier austausche – in keinem Fall neue Wirkungseinheiten der gleichen Qualität und Quantität entstehen könnten. Ich störe das System durch Herausnehmen der einzelnen Elemente so stark, daß neue Wirkungseinheiten weniger oft oder gar nicht entstehen. Einer der Gruppe formuliert möglicherweise einen neuen Gedanken als erster, aber gewachsen ist er meistens aus der ganzen Gruppe. Zu dieser Gruppe gehört auch der größere Rahmen, also das Umfeld der Gruppe.

Hätten wir das Tunnelmikroskop z.b. in einer weniger anregenden und hilfreichen Umgebung zu entwickeln versucht, wären wir möglicherweise nie am Ziel angelangt. Man nimmt oft eine Umgebung als gegeben, als selbstverständlich. Das ist sie aber keineswegs. Ich selbst habe das erst begriffen, nachdem ich an sehr verschiedenen Orten gearbeitet habe. Deshalb sollte man unbedingt auch versuchen, Einfluß auf diese Umgebung auszuüben. Die positiven Wechselwirkungen – also konstruktive Kritik – innerhalb einer Gemeinschaft sind entscheidend für ihren dauerhaften Erfolg. Daher sollte man so formulieren:

Kreativität ist ein kollektives Phänomen.

Es gehört wirklich die Gruppe dazu. Andererseits gibt es so etwas wie individuelle Kreativität sicherlich auch. Das trifft wohl zu für Menschen, die in sehr unterschiedlicher Umgebung neue Wirkungseinheiten hervorbringen können, also eine relativ hohe Unabhängigkeit besitzen. Diese Unabhängigkeit ist nur möglich, wenn eine Person beides beherrscht: Synthese und Analyse. Es ist dann ein Gespräch mit sich selbst – vielleicht ein Gespräch der linken mit der rechten Gehirnhälfte. Auch dies kann man gewissermaßen als kollektives Phänomen ansehen, denn verschiedene Bereiche des Gehirns müssen in der Lage sein, miteinander konstruktiv zu kommunizieren. Der große Vorteil ist, daß dieses Gespräch um ein Vielfaches schneller ablaufen kann als ein Gespräch zwischen zwei Personen. Erstens sind die Partner vollkommen aufeinander eingestellt, und zweitens sind keine zeitraubenden »mechanischen Lauterzeugungen« dazu notwendig. Man muß dabei aber bedenken, daß selbst dann der Gruppenaspekt entscheidend ist. Ohne Anregungen von außen würden die Selbstgespräche sich bald im Kreise drehen. Außerdem ist es von entscheidender Bedeutung, wie jemand aufwächst, welche Spielgefährten er hat, welche Eltern, welche Schulen, kurz welche Umgebung. Von der Gruppe ist man nie völlig unabhängig, absolut nicht. Aber man kann für einen Moment unabhängig sein. Man kann jemanden aus einer Gruppe herausnehmen und z.B. in eine Zelle sperren – und trotzdem bringt er möglicherweise geniale Dinge hervor. Das ist ohne weiteres denkbar. Das sind dann aber nur Augenblicksprodukte, denn in der Zelle eingesperrt dürfte ihm auf die Dauer die Kreativität ganz schön vergehen.

Vier große Evolutionen –
und die Mechanismen sind
immer die gleichen

Also auf alle Fälle
Keine vorzeitigen Knälle
Sondern
Knall auf Fall
Ein Quentchen Raum
An erster Stelle
Das wächst aus einem Traum von Zeit
Ins Hier und Jetzt
Von Null nach Kaum –
Ein Frosch schaut sprachlos zu
Quak – da war das erste Wort
Und so weiter und so fort ...
Springt Ton auf Ton
Von Affenlippe auf Menschenzunge

Ich beginne wieder mit einer Zusammenfassung und will dabei gleichzeitig einige Fehler korrigieren:

Als eine der großen Evolutionen nannte ich die des künstlichen Lebens. Das kann so nicht richtig sein, da jede dieser Evolutionen in einer ursprünglicheren voll enthalten ist, also die der Intelligenz voll in der des Lebens und die des Lebens voll in der der Materie und diese voll in der des Raumes. Künstliches Leben kann aber nicht rein aus Intelligenz aufgebaut sein, denn zum Leben gehören noch andere Dinge.

Zudem kann nicht Intelligenz im Leben stecken und dann Leben – ob künstlich oder nicht – wieder in der Intelligenz.

Das ist ein Widerspruch. Die Evolution, die nach der der Intelligenz kommt, muß also eine rein geistige sein und sich auch aus einem sehr speziellen Bereich der Intelligenz entwickeln. Künstliches Leben ist – so sehe ich es jetzt – ein Teil des Lebens. Es ist, wie bereits erwähnt, möglicherweise ein Sprung, dem des Lebens vom Wasser ans Land vergleichbar. Durch künstliches Leben wird ein Leben im Weltraum möglich. Wir sind von sehr begrenzten Bedingungen abhängig und taugen nicht besonders für das Leben im schwerelosen und luftleeren Raum. Mir ist klar, daß ich damit vermute, daß wir nicht die Endstufe und auch nicht die Krone der Schöpfung sein könnten.

Evolution des Raumes

Die Evolution des Raumes hatte ich bisher nicht gut verstanden, jetzt verstehe ich sie allerdings etwas besser. Was wird denn eigentlich vom Raum reproduziert? Die Symmetrien! Der Raum, wie wir ihn erfahren, ist symmetrisch, es reproduzieren sich Eigenschaften. Wenn ich z.B. einen Gegenstand im Raum drehe oder in einen ganz anderen Raumbereich unseres Universums bewege, so bleiben doch die Eigenschaften des Gegenstandes gleich. Es gibt noch eine ganze Menge anderer Symmetrieeigenschaften des Raumes. Aus diesen Symmetrien ergeben sich Naturgesetze, indem sich z.B. Teilchen gemäß diesen Symmetrien verhalten. Diese Teilchen schlüpfen sozusagen in die Symmetrien hinein, die durch den Raum schon gegeben sind.

Die erste für mich erkennbare Evolution ist, wie gesagt, die des Raumes, dann die der Materie, die des Lebens und schließlich die der Intelligenz. Dabei startete die Evolution mit der Reproduktion von bestimmten Eigenschaften, d.h. mit den daraus resultierenden Symmetrien. Bei der Evolution der Materie stand die Reproduktion von Teilchen am Anfang.

96

Hier ist mir allerdings folgendes nicht klar: Wir stellten fest, daß die Reproduktionen jeweils unscharf sind. Das trifft auch tatsächlich sowohl für die Symmetrien als auch für die Teilchen zu. Aus den Symmetrien des Raumes folgt u.a. die Energieerhaltung. Energieerhaltung ist nicht scharf; für sehr kleine Zeiträume kann die Energie von einem Mittelwert abweichen. D.h. also, daß die Reproduktion von räumlichen Eigenschaften nicht scharf ist. Auch Teilchen verhalten sich nicht identisch, obwohl sie für uns ununterscheidbar sind. Nehmen wir zwei radioaktive Kerne: Sie zerfallen nicht zum gleichen Zeitpunkt, d.h. sie verhalten sich nicht identisch. In die Naturgesetze ist der »Würfel« eingebaut, und damit ist die Reproduktion unscharf. Aber ist dies nicht lediglich eine Folge der Unschärfe der Symmetrien? Sehen wir in der Unschärfe des Verhaltens von Teilchen die Unschärfe der Symmetrien oder die der Teilcheneigenschaften? Es scheint nur eine Art von Unschärfe vorzuliegen, nämlich die, die mit der Unschärferelation beschrieben wird. Oder anders gefragt: Beschreibt die Unschärferelation eine Eigenschaft des Raumes oder eine der Materie (der Teilchen)? Es müßte noch eine zweite Art von Unschärfe geben, wie auch Intelligenz und Leben ihre eigene Unschärfe bei der Reproduktion entwickelt haben. Dieser Punkt ist mir noch nicht ganz klar.

Die Entwicklung geht in alle Richtungen

Die Entwicklung haben wir bisher immer als Entwicklung nach oben gesehen, nur einmal, im Nebensatz sozusagen, haben wir gesagt, daß die Entwicklung auch nach unten passiert, daß da sozusagen eine Rückkopplung einsetzt auf die unteren Etagen. Das müßte man aber ausdrücklich betonen, weil es ein sehr wichtiger Effekt ist. Man kann das schön sehen, wenn man sich z.B. unsere Erde anschaut, die unbelebten wie die belebten Teile. Das Leben auf unserer

Erde hat diese vollkommen verändert. Daß wir die Sauerstoffatmosphäre haben, ist überhaupt erst durch das Leben hervorgerufen worden. Die Erde, so wie wir sie heute kennen – auch die tote Materie –, ist aufgrund des Lebens eine ganz andere, als sie zu der Zeit war, als es noch gar kein Leben gab. Diese Rückkopplung, glaube ich, unterschätzt man etwas, weil sie so langsam vor sich geht. An der Umweltbelastung wird es einem ganz deutlich, daß momentan vor allem der Mensch sehr stark auf die belebte und die unbelebte Natur einwirkt. Daß das auch alle übrigen Lebewesen tun, ist einem manchmal nicht so klar. Die Intelligenz wiederum wirkt zurück auf das Leben, und natürlich wird durch Intelligenz auch tote Materie umstrukturiert.

Es existiert also ein starker Fluß von Veränderungen in alle Richtungen. Warum sollte dieser ausgerechnet bei der Materie aufhören? Er geht wahrscheinlich über *alle* Etagen in alle Richtungen, auch in die Breite, überallhin. Daraus ließe sich folgern, daß es, wenn das ganze System sich ständig verändert, eigentlich *nichts* gäbe, was konstant wäre. Nichts, also auch keine Energie, von der wir Physiker annehmen, daß sie erhalten bleibt. Unter der Annahme, daß alles durch Evolution entstanden und alles mit allem gekoppelt ist, muß man konsequenterweise folgern, daß sich *alles* verändert, solange sich Teile des Ganzen verändern. Alle Erhaltungssätze, die wir kennen – das ist jetzt meine persönliche Meinung –, sind dann wahrscheinlich nur sehr beschränkt gültig, z.B. nur für bestimmte Zeiträume.

Möglicherweise ändern sich unsere Naturgesetze fortwährend. Zur Zeit geschieht dies – wenn unser Bild stimmt – sicherlich extrem langsam. Zu anderen Zeiten aber haben die Naturgesetze sich viel schneller entwickelt, z.B. gerade in der Zeit, in der sie die Anfänge ihrer Evolution durchlaufen haben. Da war die Entwicklung am schnellsten. Mich haben immer wieder Studenten gefragt, ob wir es denn überhaupt merken könnten, wenn sich unsere Naturgesetze ändern. Einige Änderungen wären vielleicht nicht spürbar, die

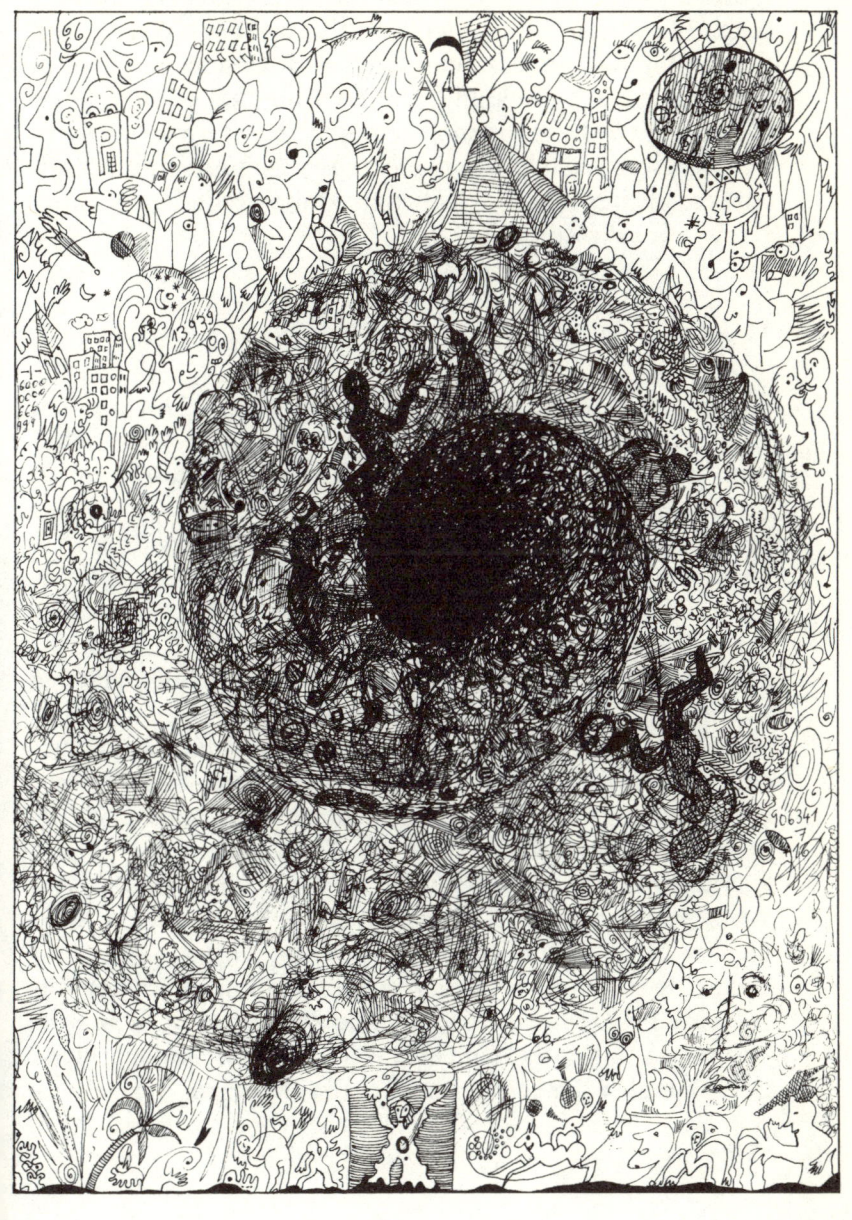

meisten aber doch. Wenn sich die Anziehungskräfte zwischen Massen verändern, würden wir zwar beim Wiegen von Gewichten mit einer Balkenwaage (mit Gegengewichten in der anderen Schale) keine Veränderung beobachten, beim Messen mit Federwaagen aber schon. Es ist unwahrscheinlich, daß sich Kräfte, die auf elektro-magnetischen Wechselwirkungen beruhen, im gleichen Maße verändern wie die Gravitationskräfte.

Die Pyramiden

Kommen wir zu unseren Pyramiden zurück, so fällt auf, daß sie wie einige der ägyptischen gestuft sind. Die jeweils höheren Pyramiden stehen abgesetzt auf den darunterliegenden Stufen: Sie belegen nicht deren gesamte Breite – nicht der gesamte Raum geht über in Materie, nicht alle Materie wird in Leben umgeformt, und nur ein kleiner Teil des Lebens produziert Intelligenz. Dies zeigt auch, daß wir noch sehr am Anfang der Evolution des Lebens stehen. Hier ist die Stufe extrem breit. Nur ein winziger Bruchteil der Materie hat sich in lebende Materie umgewandelt, und das möglicherweise auch nur auf einem sehr kleinen Planeten im riesigen Universum. Das wird sich sicherlich drastisch ändern, wenn das künstliche Leben tatsächlich den besagten Schritt in den Weltraum unternimmt.

Nebenbei gesagt tausche ich die Reproduktion von Makromolekülen gegen die Reproduktion von Bauplänen aus, da dies allgemeiner ist und außer der DNS auch andere Baupläne (wie z.B. Si-Chips) zugelassen sind. In diesen allgemeinen Bauplänen sind auch die Baupläne für die Fabriken schon mit enthalten. Das sind also sehr umfangreiche Baupläne, bei denen alles im Detail geplant ist.

Geht die Pyramide nach unten weiter?

Um nochmals auf die Stufen zurückzukommen: Es sei noch erwähnt, daß es möglicherweise auch eine Stufe von der Raumpyramide zu der darunterliegenden, von der wir noch nichts wissen, gibt. Neben der Intelligenz gibt es unintelligentes Leben, neben dem Leben »tote« Materie, neben der »toten« Materie unmateriellen Raum und möglicherweise neben dem Raum einen »Unraum«. Zu jeder dieser neuen, geordneten Phasen gibt es eine Phase auf einer niedrigeren Ordnungsstufe. Man könnte sagen: eine Art chaotische Phase. Vom Standpunkt des Lebens könnte man also z.B. die tote Materie als etwas Chaotisches ansehen. Deswegen wären all diese nicht geordneten Phasen, die sich nicht in geordnete umstrukturiert haben, dann vielleicht als Chaos zu bezeichnen, als eine Art »Hintergrundchaos«. Vom Standpunkt jeder der vier Evolutionen aus gibt es, koexistierend, ungeordnetere, chaotischere Strukturen. Damit muß es auch ein Hintergrundchaos im Raum geben, so daß also Raum existiert – wo auch immer –, der ungeordneter ist als unser Raum, in dem die Symmetrien nicht in der uns bekannten Form existieren.

Wie paßt nun der Urknall in unser Evolutionsbild? *Er paßt nicht hinein*, da sich alles fließend entwickelt und von einem »Knall« überhaupt keine Rede sein kann. Dennoch muß unser Bild der Urknalltheorie nicht völlig widersprechen. Eine Evolution geschieht möglicherweise in sehr, sehr kurzen Zeiträumen, in einer Art sanftem Knall. Es ist mir nicht klar, was man hier als Zeitskala ansetzen muß. Können wir vergangene Ereignisse mit der gleichen Zeitskala messen wie heutige? Wir müssen nicht unbedingt von einem Widerspruch sprechen, aber meiner Ansicht nach befinden wir uns nicht gerade in extremer Übereinstimmung mit der Urknalltheorie, die von einem singulären Ereignis ausgeht.

Alle Evolutionspyramiden wachsen
auf die gleiche Art

Wir hatten eine Behauptung aufgestellt, die ich ziemlich gewagt genannt habe – doch ich glaube, sie ist gar nicht so gewagt. Ich wiederhole sie:

> Alle Evolutionspyramiden wachsen mit Hilfe
> der gleichen Mechanismen.

Zum Beispiel durch das Wechselspiel von Synthese und Analyse. Wir haben uns dieses Wechselspiel am Beispiel der Entwicklung der Tunnelmikroskopie und an anderen Beispielen angeschaut, jedoch überwiegend bei menschlicher Kreativität. Es funktioniert jedoch auch in anderen Bereichen. Was ist hier die Synthese? Wir haben festgestellt, sie besteht aus der Variation eines Themas. In der Evolutionsbiologie nennt man das Mutation. Bei den Mutationen spielen zufällige Begegnungen eine große Rolle. Zweitens gibt es die Analyse. In der Evolution des Lebens wird sie Auslese genannt oder auch natürliche Auslese.

Vergleich der verschiedenen Evolutionen

Man kann nun prüfen, ob der Analyse-Synthese-Mechanismus bei der Evolution des Raumes, der Materie, des Lebens und der Intelligenz in der Tat wirksam war und ist. Vom Raum verstehe ich noch sehr wenig, aber eines ist mir klar: Die Symmetrien repräsentieren die unscharfen Reproduktionen. Welches Phänomen hier die Rolle der zufälligen Begegnungen spielt, kann ich nicht sagen. Aber möglicherweise gibt es so etwas. Und was beim Raum natürliche Auslese ist, ist auch schwer zu sagen. Auf jeden Fall haben sich bestimmte Eigenschaften durchgesetzt.

Bei der Materie wird es dann schon viel leichter. Die Teilchen werden, wie gesagt, reproduziert, und zwar die Teilchen mit ihren Eigenschaften. Ein Teilchen ist ja beschrieben durch seine Eigenschaften. Vielleicht können wir sogar sagen: »Wenn man ein Teilchen vollständig beschreibt durch seine Eigenschaften, dann sind die Eigenschaften und das Teilchen identisch.« D.h. also, es sind die Eigenschaften der Teilchen gleichzeitig mit den Teilchen entstanden. Vielleicht sind es auch nur Eigenschaften des Raumes. Zumindest bauen die Teilchen darauf auf, so wie das Leben auf den Eigenschaften der Materie aufbaut und dabei aber auch eine neue Qualität hervorbringt.

Jetzt zu den Mutationen. Ob Elementarteilchen wie Elektronen mutiert haben, ist nicht zu belegen. Man versteht den Übergang Raum – Materie wohl auch noch zuwenig. Daß komplexere Materieteilchen mutieren, weiß man wohl. Aufgrund zufälliger Begegnungen variiert in den Sternen ständig die Zusammensetzung der Atomkerne. Durch diese Variationen entstehen komplexe Atome. Und die natürliche Auslese: So etwas findet man natürlich auch bei der »toten« Materie. Es gibt z.B. Atome, die – wie das Uran – entstanden sind und wieder verschwinden. Sie zerfallen radioaktiv und verschwinden damit.

Für das Leben ist es klar. Dafür ist ja der Begriff der natürlichen Auslese erfunden worden. Daß es dort unzählige zufällige Begegnungen auf allen Ebenen gibt, ist auch klar. Man weiß auch, daß es variierte Reproduktionen gibt: So mutieren z.B. die Erbanlagen.

Ebenso bei der Intelligenz: Für all diese Punkte kann man Beispiele aufführen. So z.B. für die Auslese – das hat sich im Volksmund schon etabliert –, daß der größte Feind einer guten Idee eine noch bessere Idee ist. Damit stirbt die alte Idee und ist per Ausleseverfahren ausgeschlossen. Das ist natürlich stark vereinfacht. In jeder Evolution gibt es auch Rückschritte.

Die Reproduktion von Ideen geschieht über die Kommunikation, und die zufälligen Begegnungen und Querverbindungen passieren keineswegs nur auf einer Etage, sondern es geht kreuz und quer in diesen Pyramiden. Dabei mutieren die Gedanken und Ideen.

Noch ein Beispiel, um die Symmetrien zu veranschaulichen: Nehmen wir z.b. einen Baum und einen Menschen und bewegen beide durch den Raum, dann werden sich in einem anderen Raumabschnitt nicht die Größenverhältnisse umkehren, so daß der Mensch plötzlich größer wäre als der Baum. Das passiert nicht. Die Größenverhältnisse bleiben die gleichen. Oder ein mehr physikalisches Beispiel: Wenn ich den Raum verschiebe bzw. mein System im Raum verschiebe oder drehe, bleiben die physikalischen Gesetze die gleichen.

Dualismus als Urprinzip

Wie bereits besprochen, spielt der Dualismus eine wesentliche Rolle: Man hat eine Skala mit zwei Extremen, zwei Polen, zwischen denen ausbalanciert wird. Hell – dunkel, heiß – kalt, gut – böse; oder medizinisch: Sympathikus – Parasympathikus, These – Antithese oder auch Einfalt – Chaos mit der Vielfalt als Zwischenwert. Bei Einfalt passiert nichts, es bilden sich keine neuen Wirkungseinheiten. Im Chaos passiert auch nichts, es bilden sich ebensowenig neue Wirkungseinheiten. Sie entstehen vielleicht kurzzeitig, zerfallen aber gleich wieder. Dann kann natürlich die Pyramide nicht wachsen. Nur in einem Mittelbereich der Skala, im Optimum, ist die Geschwindigkeit der Evolution am größten, und alles, was nicht dort angesiedelt ist, bleibt im Wachstum zurück. Das Unterentwickelte existiert möglicherweise noch, ist aber für uns unsichtbar, weil wir nur das Komplexe sehen.

Wenn nun alle Evolutionen nach den gleichen Mechanismen wachsen, dann sind auch unsere Naturkonstanten durch Evolution entstanden. Nehmen wir das Beispiel -h-: Dazu muß ich erst einmal erklären, was -h- ist. Wie bereits erwähnt, verhält sich die Materie bzw. der Raum unscharf: Für eine kurze Zeit kann eine Energie von einem Mittelwert abweichen, obwohl sie im Mittel konstant bleibt. Oder für eine kurze Strecke kann ein Impuls unscharf werden. Die Größe -h- ist ein Maß für diese Unschärfe, und die Natur hat einen bestimmten Wert für -h- eingestellt. Hätte sie sich für mehr Unschärfe entschieden, wäre -h- größer. Nehmen wir an, -h- wäre extrem groß, dann gäbe es kaum noch Energieerhaltung, weil ja dann die Energie für eine lange Zeit unscharf sein könnte. Ohne Energieerhaltung gäbe es nicht die uns bekannte Materie; denn Materie ist aus Teilchen aufgebaut, die mit einer bestimmten Energie, der Bindungsenergie, aneinandergebunden sind.

Wenn die Teilchen diese ohne weiteres überwinden könnten, würden sie wieder auseinanderfliegen. Es gäbe überhaupt keine Bindung und damit auch keine Materie, so wie wir sie heute kennen. Und man könnte sich nur schwer vorstellen, daß trotzdem eine Welt entstehen würde, die so komplex wäre wie die unsrige.

Wenn -h- immer kleiner würde, bekämen wir ebenfalls Probleme. Dann wären z.B. die Atome unheimlich klein. Die Unschärfe bläst die Atome auf, verhindert, daß das Elektron auf den Kern fallen kann. Die Atome würden sich damit praktisch gegenseitig verfehlen und könnten viel weniger gut Moleküle bilden. Gleiches gilt für die Bildung von Kernen.

Ich beginne langsam, immer stärker an die Gemeinsamkeiten aller Evolutionen zu glauben, deshalb muß ich annehmen, daß der Wert von -h- durch einen Evolutionsprozeß erst entstanden ist, daß es da irgendwo eine Rückkopplung gibt, die den Wert -h- einstellt – und zwar so, daß die Evolution optimiert wird. In der Evolution des Lebens gibt es auch »Konstanten« wie z.B. die mittlere Lebenserwartung der Menschen oder ihre Körpergröße. Wenn die Umweltbedingungen variieren, ändern sich diese Werte.

Weil das Universum sich verändert und die Pyramiden in

alle Richtungen wachsen, müßte es so sein, daß sich -h- ständig auf die neuen Bedingungen einstellt, wenn auch momentan extrem langsam. Ich meine, das gilt für alle Naturkonstanten. Welch schöne Vorstellung, daß eine Konstante nicht konstant ist.

Zielgerichtet und unscharf

Wie da etwas weitermarschiert
weitermarschiert
ohne Kopf zuerst
immer weniger dann
und zuletzt nur noch die Füße
allein
bis auch die wegfallen
und der Staub ganz von selbst
aufgewirbelt wird

Wir wollen in diesem Kapitel weiter der Vermutung nachgehen, daß einige Mechanismen, die die verschiedenen Evolutionen wachsen lassen, einander sehr ähnlich, möglicherweise sogar identisch sind.

Auch wenn man unsere Evolutionen betrachtet, findet man selbstähnliche Mechanismen, Mechanismen, die im kleinen wie im großen wirken; auch hier muß man abstrahieren. Im folgenden sollen zwei weitere Mechanismen ausgearbeitet werden, die alle Evolutionen gemeinsam haben: Zielgerichtetheit und Unschärfe.

Zielgerichtetheit

Es sieht so aus, als hätte die Natur ein Ziel, nämlich möglichst komplex zu werden. Es wäre erstaunlich, wenn tote Materie ein Ziel formulieren könnte. Daß *wir* das können, wissen wir. Ohne das wäre die Evolution der Intelligenz oder überhaupt die Evolution des Menschen nicht so rasant vonstatten gegangen.

Daß die Natur tatsächlich Ziele formuliert, kann man schon an äußeren Dingen erkennen. So ist z.B. ein Auge, ein äußerst komplexes und hochkompliziertes Gebilde, verglichen mit dem Flügel eines Adlers sicherlich sehr schwer durch Evolution zu erzeugen. Das Auge müßte demnach dem Flügel in der Entwicklung »hinterherhinken«. In Wirklichkeit ist die Natur jedoch sehr ausbalanciert. Das Sehvermögen des Adlers ist auf die Fähigkeit, mit seinen Flügeln auch bestimmte Strecken zu bewältigen, genau abgestimmt. Die Entwicklung des Auges steht im Vergleich zu der des Flügels und zu dem, was der Adler erreichen will, nämlich den Hasen zu schlagen, auf der gleichen Stufe. Das ist erstaunlich. Daraus erkennt man, daß es ein Ziel geben muß, das Ziel, für die Entwicklung des Auges mehr zu tun als für die des Flügels.

Ich nenne es ja auch ein »Ziel«, wenn ich im Tennis meinen Aufschlag verbessern will und weniger für das übrige Spielvermögen tue. Wir nennen es ein Ziel, wenn wir uns beschränken, uns auf etwas konzentrieren, unsere Fähigkeiten bzw. Möglichkeiten auf etwas fokussieren.

Adler und Hase

Stellen wir uns folgende Situation vor: Der Adler hat durch eine Fluktuation in der Entwicklung viel leistungsfähigere Flügel, als es den Fähigkeiten seiner Augen entspricht. Dann wäre als Ziel zu formulieren: Entwickle dein Auge, und vergiß für den Moment alles andere.

Gibt es so etwas? Wenn es so etwas gäbe, würde die Analyse, ob der Adler auf dem richtigen Wege ist, durch die Auslese erfolgen, denn wenn das Auge variiert, wären auch einige Adler dabei, die bessere Augen hätten. Diese könnten den Hasen besser fangen, könnten sich besser fortpflanzen usw. Also würde dieser Gruppe von Adlern durch die natürliche Auslese mitgeteilt: Ihr seid auf dem richtigen Weg.

Man kann sich nun fragen: Warum soll der Adler überhaupt eine Entwicklung durchmachen? Er hat ja, so wie er ist, bis jetzt überlebt. Hier handelt es sich um ein kollektives Phänomen. Das ganze System fluktuiert. Das erzeugt eine gewisse Spannung. Einmal ist vielleicht der Hase ein bißchen überlegen, ein andermal der Adler. Es ist ja ein permanenter Kampf, und nicht jeden Tag fängt der Adler soviel Hasen, daß er satt ist. Es gibt Tage, da fängt er gar nichts und hat Hunger. Es fluktuiert auch die Zahl der Adler oder der Hasen. Die Spannung sorgt also immer für ein Bedürfnis, sich zu verändern, zu verbessern. Wenn jetzt nur einer der Adler sich entwickelt, dann werden die anderen nachziehen müssen. Es ist also ein sehr komplexes, kollektives System, in dem ein Zwang zur Verbesserung herrscht. Denn wer sich mit diesem Kollektiv nicht weiterentwickelt, wird entweder gefressen oder verhungert. Evolution scheint einem Zwang unterworfen zu sein, den wir an der Rüstungsspirale deutlich machen können. Jeder will ein bißchen mehr Sicherheit und rüstet ein bißchen mehr, und so schaukelt sich das Ganze hoch, möglicherweise bis zur Vernichtung. Können wir diesen Mechanismus durchbrechen? Können wir Evolutionsregeln ändern? Sind wir dazu in der Lage? Das ist heute die große Frage. Oder auch: *Wollen* wir das überhaupt? Wenn wir in der Aufrüstung innehalten, wäre das so, wie wenn Hase und Adler sich einigen würden, auf einer Evolutionsstufe stehenzubleiben. Das Hochschaukeln hat das Leben und damit den Menschen erst möglich gemacht. Manchmal allerdings führt eine Spirale wohl nach unten in den Abgrund. Im Fall der Rüstung ist dies augenscheinlich.

Auslese und Mutation

Kommen wir auf unsere Ausgangsfrage zurück: Was oder wer formuliert letzten Endes das Ziel? Die Antwort heißt: Die Auslese selbst im Wechselspiel mit der Mutation. Ich gebe ein Beispiel: Die DNS wird bei der Reproduktion variiert. Das nennen die Biologen Mutation. Es könnte aber so sein, daß sie »gezielt« variiert wird. Sie wird immer an irgendeiner Stelle lokal variiert. Angenommen, die Erbanlagen werden jetzt zufällig speziell in einem Abschnitt eines DNS-Stranges variiert, der für den Aufbau des Auges zuständig ist – oder für die Konstruktion des Flügels. Wenn der Flügel sowieso schon zu leistungsfähig ist, dann wäre eine Variation hier unsinnig, nicht nur überflüssig, sondern sogar schädlich, und zwar aus folgendem Grund: Da Variation zu Verlusten führt, ist eine Variation am falschen Ort schädlich. Wenn ich variiere, erzeuge ich nicht nur »Besseres«, ich erzeuge auch »Schlechteres«. Ich variiere einfach. Was gut bzw. schlecht ist, bestimmen die Auslesebedingungen. Und wenn ich an einer Stelle variiere, die ohnehin schon zu gut ist, kann ich sie nur noch verderben. Angenommen, es gibt nur zwei Möglichkeiten: entweder den Flügel oder das Auge zu variieren. Wäre der reine Zufall am Werk, würde einmal der Flügel und ein andermal das Auge variiert – und zwar für alle Zeiten. Es sei weiterhin angenommen, daß es Nachteile bringt, den Flügel, und Vorteile, das Auge zu variieren. Dann wird das System »Adler« für alle Zeiten zur Hälfte richtige und zur anderen Hälfte falsche Entscheidungen fällen, nämlich teils den Flügel und teils das Auge zu variieren.

Ziel: Die Beschränkung auf ein Feld von Möglichkeiten

Ganz anders bei der DNS mit Ziel, also einer DNS, die sich auf ein Feld von Mutationsmöglichkeiten beschränkt: »Ich variiere vorwiegend das eine von beiden!« Wir nehmen dabei an, die DNS hätte einen Weg herausgefunden, die Intensität und die Lokation einer Mutation definiert einzustellen. Zudem muß dieses Mutationsprofil vererbbar sein. Welches von den beiden möglichen Zielen das richtige ist, findet

110

dann die Auslese heraus. Zuvor denken wir uns die Adler in zwei Gruppen aufgeteilt, eine mit dem Ziel: Variation Flügel, und die andere mit dem Ziel: Variation Auge. Die mit dem falschen Ziel werden aussterben, und damit hat die Auslese das richtige Ziel benannt. Natürlich hat die Mutation dabei mitgespielt, denn nur über die Variation findet die DNS eine Möglichkeit, das Mutationsprofil einzustellen. Die falschen Ziele sterben mit den zugehörigen Individuen aus.

Wie aber könnte die Zielsetzung im einzelnen vonstatten gehen? Braucht man dazu nicht ein intelligentes Wesen? Nein, man braucht nur den Zufall. Stellen Sie sich vor, es wäre möglich, Mutationen zu blockieren – und zwar dadurch, daß, sagen wir, bestimmte Moleküle sich an die DNS zufällig anlagern oder in sie eingebaut werden. Man könnte sich sogar vorstellen, daß im Code der DNS die Blockade miteingebaut ist. Dies könnte rein zufällig geschehen, und damit hätte der Zufall ein Ziel vorgeschlagen, das von der Auslese geprüft wird. Das System wäre dann nicht mehr dem »reinen« Zufall zugänglich und damit schon zielgerichtet. Die Blockaden wären in der Hierarchie eine Stufe höher als der »reine« Zufall, denn der Zufall, der die Blockaden einbaut, bestimmt, wo variiert wird, und der Zufall, der variiert, muß sich danach richten. Diese Blockaden dürfen nicht starr sein. Die Situation kann sich ändern, und plötzlich sind Verbesserungen der Flügel gefragt. Die Ziele müssen also selbst mutieren und anpassungsfähig sein. Ziele bzw. Blockaden einzuführen bringt überhaupt nur dann einen evolutionären Vorteil, wenn sie über *mehrere* Mutations-Auslese-Zyklen hinweg sinnvoll sind. Meines Wissens sind lokale Mutationsblockaden den Biologen noch nicht bekannt. Es ist aber klar, daß es so etwas geben muß. Ich wette darauf.

Daß in unseren Erbanlagen Blockaden einer anderen Art existieren, ist bekannt. Wir Menschen z.B. durchlaufen im Mutterleib verschiedene Evolutionsschritte, so wachsen uns kiemenähnliche Gebilde. Die Information, wie Kiemen auszusehen haben, steckt in uns, wird in ihrer Realisierung aber irgendwie blockiert. Es gibt noch krassere Beispiele: Man kann bei bestimmten Fischen, denen man Medikamente spritzt, offensichtlich solche Blockaden aufheben, und sie entwickeln plötzlich Lungen. In den Fischen ist die Information, wie Lungen auszusehen haben, enthalten, aber sie ist blockiert. Daß diese Informationsblockaden existieren, beweist natürlich nicht, daß es die Mutationsblockaden geben muß.

Man könnte einwenden: Das System Adler begreift das doch nicht. Es weiß doch von diesem Ziel gar nichts. Das spielt keine Rolle. Irgendwann haben Lebewesen gelernt, daß Ziele vorteilhaft sind – auch wenn es ihnen nicht bewußt wird –, und haben diese Möglichkeit zu einer Fähigkeit kultiviert, natürlich wieder über die Auslese. Ich kann mir vorstellen, daß ein sehr komplexes Zielsystem sich in den DNS-Strängen eingenistet hat, das auf noch höheren Hierarchiestufen auch die *Variation* der Ziele eingebaut hat. D.h. Zustände werden gesteuert, aber auch ihre Veränderungen und die Veränderungen der Veränderungen usw. Wie weit kann das gehen? Kann der Mensch höhere Ableitungen, höhere Stufen von Veränderungen als eine DNS oder ein Elementarteilchen überblicken? Möglicherweise gibt es bei den Arten auch einen schnelleren Weg, ein richtiges Ziel herauszufinden, als über die natürliche Auslese der Individuen. Eine Analyse über das Nervensystem könnte auf die Blockaden einwirken.

Die Mutation schlägt Ziele vor – durch zufällige Blockaden –, und die Auslese sortiert aus. Das ist ein interessanter Mechanismus, der vielleicht auch auf die Entstehung der Materie und des Raumes anwendbar ist.

Ziele und Wege, eine Unschärferelation

Der Begriff Ziel macht Schwierigkeiten. Jeder versteht etwas anderes darunter. Was ist Weg, was ist Ziel? Ein Weg kann ein Ziel sein. Ich kann mir als Lebensziel setzen, die Art und Weise, wie ich im Leben unterwegs bin, entsprechend meinen Fähigkeiten zu optimieren. Dann ist meine persönlich angestrebte Lebensart – mein Weg –, die ich mir wenigstens einigermaßen plastisch vorstellen kann, mein Ziel. Gibt es Wegmenschen und Zielmenschen? Leute, die mehr Wert darauf legen, *wie* sie unterwegs sind als wo sie ankommen? Die Art des Unterwegsseins ist dynamisch. Ich strebe eine bestimmte Form des Weges an und komme vielleicht auch an. Andererseits ist für einen »Zielmenschen« die Konzentration auf immer neue Ziele ein Weg, sein Lebensweg. Dann ist das Ziel der Weg. Diese Überlegungen sind verwirrend.

Nehmen wir als Beispiel das Schreiben eines Gedichtes, und nennen wir die äußere Form des Gedichtes (wie z.B. das Versmaß) den Weg, die Aussage des Gedichtes das Ziel. Diese beiden Begriffe repräsentieren Räume, die nichts voneinander wissen. Man kann sich einen Raum vorstellen, in dem alle denkbaren Aussagen aufgelistet sind, und einen Raum mit allen denkbaren Regeln und Beschränkungen bezüglich der Form eines Gedichtes. Hat man eine bestimmte Aussage im Sinn, bedingt das nicht eine bestimmte Form. Mit einer bestimmten Form kommt man nicht zwingend bei einer definierten Aussage an. Trotzdem besteht eine Beziehung zwischen beiden Räumen: eine Art Unschärferelation. Wenn ich eine bestimmte Aussage machen will, d.h. mich sehr stark im Aussageraum beschränken will, dann kann ich mich nicht auch noch im Formenraum stark einengen. Habe ich eine Aussage im Kopf und versuche sie in einer bestimmten Form auszudrücken, dann wird die Aussage auch von der Form beeinflußt. Es kommt für den Dichter auch ein Überraschungsmoment hinzu, das durch die Begrenzung,

114

durch die Form, hervorgerufen wird. Ich bin sicher, daß dies neben der Ästhetik des Reimes den Reiz des Dichtens ausmacht. Man kann sich fast völlig von einer sehr einschränkenden Form leiten lassen. Dann ist es unmöglich, auch nur annähernd vorherzusagen, welche Aussage letztlich dabei herauskommt. Entweder die Form (der Weg) oder die Aussagen (das Ziel) sind also scharf vorherzubestimmen.

Nehmen wir ein anderes Beispiel: Der Biathlonläufer, der an bestimmten Stationen einer langen Loipe fünf Schüsse auf fünf Zielscheiben abgeben muß, steht in einem Konflikt. Entweder nimmt er sich sehr viel Zeit, um ruhig zu werden und sich vor jedem Schuß neu zu konzentrieren, oder er schießt sehr schnell und riskiert Fehltreffer und damit Strafrunden. Könnte der Läufer alle Faktoren exakt berechnen, bestünde der Konflikt nicht. In der Praxis kommt aber bei den Schießübungen das Zufallselement hinzu. Es bleibt die Unschärferelation: Beeilt er sich sehr beim Schießen, d.h. beschränkt er die Schießzeit sehr stark, dann ist das Schießergebnis offen. Will er das Schießergebnis stark einengen, d.h. fünf Treffer landen, dann darf er sich in der Schießzeit nicht zu stark einengen.

Das Beispiel des Dichtens und das Beispiel des Schießens sind beides Vorgänge, die viel mit Evolution zu tun haben. Zufall und Dualismus spielen eine Rolle, das unvorhersehbare Element und das Ausbalancieren zwischen zwei Polen, einmal zwischen der Form und der Aussage eines Gedichtes, zum anderen zwischen zeitlicher Beschränkung und Zielsicherheit. Es läßt sich eine Unschärferelation formulieren. Ist sie ein allgemeines Prinzip der Evolutionen? Ist die Unschärferelation der Quantenmechanik ein Resultat der Evolutionsmechanismen?

Der goldene Mittelweg

Dies ist wohl ein merkwürdiges Spiel des Zufalls: Es gibt zwei Pole – Einfalt und Chaos –, dazwischen die Vielfalt, und der Zufall bahnt sich selbst einen Weg, indem er in der Mitte durch Selbstbeschränkung, durch »Ziele«, Neues entstehen läßt. Dazu noch das Beispiel Mathematik, bei der wir ja selbst die Spielregeln festsetzen. Wenn man sich anschaut, wie sie entstanden ist, entspricht das dem eben Gesagten. Es gibt und gab so viele Mathematiker, so vieles wurde und wird probiert, um neue mathematische Gebäude aufzubauen. Dabei kann man in die jeweiligen Extreme gehen. Man kann einmal sagen: »Angenommen, alles ist möglich, was folgt daraus?« Daraus folgt nämlich überhaupt nichts. Denn wenn alles möglich ist, dann kann man keine Schlußfolgerungen ziehen. Wenn aber andererseits nur eine Sache möglich ist, angenommen z.B. nur eine Zahl und sonst gar nichts, dann kann man auch nichts daraus folgern. Dann bleibt das ganze System auf der unteren Pyramidenetage stecken. Nicht zu viel Vielfalt und nicht zu einfältig, das ist die Lösung – irgendwo in der Mitte passieren dann unglaubliche Dinge, und ein komplexes Gebäude kann wachsen. So funktioniert das offensichtlich in allen Bereichen.

Auch die Mathematiker gehen natürlich gezielt vor. Die Anzahl der Startbedingungen, also der Annahmen und Definitionen, und die Anzahl der resultierenden Folgerungen, Lehrsätze und Theorien, ist unüberschaubar groß. Man kann nicht alles ausprobieren. Man muß sich auch hier auf Felder von Möglichkeiten beschränken. Dabei haben die Mathematiker sicherlich mit der Zeit Vorstellungen davon entwickelt, unter welchen Bedingungen es sich lohnt, auf einem neuen Feld weiterzuforschen, und welche Felder vielversprechend sind. Mit anderen Worten, sie gehen gezielt vor, indem sie vorwiegend bestimmte Gebilde unter bestimmten Voraussetzungen mutieren lassen. Auch diese Ziele sind natürlich mit der Zeit mutiert und haben sich über

116

die Auslese zum heutigen Stand entwickelt. Wenn man so will, kann man sich sogar Blockaden vorstellen. Manche Gebiete halten die Mathematiker für uninteressant, sind also bezüglich Mutation blockiert.

Synthese – Analyse: Dieses Synthese-Analyse-Rädchen dreht sich, und dabei wird Komplexität erzeugt. Wir können es auch Mutation-Auslese-Rädchen nennen. Der Zufall selbst schafft dabei Regeln oder Blockaden, nach denen die Begegnungen stattfinden, und schränkt sich somit über die Auslese selbst ein. Wovon das ganze Rädchen angetrieben wird, so daß es sich ständig dreht, kann ich nicht sagen. Es produzierte möglicherweise den Raum, die Naturgesetze, es produzierte vielleicht alles, was wir kennen. Da gibt es immer eine Drehung, und dann ist etwas Neues entstanden oder vielleicht zumindest ein Schritt in die neue Richtung gemacht. Nach diesem Takt entsteht Neues.

Das Sprunghafte in der Natur

Wir konnten bisher nicht klären, wo in diesem Gedankengebäude der Urknall steckt. Wenn man zurückschaut, dann sieht man, daß das Leben sich in Sprüngen entwickelt hat, nicht in einem Knall, sondern in mehreren. Es sind immer Sprünge, die man zwar noch nicht im Detail versteht, auf deren Existenz man aber aus Versteinerungsfunden schließt. Man kann anhand dieser Versteinerungen die Entwicklung einzelner Arten verfolgen. Dabei stellt man fest, daß für bestimmte Entwicklungsphasen keine Funde gemacht werden können. Man schließt daraus, daß die Entwicklung so sprunghaft war, daß nur wenige Generationen daran beteiligt waren und damit die Wahrscheinlichkeit, heute noch etwas davon zu finden, sehr klein ist. Es gibt solche Instabilitäten im System, so daß ganz plötzlich etwas passiert: Wie solch eine Instabilität entstehen kann, sehen wir an der Entwicklung der Intelligenz. Die Intelligenz ist ja – so haben wir immer gesagt – durch Reproduktion (in diesem Fall) von Gedanken entstanden. Damit ist das ganze Kommunikationssystem ein Teil der Intelligenz. In unserem Jahrhundert ist die Intelligenz in ein Stadium getreten, das die technische Revolution ermöglicht und damit auch eine rasante Entwicklung des Kommunikationssystems hervorbringt. Wir befinden uns vielleicht gerade in solch einem »Knall«, denn es gibt wieder eine Rückkopplung. Dadurch wächst die Intelligenz schneller, weil Informationen sehr viel schneller ausgetauscht werden. Heute ist das Kommunikationssystem über die ganze Welt verbreitet. Wenn einer auf der anderen Seite der Erdkugel etwas denkt, dann kann ich das ein paar Minuten später wissen. Dies wiederum beschleunigt die Entwicklung der Kommunikationssysteme. Das eine wirkt auf das andere und umgekehrt. Das Ganze schaukelt sich hoch, wie das allgemein sehr leicht in rückgekoppelten Systemen passieren kann, und plötzlich gibt es eine Explosion oder zumindest eine Instabilität. Man kann sich alle möglichen Arten von Instabilitäten vorstellen, die dann zu einer Art Explosion führen. Es handelt sich dabei, wie schon angedeutet, natürlich nicht um ein schlagartiges singuläres Ereignis, wie man das vom Urknall annimmt.

Die Rolle der Zeit

Welche Rolle spielt hier die Zeit? Vielleicht ist dieser Takt des Rädchens eine viel bessere Einheit für die Zeit als die Sekunde. Die Sekunde können wir z.b. über bestimmte elektromagnetische Schwingungen definieren und damit das Verhalten der Materie ausgezeichnet beschreiben. Aber dieser Takt muß nicht unbedingt und für alle Zeiten der entscheidende sein. Ob ein Stein mit einer bestimmten Geschwindigkeit durch den Raum fliegt, ist für unser Leben möglicherweise weniger bedeutend als die Geschwindigkeit, mit der dieses Kreativitätsgebäude wächst. In vieler

118

Hinsicht gäbe das Rädchen ein weitaus besseres Maß für die Zeit. Deswegen könnte man, statt irgendwelche Schwingungen von Atomen oder Licht zu verwenden, definieren:

Ein Zyklus des Synthese-Analyse-Rädchens
ist eine Zeiteinheit.

Die Sekunde wäre dann nur dazu gut, um als Spezialfall das Verhalten der heutigen Materie zu beschreiben.

Wodurch die Synthese-Analyse-Zyklen der Materie repräsentiert werden, um sich zu einer Sekunde zusammenzusetzen, ist mir allerdings noch nicht klar. Es gibt jedoch einige Dinge, die mit diesem Bild etwas verständlicher werden. Wir empfinden z.B., daß die Zeit um so schneller vergeht, je älter wir werden. Unser Rädchen dreht sich eben immer langsamer, weil in unseren Köpfen immer weniger Neues entsteht. Damit haben wir das Gefühl, die Rädchen bzw. Uhren der Außenwelt liefen immer schneller. Ebenso ließe sich möglicherweise auch die Diskrepanz zur Urknalltheorie erklären, daß es am Beginn der Evolution der Materie nämlich eine andere Zeitskala gegeben und sich das Rädchen viel schneller gedreht hat. Lange Zeit haben wir gedacht, das Leben sei statisch oder unser Universum sei statisch. Das liegt daran, daß sich unsere Intelligenzrädchen mit vergleichsweise hoher Geschwindigkeit drehen und wir, wenn wir die Natur anschauen, denken: Da bewegt sich nichts, das ist alles statisch. Es hat sehr lange gedauert, bis wir begriffen haben, daß hier auch ein Prozeß im Gange ist, der auf einer ganz anderen Zeitskala abläuft. Die Materie ist sehr alt, ihr Rädchen dreht sich langsamer. Erst heute wissen wir, daß auch das Leben allgemein ebenso wie unser Universum dynamische Prozesse durchläuft. Auch diese Erkenntnis hat sehr, sehr lange gedauert.

Strukturierter Zufall?

Können wir nun beim Wachstum der Pyramiden – bei der Synthese – noch von zufälligen Begegnungen reden? Da ist ja nicht mehr reiner Zufall im Spiel, sondern dieser Zufall ist von den Blockaden strukturiert. Die zufällige Begegnung kann nur noch unter bestimmten Bedingungen stattfinden. Andererseits sind die Blockaden selbst wieder durch Zufall entstanden. Insofern fällt die Antwort schwer, ob man es reinen Zufall oder strukturierten Zufall nennen soll, man wird fast ein bißchen schwindelig, wenn man darüber nachdenkt. Der Zufall strukturiert den Zufall. Das ist seltsam. Der Zufall gibt der Begegnung Struktur. Irgendwie scheint sich der Zufall selbst zu strukturieren und »unzufällig« zu machen, und zwar mit dem Ziel, Komplexität zu erzeugen. Das ist alles noch ein bißchen unklar, aber irgend etwas steckt dahinter.

Hundert Gründe, nicht
kreativ zu sein

Erkauftes Paradies –
Verlies aus hausgemachten Träumen
Die Früchte fallen aus dem Mund
Die Hände bleiben auf den Bäumen

In diesem Kapitel wollen wir uns auf die menschliche Kreativität konzentrieren und uns dabei auch das anschauen, was sie verhindert. Wir haben schon besprochen, daß man bei kreativen Prozessen heftig kommunizieren muß: mit sich selbst und mit der Umwelt. Synthese-Analyse-Zyklen laufen sowohl zwischen Gruppenmitgliedern als auch innerhalb eines Gehirns ab. Dazu muß man bereit sein, Mutationen zuzulassen und sogar aktiv zu steuern, und in der Lage sein, diese Mutationen zu analysieren. Dabei sind oft unzählige solcher Zyklen notwendig, um zu einem einigermaßen vernünftigen und neuen Gedanken zu kommen. Dies braucht Durchhaltevermögen, einen eisernen Willen, diesbezügliches Selbstvertrauen, viel Zeit und vor allem Spaß an dem Prozeß. Wir werden etwas später sehen, daß es Spielverderber gibt, die einem den Spaß gründlich verderben können.

Kreativität und Beschränkung

Es zeigt sich immer wieder, wie wichtig die Beschränkung ist. Die Blockaden sind ein Beispiel für eine Beschränkung: Es werden Möglichkeiten ausgeschlossen. Diese Beschränkungen, die da eine gewisse Auslese aus dem Zufall treffen, sind etwas ganz Elementares. Für die menschliche Kreativität könnte man das deshalb überspitzt so formulieren:

Man

kann nicht

kreativ sein, wenn

man nicht beschränkt ist.

Zuviel Wissen kann für die Kreativität schädlich sein, besonders wenn man die mit dem Wissen verknüpften Denkweisen als unveränderlich ansieht. Deshalb tun sich oft die Spezialisten schwer, ihrem Fachgebiet grundlegend neue Impulse zu geben. Es gibt unzählige Beispiele dafür, daß Fachfremde ein Fach revolutioniert haben. Ein Spezialist glaubt an die etablierten Methoden seines Gebietes. Er weiß ja auch, wie erfolgreich sie waren. Die Methoden sind ihm fast heilig und in Fleisch und Blut übergegangen. Den Fachfremden kümmert das wenig. Er kann unbeschwert darauflosdenken. Er ist natürlich ebenfalls auf fachliche Informationen angewiesen. Aber er betrachtet alles mit Distanz. Ihm fällt der kreative Akt leichter: Kommt er beim Mutieren der Lösungsversuche innerhalb bestimmter Denkstrukturen nicht weiter, *mutiert er die Denkstrukturen*. Ein in Kreativität geübter Mensch wird dabei nicht wahllos Denkweisen auf den Kopf stellen. Auch hier gibt es Regeln, die aber ihrerseits mutiert werden können. Diese ineinandergeschachtelte Logik des Mutierens muß erarbeitet werden. Dazu braucht es viel Erfahrung. Leider läßt man diesen Bereich des Denkens an unseren Universitäten verkümmern.

Das Problem der Distanz lösen einige meiner Forscherkollegen, indem sie etwa alle sieben bis zehn Jahre ihr Spezialgebiet wechseln. Die Regeln des Faches dürfen eben nicht zu heilig werden. Ich selbst löse es für mich, indem ich in Zyklen arbeite. Ich vergrabe mich für einige Monate in ein Problem – lebe intensiv in einer Pyramide – und ziehe mich dann wieder für einige Monate zurück, indem sich meine Interessen auf mehr private Dinge verlagern.

122

Kommen wir noch einmal kurz zu den Blockaden zurück, die es wohl auch für die menschliche Kreativität gibt. Nehmen wir einmal die beiden Begriffe Bewußtsein und Unterbewußtsein. Es tritt immer irgendwelche Information aus dem Unterbewußtsein ins Bewußtsein, aber sicher kommt nicht alles an Informationen hinein. Wenn ich mir irgendein Ziel vorstelle – auch wenn es unscharf ist –, dann kommt nur ganz wenig an Informationen ins Bewußtsein. Zum Glück ist das Wissen unseres Unterbewußtseins blockiert, sonst wäre das Bewußtsein überfordert. Diese Blockaden oder Schablonen oder auch diese Filter lassen wohldosiert einen kleinen Bruchteil der Informationen ins Bewußtsein dringen. Dabei müssen die Filter selbst eine Struktur haben, die aber flexibel ist und ständig variiert. Jedesmal, wenn ich mir ein neues, unscharfes Ziel stecke, strukturiert sich auch die Schablone neu. Sie hat in sich eine gewisse Intelligenz. Vielleicht ist sie sogar der wichtigste Teil unserer Intelligenz.

Angstblockaden

Wir wissen z.B., daß Angst diese Blockaden extrem steuern kann. Man weiß ganz genau, daß in extremen Situationen die Angst fast alles blockiert. Das hat auch seinen Sinn; denn dann geht es um das elementare Überleben. Selbst die Sinne sind z.T. blockiert. Es wird z.B. das Gesichtsfeld ganz klein, und man sieht nur noch einen schmalen Bereich – vielleicht nur noch den menschlichen Feind, den man vor sich hat, oder das Tier, das gerade angreift. Wir alle wissen, daß Angst uns blockieren kann; wir formulieren es sogar mit diesen Worten. Es ist allerdings so eine Sache mit der Angst: Sie kann blockieren, aber sie kann auch beflügeln. »Not macht erfinderisch«, sagt man. Ich muß bereit sein, Risiken einzugehen, um kreativ zu sein. In Notsituationen kann das Risiko eventuell meine einzige Chance sein. Angst macht risikofreudig. Hier sind wir wieder bei einem Dualismus:

Angst – Sicherheit. Das Optimum für kreatives Verhalten liegt auch hier zwischen den Extremen.

Man weiß, daß Tierarten, wenn sie in Not sind, ziemlich stark mutieren. Das ist übrigens ein Hinweis dafür, daß Mutationsblockaden existieren. Offensichtlich werden diese in Notsituationen gelockert, und es wird sehr viel mehr Variationsmöglichkeit zugelassen. Für die Kreativität sind also einerseits Blockaden sehr wichtig, andererseits müssen sie auch manchmal aufgebrochen werden. D.h. man muß mit den Blockaden arbeiten, aber bereit sein, sie aufzugeben. Hier finden wir wieder die Unschärfe der Reproduktion. Der Begriff Blockade hängt mit dem Begriff der Reproduktion zusammen. Wir können z.B. unsere Naturgesetze als Blockaden beschreiben. Nur bestimmtes Verhalten wird reproduziert, alles andere ist blockiert. Blockaden dürfen aber, wie gesagt, nicht starr sein.

Psychobarrieren im kreativen Prozeß

Welche entscheidende Rolle psychische Barrieren bei kreativen Prozessen spielen, möchte ich einmal an einem persönlichen Beispiel demonstrieren. Wir hatten ziemlich schnell das Konzept der Tunnelmikroskopie entwickelt, aber wir mußten es dann ja in die Tat umsetzen. Wir haben lange entwickelt, schließlich eine Konstruktion in unsere Werkstatt gegeben und standen dann kontinuierlich mit der Werkstatt in Wechselwirkung. Die Realisierung unserer Konstruktion dauerte fast ein ganzes Jahr und hat etwa 100.000,– SFr reine Werkstattkosten, also Arbeitskosten, verschlungen. Es war ein rechter Aufwand. Dann haben wir uns das Gerät angeschaut, auch damit gearbeitet, aber bald festgestellt, so geht es nicht. Das war der falsche Weg. Innerhalb von 10 Minuten haben wir entschlossen, es zur Seite zu stellen. Wir haben es später nie mehr benutzt.

Das war ein extrem wichtiger Entschluß, den wir da ge-

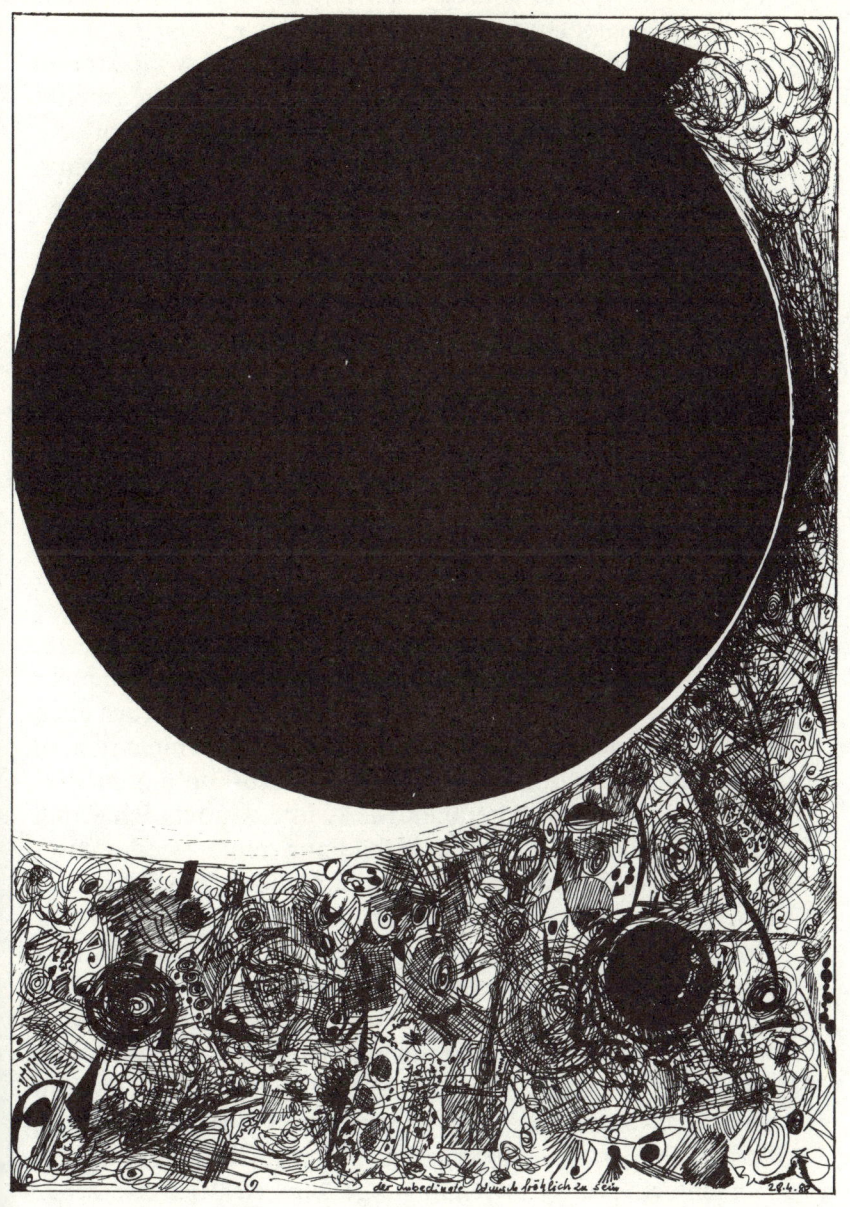

der Unbedingte Wunsch fröhlich zu sein   20.4.8.

troffen haben, aber ein sehr schwieriger. Vielleicht war das der schwierigste Entschluß während der ganzen Entwicklung. Die Leute aus der Werkstatt kamen immer wieder und fragten:»Wie läuft es?« Sie hatten ja hart daran gearbeitet und ihr bestes gegeben, und dann fängt man an zu stottern. Es ist schwer zuzugeben, daß man einen Fehler gemacht hat, daß sie ein Jahr vergeblich gearbeitet haben. Wenn man es zugeben würde, hätte man sich sofort Feinde geschaffen. Da gibt es aber keinen Ausweg, denn sie bemerken es bzw. sehen es, daß man nicht damit arbeitet. Wir haben die Enttäuschung gespürt, die wir bei den Mechanikern auslösten. Würde man uns jemals wieder vertrauen, würden sie jemals wieder mit Freude und Einsatz an unsere Konstruktionen gehen können? Ich war neu in Rüschlikon und in der Werkstatt sowieso als Chaot verschrien.

Ein Ausweg aus dem Konflikt wäre gewesen, einige Zeit mit dem Gerät zu arbeiten. Dieses Vorgehen klingt idiotisch, wird aber in unglaublich extremem Maß betrieben. Fehler zuzugeben ist die Psychobarriere Nr. 1. Man muß den Fehler ja nicht nur anderen, sondern vor allem sich selbst eingestehen. Hätte man die Garantie, daß man es danach besser macht, wäre alles einfacher; aber die hat man natürlich auch nicht. Hätten wir diese psychologische Barriere nicht schnell überwunden, hätten wir das Tunnelmikroskop nie entwikkelt. Es ist uns schwergefallen, sie zu überwinden. Ich war in vielen Forschungsstätten, und ich habe immer wieder gesehen, wie solche Barrieren ganz entscheidende Rollen spielen. Daß Leute sich dann gefangen fühlen von Vorstellungen, einfach weil sie auch in einem sozialen Umfeld stehen. Keiner möchte sich Feinde schaffen. Keiner möchte sich selbst verachten. Deshalb machen wir oft Dinge, von denen wir genau wissen, daß sie unsinnig sind. Dabei ist es vielleicht oft das beste, einen Fehler zuzugeben. Ich möchte aber auch hier wieder die Psychologie der Mitte sprechen lassen. Fehler zuzugeben ist gut, aber nicht in jedem Fall. Ein schlechtes Gewissen kann ungeheure Kräfte freisetzen.

Gründe für die Angst vor Kreativität

Wenn man diese Pyramide wachsen läßt, muß man immer wieder Barrieren überwinden, die sehr oft psychologische Angstbarrieren sind. Da gibt es eine ganze Menge Mechanismen, die Angst erzeugen. Es gibt überhaupt eine ganze Menge Gründe, warum wir vor kreativen Schritten Angst haben.

Hier ein paar davon: Wenn wir eine Pyramide bauen wollen, dann müssen wir optimieren. Wir sollten nicht nur in dieser Pyramide leben, sonst werden wir zu Fachidioten und werden eingleisig. Wir dürfen aber auch nicht zu wenig in dieser Pyramide leben, sonst entsteht nichts. Es kommt darauf an, daß man ziemlich gut optimiert, daß man der Pyramide genau die richtige Intensität widmet. Das ist vor allen Dingen deswegen wichtig, weil die Gesellschaft nicht linear ist. Ich meine damit, daß unsere Gesellschaft eine 10 %ig höhere Leistung einer Person im Vergleich zu anderen Personen nicht auch 10%ig stärker honoriert, sondern eher darüber hinausschießt. Man sieht das ganz deutlich beim Sport. Da redet jeder nur vor dem, der gewonnen hat, und der Zweite wird praktisch kaum noch erwähnt. In der Forschung ist es oft noch krasser. Erhalte ich ein aufregendes Resultat in dem Moment, in dem ein anderer das gleiche Resultat veröffentlicht, kann ich es in den Ofen werfen. Vielleicht habe ich Jahre darauf hingearbeitet und war nur einige Wochen später so weit wie ein anderer vor mir. Für Patentanmeldungen gilt ähnliches wie für Kreativität allgemein. Der Zweite steht im Verdacht, den ersten zu kopieren. Das ist leider so und ist wohl schwer zu ändern, da es meistens unmöglich ist, das Nichtkopieren zu belegen. Es würde auch niemanden interessieren. Wir können allerdings versuchen, uns Mut zu machen mit Sprüchen wie:»Wirkliche Kreativität braucht keine Konkurrenz zu fürchten«. Denn: ob kreativ oder nicht, Konkurrenz ist ein Teil des Daseins.

Ein spezielles Problem der Kreativität ist das Leben in der

Pyramide: Wird es interessant darin, wird man hineingesaugt. Man wird zum Fachidioten. Es kommt zum Konflikt natürlich auch, weil man andere Dinge und andere Menschen, z.B. seinen Freundeskreis, vernachlässigt.

Als ich für ein Jahr in Kalifornien war, haben wir das Kraftmikroskop erfunden, und gerade zu diesem Zeitpunkt haben mich gute Freunde besucht. Nachher war unsere Freundschaft in einer Krise, weil sie mir nicht verziehen haben, daß ich mich nicht genügend um sie gekümmert habe. Ich war von dieser Pyramide so gefangengenommen, daß ich meine Freunde nicht so behandelte wie sonst. Für eine gewisse Zeit also ist diese Pyramide oft sehr wichtig. Wenn sie es nicht ist, dann passiert eben nichts Kreatives. Deswegen muß man darauf achten, daß man in solchen Pyramiden eben nur eine gewisse Zeit lebt und man sie nachher wieder verläßt. Wenn man eine Pyramide zu seinem ständigen »ersten« Wohnsitz« macht, dann kann es passieren, daß der Freundeskreis oder andere soziale Kontakte allmählich verschwinden, und dann macht auch die Pyramide keinen Spaß mehr.

Ein weiterer Minuspunkt für die Kreativität ist, daß man als Störenfried empfunden wird. Wenn man plötzlich die These verkündet:»Jetzt ist nicht mehr die Erde Mittelpunkt des Universums, sondern sie dreht sich um die Sonne«, dann gilt man als Störenfried, und sehr viele Aggressionen kommen auf. Uns hat man zwar nicht mit dem Scheiterhaufen gedroht, aber wir haben heftige Aggressionen zu spüren bekommen. Es gab viele Methoden, die von der Tunnelmikroskopie Konkurrenz bekamen, was natürlich für viele Wissenschaftler erst einmal hart war. Sie fürchteten um ihre Existenz, weil sie ihre Apparaturen, die sie über Jahre aufgebaut und zu beherrschen gelernt hatten, möglicherweise in die Ecke stellen konnten. Das befürchteten sie zumindest, und wir bekamen von einigen ihre Aggressionen voll zu spüren. Es sind Leute zu uns ins Labor gekommen und haben uns angeschrien, wir seien Lügner. Wir haben auch

128

sehr viele Schimpfbriefe bekommen, in denen wir als Betrüger bezeichnet wurden. So etwas passiert einfach. Das muß einem klar sein. Das ist einem auch klar, und das führt zu Hemmungen der Kreativität. Man steht im Spotlight. Man ist ein bißchen unbequem, und deshalb muß man die Aggressionen aushalten können. Daraus ergibt sich schlichtweg eine psychologische Barriere.

Auch der Zeitaufwand ist natürlich ein entscheidender Punkt. Wenn man kreativ ist, dann braucht man relativ viel Zeit. Ich bringe hier den Vergleich mit einer Expedition durch den Dschungel an, den ich von Professor Fischer habe. In solchen Situationen fragt er seine Leute: »Wollen wir zusammen in den Busch gehen?« Er wisse nicht genau, ob sie da auch wieder herauskämen. Und genauso ist es: Man fängt einen Weg an und weiß gar nicht: Führt er zum Ziel? Man geht im Zickzack, weil man ja nie genau weiß, ist der Weg jetzt richtig oder falsch. Sehr mühsam schlägt man sich mit dem Buschmesser den Weg frei. Es geht nur sehr, sehr langsam voran.

Und dann gibt es auch noch Leute, die schauen einem dabei zu. Für die hat man den Weg schon geebnet. Wenn man dann am Ziel ist, bekommt man eventuell von hinten das Messer in den Rücken. Das klingt dramatisch, aber ich habe es auch so empfunden. Der, der da vorneweggeht, hat einiges an Frustration auch in dieser Hinsicht zu ertragen. Es gibt Leute, die immer den leichteren Weg gehen, aber einen großen Erfolg für sich wittern. Der Goldrausch bricht aus, wenn ein Schatz gefunden wird.

Ein weiterer Punkt: die Verletzbarkeit. Einer, der kreativ ist, ist natürlich sehr verletzbar, weil er gar nichts Konkretes sagen kann. Wie soll er sich verteidigen, wenn er angegriffen wird? Er hat ja nichts in der Hand, mit dem er sich verteidigen könnte. Es gibt immer wieder Leute, die weniger kreativ sind und diese Schwächen der Kreativen erkennen und sagen: »Na, jetzt hacke ich mal schön auf ihm herum.«

Und diese destruktive Kritik kommt nicht einmal nur von

außen. Es gibt auch den destruktiven inneren Kritiker. Der kann auch ziemlich laut sein. Er ist vielleicht nur ein Handlanger der äußeren Kritik – da bin ich mir nicht sicher –, aber er funktioniert nach genau demselben Mechanismus. Da muß man schon sehr tolerant mit sich selbst sein, um Sachen, die man vielleicht selbst für ein bißchen verrückt hält, noch zuzulassen. Das kann manchmal ein etwas unangenehmes Gefühl hervorrufen, weil ja auch immer die Gefahr besteht, daß man sich lächerlich macht. Wenn man einen neuen Weg geht, ist die Gefahr, sich lächerlich zu machen, stets besonders groß.

Die Liste der Minuspunkte geht noch weiter. Die Kreativitätsversuche werden leider in unserer Ausbildung, das habe ich schon mehrfach betont, nicht honoriert oder gefördert. Richtige Wege zu honorieren ist schwierig, weil die Beurteilung von kreativen Vorgehensweisen äußerst schwierig ist. Aber wenn jemand überhaupt versucht, kreativ zu sein, sollte man das honorieren und fördern. Das ist meines Erachtens noch nicht der Fall.

Gibt es nun tatsächlich einen größeren Kreativitätserfolg – das ist eigentlich schon in anderen Punkten ein bißchen angeklungen –, kommen die Neider. Man ist also jetzt am Ziel: Man hat sich belächeln lassen, man hat sich mehrfach lächerlich gemacht, man hat die Freunde vergrault, man hat den Dolchstoß zu spüren bekommen, man ist im Zickzack gelaufen mit der Ungewißheit, ob man jemals ein Ziel erreichen wird, aber nun hat man es geschafft. Und dann kommen die Neider .... Wir lernen aus all dem: *Wer kreativ ist, muß wahnsinnig sein.* Das meine ich ernst. Ein normaler, gesunder Mensch würde doch all dies nicht freiwillig auf sich nehmen.

Wenn man aber nun schon einmal wahnsinnig ist, dann ist Kreativität eines der besten Mittel zur Linderung dieses Leidens, denn sie hat auch positive Seiten. Aber natürlich hat sie wie viele Medikamente eine Nebenwirkung: Man wird von ihr abhängig und tut alles, um mehr und mehr davon zu

130

bekommen. Man kann nicht mehr aufhören und hat somit nur den einen Wahnsinn durch einen zweiten ersetzt. Diese sich aus der Kreativität ergebenden Konflikte und Probleme können einen dazu bringen, daß man kein Bedürfnis danach verspürt, kreativ zu sein. Hat man z.b. Angst vor einer Blamage, wird man vielleicht verrückte Ideen seltener äußern. Äußert man sie fast nie, wird man sie irgendwann wohl auch nicht mehr denken. Bei der individuellen Kreativität ebenso wie allgemein gesehen bei der Intelligenz eines Menschen geht es um die gesamte Persönlichkeit. Man kann nicht einen Aspekt ausblenden und nur den betrachten. Man muß die gesamte Persönlichkeit betrachten. Deswegen ist es auch äußerst schwierig, die menschliche Kreativität in den Griff zu bekommen, zu definieren oder gar zu testen. Mit speziellen Tests kann das nie funktionieren. Man müßte die gesamte Persönlichkeit testen, was sehr umfangreich wäre. Darüber hinaus hängt jede Persönlichkeit von psychologischen und anderen Faktoren ihres Umfeldes oder der ganzen Gesellschaft ab. Kreativität ist also auch ein kollektives Phänomen. Wie gesagt, ist die Reproduktion von Gedanken Voraussetzung für Intelligenz. Somit kann also einer allein gar nicht intelligent oder kreativ sein. Es gehört das ganze Umfeld dazu.

Noch etwas möchte ich in dem Zusammenhang nicht unerwähnt lassen: Hat man Probleme mit den unschönen Seiten der Kreativität, heißt das nicht, daß man nicht kreativ sein *kann*. Die Sache ist viel komplexer. Es gibt für all diese Minuspunkte, z.B. für die Angst vor Blamage, irgendwo auch einen Ausweg. Und das schafft vielleicht gerade wieder eine besonders kreative Situation. Eine Auswegmöglichkeit ist z.B. die Gruppe, daß also jemand mit den speziellen Fähigkeiten, die er hat, sich die Gruppe sucht, die zu ihm paßt. Mit all den Eigenschaften, die man hat, kann man einen ganz persönlichen Weg finden, kreativ zu sein. Jeder ist sowieso nur so gut, wie das Umfeld zu ihm paßt, oder jeder ist nur so gut, wie seine Zuhörer ihn finden. Die Menschheit ist ein komplexes System, in dem alle Inviduen miteinander wechselwirken. Nehmen wir das Beispiel Boris Bekker. Was würde er tun, wenn niemand gegen ihn Tennis spielte, wenn es Tennis gar nicht gäbe? Was wäre, wenn er am Nordpol bei den Eskimos aufgewachsen wäre, bei denen Tennis nicht sehr weit oben auf der Prioritätenliste steht? Für alle anderen Berufe kann man ähnlich argumentieren.

Psychologie und menschliche Kreativität

Wir sperren alle Narren in ein Narrenhaus
Und lassen nur den Schlüssel drauß'
Wir sperrten uns auch gerne selbst noch ein
Doch jemand muß auch ohne Narren närrisch sein
Fürwahr! ein allzu bitter' Brot auf dieser Welt
Narren unerkannt und ohne Gelt'

Im letzten Kapitel haben wir von der menschlichen Kreativität gesprochen und gesehen, daß auch für sie die Beschränkungen eine große Rolle gespielt haben und spielen, daß Ähnlichkeiten zu den Blockaden und »Denkweisen« einer DNS bestehen. Außerdem habe ich darauf hingewiesen, daß individuelle Kreativität viele Nachteile mit sich bringt. Diese Nachteile sind zum Teil so dramatisch, daß sie bewirken können, daß man eigentlich keine Lust mehr hat, kreativ zu sein, daß also Kreativität als Ganzes blockiert ist. In die Kreativität einer Person fließt ihre gesamte Persönlichkeit mit ein. Dazu gehört, daß man die sich daraus ergebenden Probleme verschiedener Art ertragen kann oder zumindest ertragen will – ein psychologisches Problem.

Kreativität ist ein kollektives Phänomen aufgrund der Rückkopplungsmechanismen oder allgemeiner: aufgrund der Wechselwirkungen. Es gibt natürlich auch so etwas wie eine individuelle Kreativität. Aber selbst diese kann man in einem gewissen Sinn als kollektives Phänomen ansehen, da für ihr Funktionieren verschiedene Bereiche des Gehirns heftig miteinander kommunizieren müssen. Trotz aller Nachteile sind Individuen dennoch motiviert, kreativ zu sein; aus gutem Grund: Kreativität macht Spaß, und gegen Spielverderber kann man sich wehren. Außerdem ist Kreativität heute wichtiger denn je, so daß Individuen zunehmend vom Kollektiv dazu ermutigt werden und zumindest die Widerstände gegen Kreativität abnehmen. Es gibt natürlich auch Institutionen, in denen gegenteilige Tendenzen anzutreffen sind. Ich glaube aber, daß es diese Einrichtungen zunehmend schwieriger haben werden. Bei psychologischen Tests, denen man Industriemanager unterzieht, von denen man bisher ganz andere Qualitäten als Kreativität erwartete, legt man in ihrem Persönlichkeitsprofil zunehmend Wert auf Kreativität. Kreativität geht eigentlich in alle Bereiche ein und wird immer wichtiger. Situationen verändern sich oft sehr rasch. Mit fleißigem Reproduzieren kann man nicht mehr viel gewinnen; es gehören auch noch Mutationen dazu.

Möglicherweise erleben wir momentan in dieser Hinsicht so eine Art Urknall. Zur Intelligenz kommen heute die künstliche Intelligenz und die künstlichen Kommunikationsmittel hinzu. Der entscheidende Schritt in der Entwicklung des Menschen war vielleicht die Erfindung von Werkzeugen. Jetzt gibt es diese künstlichen Denkmaschinen, die Computer. Sie sind Werkzeuge für unsere Intelligenz. Das ist eine relativ neue Entwicklung, die sicherlich auf unsere Intelligenz wieder zurückwirken und deren Veränderung sehr stark beschleunigen wird. Ich hatte auch bereits spekuliert, daß möglicherweise die künstliche Intelligenz sich irgendwann vom Menschen abkoppeln und einen eigenständigen Weg gehen könnte.

Kreativität kann man lernen

Nach meiner Meinung kann individuelle Kreativität genauso erlernt werden wie alle anderen Denkstrukturen. Sie ist eine Fähigkeit, die es sich zu erwerben lohnt – eine ungeheuer vielseitig einsetzbare Fähigkeit, die unabhängig macht.

134

In diesem Zusammenhang fällt mir das Problem der Arbeitslosigkeit ein. Ich will nicht sagen, mit mehr Kreativität gäbe es gar keine Arbeitslosigkeit mehr. Ich glaube jedoch, daß wir durch das Lehren von Kreativität an unseren Schulen Arbeitslosigkeit drastisch reduzieren könnten. Kreativität ist ein Fachwissen, unabhängig von Einzelfächern. Das Fach ist die Kreativität selbst. Man kann sie auf das eine oder andere Gebiet anwenden. Das mit den Gebieten verbundene Fachwissen ist erlernbar. Seine Bedeutung wird überschätzt. Außerdem macht zuviel Fachwissen unkreativ, ist also schädlich. Mit dem Know-how Kreativität und der Kenntnis, wie Fachwissen effektiv aufgenommen werden kann, ist man viel flexibler als mit ausgefeiltem Fachwissen allein. Aus Sackgassen kann man sich leichter herausmanövrieren, ja sich möglicherweise mit Hilfe der Kreativität eine neue Straße bauen, wenn es auch nur eine Privatstraße ist. Unkreatives Denken verlangt nach Fragen, die zu beantworten sind, nach Arbeitsaufträgen, die zu erfüllen sind. Kreatives Denken *stellt* die Fragen, sucht sich selbst die Arbeitsaufträge.

Sei ein Narr

Kreativität macht Spaß, trotz allem, was ich über ihre Nachteile gesagt habe. Vielleicht deswegen, weil wir einfach mitspielen bei diesem Spiel der Natur. Den Nachteilen der Kreativität kann man begegnen. Es gibt Gegenmittel gegen antikreative Situationen und Personen. Ein Spruch von dem äußerst kreativen Wilhelm Busch scheint mir da sehr angebracht: »Ist der Ruf erst ruiniert, lebt sich's gänzlich ungeniert.«

Wenn man sich immer nur von der Angst leiten läßt, daß man sich vielleicht blamieren könnte oder daß irgend etwas danebengehen könnte, dann passiert nichts Neues. Aber wenn man erst einmal den Ruf ruiniert hat und anfängt, ungeniert zu denken, dann kann man auch kreativ sein. Wir müssen den Narren in uns herauslassen, um kreativ zu sein. Das kann schmerzhaft sein, denn man kann sich blamieren. Allerdings erfahren wir von Wilhelm Busch auch, wie tröstlich es ist, wenn der Schmerz nachläßt.

Die Fähigkeit, sich blamieren zu können, erwirbt man sich durch praktische Blamage. Ich kann aus eigener Erfahrung bestätigen, daß in jedem neuen Umfeld die ersten Blamagen die schlimmsten sind. Danach erwartet man selbst und das Umfeld nichts anderes mehr, d.h. je schneller man sich blamiert, um so besser. Es kostet ungeheure Energie, ein makelloses Image aufrechtzuerhalten. Dazu darf es gar nicht erst kommen. Hat man es erst einmal, könnte man – wenn auch nur ansatzweise – der Versuchung erliegen, diesem Image gerecht werden zu wollen. Damit stirbt die Kreativität. Damit stirbt alles. Die Psychologen nennen übertriebene Imagepflege Narzißmus. Es ist wohl die gefährlichste Krankheit unserer Zeit. Ich bin sicher, in zehn, zwanzig Jahren wird jeder über diese Krankheit informiert sein, so wie heute jeder über Aids Bescheid weiß. Zur Kreativität gehört, daß man sich zeigt, wie man ist. Dann geht man einen individuellen Weg und fällt damit etwas aus dem Rahmen, ist originell, also kreativ.

Uns wird viel mehr verziehen, als wir glauben, falls wir uns selbst verzeihen. Dazu gehört die Einsicht: Fehler sind notwendig. Und warum sollte man sich Fehler oder Absonderlichkeiten selbst verzeihen, wenn man nicht einsieht, daß sie notwendig sind. Wenn man das einsieht, dann ist Verzeihen einfach. Sobald man kreativ sein will, gehört es zum System, Irrwege zu gehen und »Unsinn« zu produzieren. Sobald man das einsieht, fällt es einem viel leichter, sich selbst und anderen zu verzeihen.

Ich will ein Beispiel nennen. Wenn man mit etwas herumspielt, um möglicherweise etwas Neues herauszufinden, plagt einen oft das schlechte Gewissen: »Das ist doch nur eine Spielerei, jetzt sollte ich eigentlich etwas Ernsthaftes machen.« Man verzeiht sich selbst nicht, daß man spiele-

risch mit irgendwelchen Sachen umgeht, weil es ja auch oft so abgetan wird. Ich kenne sehr viele Leute, die sich dadurch selbst »abklemmen«, daß sie dieses Herumspielen als kindisch ansehen. Aber über die Einsicht, daß auch das zur Kreativität gehört, kann man das schlechte Gewissen eingrenzen. Ein anderer Mechanismus wäre vielleicht, Fehler offen zuzugeben. D.h. nicht, daß man die Fehler unbedingt anderen gegenüber zugeben muß. Meistens ist es aber so: Wenn man sie sich selbst eingestehen kann, kann man sie auch nach außen zugeben. Aber man muß das, wie schon gesagt, nicht immer, d.h. man muß es den anderen nicht auf die Nase binden. Wenn es jedoch zu einer Situation kommt, wo es notwendig ist, dann kann man manchmal durch einfaches Zugeben viel Kraft und Zeit sparen. Das stimmt nicht uneingeschränkt, weil es immer wieder den Gegenpol gibt. Gerade das Drumherumdrücken kann möglicherweise etwas Besonderes hervorbringen. Ich würde sagen, das ist die individuelle Spannung, die bei jedem anders aussieht. Jeder hat andere Ängste, und jeder hat andere Qualitäten.

Da sind Spannungen in uns, die Positives und Negatives hervorrufen. Solche Spannungen haben auch etwas mit Schmerz zu tun, mit seelischem Schmerz. Man kann verschiedenartig darauf reagieren. Man kann davonlaufen, oder man kann ihn ertragen. Für das Davonlaufen will ich ein Beispiel geben. Wenn mir eine Prüfung bevorsteht, auf die ich mich vorbereiten muß, dann kann ich vor dem Schmerz der Ungewißheit, ob ich das in der kurzen Zeit begreifen werde, davonlaufen. Man nennt das Verdrängen, und das kann man so beschreiben, daß man alles, was einen daran erinnert, vermeidet. Man schaut z.B. einfach nicht mehr in seine Bücher, dann merkt man auch nicht, daß man nichts versteht. Auf die Art fällt es einem sehr leicht zu verdrängen. Aber wenn man es trotzdem schafft, in das Buch hineinzuschauen, dann passiert etwas: Man muß sich mit den Stoff auseinandersetzen, die Spannung baut sich auf, und dann passiert etwas.

Das andere Extrem – das in der indischen Philosophie sehr stark ausgeprägt ist – besteht darin, daß man den Schmerz erträgt, in den Schmerz hineingeht und ihn damit auflöst. Das ist eine Technik, die man lernen kann und die auch tatsächlich funktioniert. Aber für die Kreativität ist das meiner Meinung nach nur dann förderlich, wenn der Schmerz ein bestimmtes Maß übersteigt, wenn die Spannung unerträglich wird. Dann ist diese Methode wohl besser als davonzulaufen, obwohl ein Davonlaufen, das in der Regel von einem selbst als Versagen empfunden wird, manchmal zu einem späteren Zeitpunkt eine Energiequelle darstellen kann. Ich muß immer wieder auf das Ausbalancieren zwischen den Polen zurückkommen, da ich glaube, daß das zu häufig übersehen wird.

Individuelle Wege

Die Wege sollten individuell sein, ebenso wie Spannung naturgegeben individuell ist. Deshalb muß man auch erkennen, wo die eigenen Grenzen liegen und auf welchem Wege man weiterkommen kann. Dabei sollte man jedoch keine Angst vor Dummheit oder vor Unkenntnis haben, weil gerade die Kreativität ein Mechanismus ist, der mit Beschränkung einhergeht. Wenn ich von irgendeinem Fachgebiet noch fast nichts weiß, kann ich trotzdem anfangen, damit zu spielen. Als Nebeneffekt lerne ich über die Kreativität selbst eine ganze Menge, weil ich ja den Umgang mit der Beschränkung, nämlich mit meiner beschränkten Kenntnis, übe. Es gibt, wie gesagt, überhaupt keinen Grund dafür, daß man – auch als Anfänger auf einem Gebiet – nicht kreativ sein könnte. Im Gegenteil: Oft sind die Nicht-Fachleute, die Nicht-Experten die Kreativsten.

Ich möchte ein Beispiel geben, wie man sich einen individuellen Weg suchen kann, obwohl man irgendwo eine Beschränkung hat, die andere vielleicht nicht haben. Ich habe einmal eine Zeitlang komponiert. Dabei habe ich versucht, so zu komponieren, wie man sich das allgemein vorstellt. Aber das ging nicht gut, weil ich zu selten komponiert habe. Ich war nicht so in dem Gebiet »drin«, daß ich das alles in meinem Kopf hätte formulieren können und daß alles so von selbst geflossen wäre. Deswegen habe ich folgenden Trick angewandt: Ich habe ganz wild auf Tonband improvisiert. Anschließend habe ich mir das Tonband mehrfach angehört, d.h., ich habe Synthese und Analyse weit voneinander getrennt, erst einmal jede Menge Synthese produziert, einfach Sachen zufällig zusammengestellt. Dabei habe ich mich natürlich auch verspielt und einigen Ausschuß produziert. Nachher, beim mehrmaligen Anhören, konnte ich jedoch feststellen, daß manche Sachen im Ansatz wirklich verwertbar und gut waren. Mit diesen Teilen habe ich dann weitergearbeitet und wieder Variationen – also Mutationen – davon auf Band aufgenommen und später analysiert usw. Auch die zweiten und dritten Stimmen habe ich so »dazu mutiert«. Auf die Art und Weise konnte ich viel komplexer und besser komponieren als auf die normale Art und Weise, einfach weil ich mit dem Trick sozusagen ein Manko bei mir ausgeglichen habe. Ich habe so für mich einen individuellen Weg gesucht.

Für individuelle Wege kann man sicherlich tausend Beispiele finden. Auch die Ziele sollten individuell sein, weil auch die Spannung, wie gesagt, individuell ist. Die Ziele richten sich natürlich nach den Fähigkeiten und vor allen Dingen, was noch viel wichtiger ist, nach dem Interesse. Das ist die treibende Kraft. Wenn mich etwas langweilt, kann ich mich selbst noch so sehr antreiben, es kommt einfach nichts dabei heraus. Ich muß wirklich mit Freude an etwas herangehen, dann finde ich auch für mich das richtige Ziel. Das machen wir sicherlich nicht immer so. Manchmal macht man irgend etwas, weil eine andere Person denkt, man sollte das machen, oder weil man selbst denkt, andere denken usw. Die Ziele sollten aus einem selbst kommen, und wir sollten nicht getrieben sein durch zwanghafte Äußerlichkeiten, auch nicht durch Gründe, die früher einmal Gültigkeit hatten: Man sollte nicht zwanghaft daran festhalten.

Nicht entmutigen lassen!

Wir sollten uns nicht entmutigen lassen. Wenn man versucht, kreativ zu sein, rennt man immer wieder gegen eine Wand. Man kommt oft einfach nicht weiter. Das ist jedoch normal. Man versucht, irgend etwas zu synthetisieren und zu analysieren, und es kommt nur Unsinn dabei heraus. Das kann manchmal über Wochen gehen oder über Jahre. Man sollte daraus nicht den Schluß ziehen, daß man es nicht kann. Das ist ein falscher Schluß, denn der Prozeß des Gegen-die-Wand-Laufens ist normal. Es braucht eben die Zeit und die Geduld und vielleicht ein bißchen Wahnsinn dazu, um weiterzumachen.

Ein weiterer Punkt wäre, daß man ab und zu auch einmal über das Ziel hinausschießen und eine Blamage in Kauf nehmen und versuchen sollte, sie zu ertragen. Das ist eine Art Selbsterfahrung, und die gehört ja zur gesamten Persönlichkeit und wird sich sicherlich auch positiv auf die Kreativität auswirken. Das bedeutet, daß man ab und zu einmal kennenlernt, was wirklich hinter der Angst steht. Diese psychologischen Barrieren sind ja nichts anderes als Angstgefühle, d.h. man projiziert eine Entwicklung in die Zukunft und empfindet dabei ein unscharfes, dumpfes, unfaßbares Angstgefühl. Wenn man jedoch genau hinschaut und die gefürchtete Situation tatsächlich kennenlernt, stellt man fest, die dumpfen Vorahnungen erfüllen sich nicht, oder zumindest passiert nichts Dramatisches. Beim nächstenmal wird die Angst dann geringer sein.

Die fraktale Struktur der Evolutionen

Evolution – – –
Der erste Ton verklingt
Die Scherbe singt die Strophe

In diesem Kapitel werden wir bei einem Bild ankommen, das uns als Modellvorstellung zur Beschreibung der Kreativität dienen kann. Die einzelnen Gedanken, die in den vorangegangenen Kapiteln herausgearbeitet wurden, fügen sich hier zu einem Gesamtbild zusammen. Erwarten Sie bitte keine Zusammenfassung der ersten Buchhälfte. Einiges von dem, was bisher entwickelt wurde, werde ich zwar zusammenfassend wiederholen, aber ich werde mich dabei nur auf die Gemeinsamkeiten der Evolutionen konzentrieren und dazu auch einige neue Aspekte anbringen müssen, um das Bild abzurunden.

Kreativität haben wir als das Ermöglichen neuer Wirkungseinheiten oder, vielleicht noch etwas treffender, als die *Fähigkeit eines Systems zur Evolution* definiert. Im zweiten Kapitel tauchte quasi aus dem Nichts die Vermutung auf, daß die Mechanismen der Evolutionen immer wieder die gleichen sind. Wir fanden überall darwinistische Prozesse wie *Reproduktion, Mutation* und *Auslese*. Wir fanden überall den *Bausteincharakter* und *gezieltes Vorgehen*, das wir als ein *Selbstbeschränken eines Systems auf ein Feld von Möglichkeiten* definiert haben. Es fiel uns auf, daß die Evolutionen ineinandergeschachtelt sind und aufeinander aufbauen. Für geometrische Strukturen, die ineinandergeschachtelt, aufeinander aufbauend und einander ähnlich sind, gibt es einen relativ neuen mathematischen Begriff: das Fraktal. Wir wollen hier diesen Begriff auf Mechanismen und Wechselwirkungen übertragen und verallgemeinern und versuchen, damit Evolution zu beschreiben. Dazu sollte ich natürlich erst einmal den Begriff Fraktal näher erläutern.

Wir haben schon zu Beginn des Buches gesehen, daß innerhalb von Evolutionen wieder Evolutionen stecken und in diesen wiederum Evolutionen usw. Wir haben die Evolutionen als Pyramiden dargestellt, in denen Pyramiden stecken usw. Schon dieses Bild hat stark an das erinnert, was B. Mandelbrot »Fraktale« nennt. In seinem Buch »Die fraktale Geometrie der Natur« gibt es sogar eine Abbildung mit einem Fraktal, das aus Pyramiden besteht, die ihrerseits aus Pyramiden bestehen usw. Wenn nun unsere großen und kleinen ineinandergeschachtelten und aufeinander aufbauenden Evolutionspyramiden sogar von den Mechanismen her einander ähnlich sind, dann ist das ein Grund mehr, einmal darüber nachzudenken, ob Evolutionen nicht mit Mandelbrots Fraktalen beschreibbar sind.

Fraktale

Was sind überhaupt Fraktale? Nehmen Sie das geometrische Gebilde einer Küstenlinie, und konzentrieren Sie sich nur auf die Linie selbst. Malen Sie einmal eine solche Küstenlinie auf ein Stück Papier. Bitte malen Sie einen Maßstab dazu. Das fällt schwer, denn der Maßstab ist nicht eindeutig festzulegen. Erst wenn wir einen Menschen oder einen Busch dazumalen, erkennen wir den Maßstab sofort. Ob man die Küstenlinie aus einem Flugzeug betrachtet oder aus immer näheren Abständen, die zu beobachtenden Zakken ähneln sich, ganz gleich, welchen Maßstab man nimmt, jedesmal stark. Man nennt das Selbstähnlichkeit, weil jeder

144

Teil einer Küstenlinie seinen feineren Unterabschnitten ähnlich ist. Das Kleine ist im Großen enthalten und ist dem Großen ähnlich. Vergleicht man nun die Linie einer rauhen Felsenküste mit der Küstenlinie eines Sandstrandes, dann empfindet man den Unterschied. Wenn ich an der gezackten Küstenlinie entlanglaufe, komme ich nicht so recht voran. Wie schnell ich vorankomme, hängt davon ab, wie ausgeprägt ich den feinen Schlängelungen der Linie nachlaufe. Könnte ich mich selbst mehr und mehr verkleinern, würde ich immer feineren Linien nachlaufen und im Endeffekt mein Ziel nie mehr erreichen, da die Küstenlinie dem Wert »unendlich« entgegenstrebt. Andererseits könnte ich von einem Hafen A zu einem anderen, entfernten Hafen B gelangen, indem ich alle Windungen mit einem großen Schritt überspringe. Als Riese gehe ich direkt von A nach B, als Ameise stapfe ich von Sandkorn zu Sandkorn, immer im Zickzack der Küstenlinie entlang.

Wenn ich die Zahl der Schritte bei sehr unterschiedlicher Schrittlänge = L suche, dann stelle ich fest, daß die Anzahl Schritte = N, die ich bei kleiner werdenden Schrittlängen benötige, dramatisch anwächst. Erstaunlicherweise erfolgt nun dieses Anwachsen für reale Küstenlinien nach einem einfachen Gesetz: $N = L^{-D}$, wobei die Hochzahl D einen Zahlenwert zwischen 1 und 2 besitzt. Dieses Verhalten wurde 1961 von Lewis Richardson entdeckt. Dabei ist D nur annähernd eine Konstante und auch nicht für alle denkbaren Größenordnungen von Schrittlängen konstant, aber immerhin annähernd konstant. Auf doppellogarithmischem Papier ergibt N gegen L aufgetragen eine Gerade mit der Steigung -D.

Diese Form der Ordnung hätte man sicherlich nicht mit einem Blick auf eine Küstenlinie erkannt. Es ist nun das Verdienst von B. Mandelbrot, die allgemeine Bedeutung von D erkannt und auf eine breite mathematische Basis gestellt zu haben, so daß viele als ungeordnet erscheinende geometrische Erscheinungen oder Abläufe heute mit D beschrieben werden können.

146

Nun könnte jemand, der eine spezielle Küstenlinie besonders gut kennt, fragen: »Wo ist denn hier die Selbstähnlichkeit? Die Form der Bucht, in der ich immer bade, ist einmalig. Sie ist sonst nirgends wiederzufinden, weder im Großen noch im Kleinen.« Das ist – grob gesehen – sogar richtig, aber wenn man Ordnung aufzuspüren versucht, dann trennt man sie vom Chaos, man abstrahiert. Man muß in diesem Fall von der ganz speziellen Struktur der Bucht absehen und sich nur auf ihre »Zackigkeit«, die ihren Ausdruck in D findet, konzentrieren. Mißt man D für reale Küstenlinien, stellt man oft fest, daß es für eine bestimmte Küste den gleichen Wert im Kleinen wie im Großen besitzt.

Im folgenden möchte ich zu erläutern versuchen, daß Evolutionen in gewissem Sinn mit einer fraktalen Küstenlinie vergleichbar sind, daß Evolutionen also eine fraktale Struktur besitzen.

Heraklit – und noch viele Philosophen nach ihm – haben intuitiv erfaßt, daß in unserer Welt alles im Fluß bzw. im Wandel ist. Heute weiß man aufgrund wissenschaftlicher Ergebnisse, daß unsere Welt, so wie wir sie kennen, erst nach und nach entstanden ist.

Niemand wird behaupten, daß auch nur eine der bekannten großen Evolutionen – Intelligenz, Leben und Materie – wirklich verstanden ist. Es gibt jedoch eine Fülle von Erkenntnissen, die außer Zweifel stellen, daß es diese Evolutionen gibt oder gegeben hat. Die Evolutionen von Intelligenz, Leben und Materie werden von der Philosophie, der Evolutionstheorie bzw. der Kosmologie beschrieben. Dabei handelt es sich um drei unterschiedliche theoretische Gebäude, die aber möglicherweise den Versuch darstellen, ein und dasselbe zu beschreiben: die Mechanismen der Evolution. Materie, Leben und Intelligenz waren und sind offensichtlich fähig zur Evolution. Das jedenfalls haben sie gemeinsam. Und wenn man nach weiteren Gemeinsamkeiten sucht, fragt man sich nach kurzer Zeit, ob es nicht mehr Ähnlichkeiten als Unterschiede gibt und ob diese

Ähnlichkeiten nicht in Wahrheit Selbstähnlichkeiten darstellen.

Die statische Struktur

Bei der Betrachtung der Struktur der evolutionären Gebäude klammern wir vorerst die Mechanismen ihres Wachstums aus. Evolution ist ein dynamischer Prozeß, wir betrachten jedoch vorerst einmal eine Momentaufnahme der Entwicklung, so wie sie sich heute darstellt. Auf die Dynamik komme ich auf Seite 150 zu sprechen. Üblicherweise benutzt man die Baumstruktur, um die Evolution des Lebens zu beschreiben. Man könnte dieses Bild auch auf die anderen Evolutionen anwenden. Wir haben bisher das Modell der Pyramide verwandt, um eine gemeinsame Besonderheit der Evolutionen zu betonen: das Bausteinprinzip.

Die Grundidee dazu hatten schon die Griechen mit der Idee des Atoms, des kleinsten Bausteins der Materie. Heute wissen wir, daß Materie aus Bausteinen aufgebaut ist. Es sieht jedoch nicht danach aus, daß ein kleinster Baustein der Welt existieren würde. Wie bereits im vorangegangenen Kapitel betont, sind all die uns bekannten Dinge nach dem Baukastenprinzip aufgebaut. Jede Wirkungseinheit ist aus Untereinheiten zusammengesetzt. *Dies entspricht einer Selbstähnlichkeit, da das Baukastenprinzip unabhängig von der Skala ist.* Unabhängig davon, wie nahe man in eine Evolution »hineinzoomt«, findet man Wirkungseinheiten als Bausteine.

Als Skala könnte man hier z.T. tatsächlich ein Metermaß nehmen. Unsere Intelligenz jedoch läßt sich schlecht damit messen. Ein sehr allgemeines Maß stellt die Komplexität dar. Leider gibt es noch keine etablierte Meßvorschrift für Komplexität. Wir müssen uns deshalb darauf beschränken, qualitativ zu argumentieren. Die Pyramide selbst besitzt eine Selbstähnlichkeit, indem sie aus Unterpyramiden aufgebaut ist, die aus Unterpyramiden aufgebaut sind usw. Die Evolutionen enthalten ihre Nachfolger-Evolutionen und stecken in ihren Vorgänger-Evolutionen: In der Evolution des Raumes steckt die der Materie. In dieser ist die Evolution des Lebens eingeschlossen, welche die Evolution der Intelligenz enthält. Die Evolutionen bauen aufeinander auf und sind ineinandergeschachtelt. Dies läßt sich auch auf kleinerer Skala fortführen: In der Evolution des Lebens steckt die der Säugetiere, darin die der Affen und darin z.B. die der Schimpansen.

Es ist interessant festzustellen, daß die Evolutionen in umgekehrter Reihenfolge ihrer Entstehung entdeckt wurden: Erst gab es eine geschichtliche Beschreibung unseres Denkens in der Philosophie, dann die Evolutionstheorie der Biologie und zuletzt die Urknalltheorie als die Geschichte der Materie, und von einer Evolution des Raumes wird noch nicht geredet.

Das Wachstum der Strukturen

Ursuppe

Damit eine Evolution stattfinden kann, müssen besondere Startbedingungen vorliegen. Es müssen sich zumindest Muster bilden und reproduzieren können. Diese Bedingungen werden in einem statistisch fluktuierenden System, wenn überhaupt, nur lokal erreicht. Wir wissen nicht, ob Leben auch anderswo im Universum existiert. Es ist aber ziemlich sicher, daß es nur einen winzigen Bruchteil des Universums erfüllt. Die spezielle Startbedingung für das Leben auf unserem Planeten nennt man in der Evolutionstheorie Ursuppe. Wir wollen diesen Begriff hier auf alle Evolutionen erweitern und nennen die Nervensysteme der Lebewesen die Ursuppe der Intelligenz. Für die Evolution der Materie könnte man sich vorstellen, daß in unserem Universum die »richtigen« Symmetrien vorlagen, welche Teilchenerzeugung ermöglichten. Der Raum unseres Universums stellt die Ursuppe der Materie dar. Außerhalb unseres Universums sind andere Universa vorstellbar, in denen sich teilweise keine und teilweise andere Arten von Materie bilden konnten. Ein derartiges Bild wird bereits von der Inflationären Kosmologie gezeichnet, die seit einigen Jahren besteht und immer mehr an Bedeutung gewinnt. Was die Ursuppe des Raumes gewesen sein könnte, ist nach dem heutigen Stand der Kenntnisse unmöglich zu sagen. *Ursuppen haben eine fraktale Struktur: Jede Ursuppe baut auf der Existenz einer umfassenderen Ursuppe auf.*

Reproduktion und Mutation in Raum und Zeit

Darwin hat zum Verständnis der Evolution des Lebens sicherlich den bedeutendsten Beitrag geliefert. Er brachte den Stein ins Rollen. Daß ein entscheidender – vielleicht der entscheidende – Schritt bei der Evolution des Lebens die Selbstreproduktion von Makromolekülen war, ist heute allgemein bekannt. Muster (Codes) in Form der DNS reproduzieren sich. Diese Muster bringen in der Wechselwirkung mit unbelebter Materie die Lebewesen hervor. Die Muster vermehren sich; ihre Produkte – die Lebewesen – stehen in direkter Wechselwirkung miteinander. Diese Wechselwirkung hat eine spezielle Struktur, die auf Seite 154 beleuchtet wird.

Gibt es auch eine Selbstreproduktion von Raum, Materie oder Gedanken? Die Reproduktion von Gedanken ist sicherlich einer der wichtigsten Bestandteile der Intelligenz: Ohne Kommunikation wäre unsere Intelligenz undenkbar. Besser gesagt: Denkweisen (nicht Gedanken) werden reproduziert, vermehren sich und breiten sich aus. Die Gedanken sind ihre Produkte. »Der Baum ist rot« ist ein Gedanke, der sich nicht weit ausbreiten wird. Die dahinterstehende Denkweise, einem Gegenstand eine Farbe zuzuordnen, entspricht dagegen einem Muster, das sich weltweit

150

evolutionär durchgesetzt hat: durch Vermehrung oder Kommunikation = Reproduktion von Denkweisen.

Zeigt auch Materie Selbstreproduktion? Ein Teilchen, sich selbst überlassen, wird nicht ein zweites (fast) identisches hervorbringen; und doch ist es auffällig, daß sich z.b. Elektronen so »ähnlich« sind. Man nennt es den Teilchenzoo und stellt damit eine direkte Verbindung zu den Lebewesen her. Liegt es nicht nahe anzunehmen, daß Teilchen- und Lebewesenzoo auf gleiche Art entstanden sind? Das *Verhaltensmuster* von bestimmten Teilchen ist immer das gleiche; es ist *reproduziert*. Wir wissen nicht, wie der Code für das Verhalten von Teilchen abgespeichert ist; wir kennen die »Teilchen-DNS« noch nicht. Es könnte sie aber geben, denn in irgendeiner Form müssen die Eigenschaften z.B. eines Elektrons abgespeichert sein. Ganz allgemein kann man sagen, daß schon die Existenz von Naturgesetzen die Reproduktion beinhaltet: die Reproduktion von Verhalten in Raum und Zeit. Solange man einen Code nicht direkt beobachten kann, zeigt sich seine Reproduktion *immer nur* in der Reproduktion von Verhalten, d.h. in reproduzierten Wechselwirkungen zwischen den Produkten der Muster. Die Muster für sich betrachtet bedeuten nicht viel. Eine DNS ohne das entsprechende Lebewesen drumherum hätte keinen großen Einfluß auf das Weltgeschehen. Eine Denkweise erhält nur dadurch ihre Bedeutung, daß sie auch in der Praxis in Form von Gedanken angewendet wird.

In den Naturgesetzen stecken allerdings Eigenschaften, die noch elementarer sind als sie selbst: die Symmetrien. Unser Raum besitzt bestimmte Symmetrieeigenschaften, die wiederum als ein Ausdruck von reproduzierten Mustern betrachtet werden können. Translationsinvarianz z.b. ist ja nichts anderes als die *Reproduktion von Raumeigenschaften* in anderen Raumbereichen. Wie bereits erwähnt, gibt es die Theorie des aufgeblasenen Universums (inflationary universe), in der der Raum vor dem konventionellen Urknall eine Entwicklung – nämlich eine ungeheure Explosion –

durchgemacht hat. Da nun der Raum ebenfalls reproduziertes Verhalten zeigt, wollen wir hier behaupten (ohne es zu beweisen), daß auch der Raum evolutionär entstanden ist; eine Evolution, die vor der der Materie kam. Es gibt jedoch keinen Grund anzunehmen, daß dies der Anfang war. Es ist durchaus möglich, daß das Universum bereits eine große Anzahl von Evolutionen durchgemacht hat (möglicherweise sogar unendlich viele), jede vorhergehende elementarer als die folgende und jede folgende voll in der vorhergehenden enthalten. Das bedeutet, daß man die Strukturen als fraktal bezeichnen könnte, da sie einander ähnlich und ineinandergeschachtelt sind.

Reproduktion ist eine Fähigkeit im Überlebenskampf, die einem Muster ein hohes Lebensalter verspricht, ohne ihm allerdings dabei ein ewiges Leben zu garantieren. Ein einmaliges Muster in unserem Universum ist bedeutungslos. Ein Elementarteilchen, das nur einmal existiert, würde von uns nicht einmal dann akzeptiert werden, wenn es – ein höchst unwahrscheinlicher Fall – in einer Meßapparatur registriert würde. Die Reproduktion der Meßergebnisse ist ein wichtiger Bestandteil der experimentellen Wissenschaften. *Reproduktionen haben eine fraktale Struktur, da sie auf jeder Skala stattfinden und jede Reproduktion auf einer elementareren Reproduktion aufbaut.*

Reproduktion in Raum und Zeit bewirkt eine Ausbreitung der Muster, die zu Beginn einer Evolution sehr heftig sein kann. Wir wollen deshalb diese erste heftige Ausbreitung von neuartigen Mustern *Urknall* nennen. Vom Standpunkt der darauffolgenden Evolution ist es der Anfang schlechthin. Jede Evolution besitzt ihren eigenen Urknall. *Jeder Urknall baut auf der Existenz eines elementareren auf.*

Heute ist Evolutionstheoretikern klar, wie wichtig auch die *Unschärfen* bei der Reproduktion der DNS sind. Man nennt sie Mutationen. Bei der Kommunikation sind Mutationen alltäglich: Man denke nur an das Spiel »Stille Post«, bei dem eine Information von einer Person zur anderen wei-

152

tergegeben wird, wobei die Information heftig mutiert. Wo aber findet man Mutationen in Symmetrien oder in den Naturgesetzen? Seit Bestehen der Quantenmechanik weiß man, daß das Verhalten von Materie nur statistisch beschreibbar ist. Das Verhalten eines Teilchens ist nur innerhalb eines Wahrscheinlichkeitsprofils, das durch die Wellenfunktion beschrieben wird, reproduziert. Man könnte hier argumentieren, daß für zwei identische Experimente an verschiedenen Orten oder zu verschiedenen Zeiten die Wellenfunktionen selbst jedoch exakt räumlich bzw. zeitlich reproduziert sind.

Ein Wahrscheinlichkeitsprofil könnte man andererseits unter der Annahme von Mutationsblockaden auch für die Mutation eines beliebigen Gens angeben. Dies wird aber in der Regel nicht scharf reproduziert, da die Mutationsblockaden selbst mutieren müssen. Solange die Evolution noch sehr dynamisch, man könnte sagen, noch nicht im Gleichgewicht ist, mutieren sozusagen auch die Wahrscheinlichkeitsprofile. Sie passen sich den veränderten Umweltbedingungen an. In der Spätphase einer Evolution – wie z.B. bei dem extremen Beispiel des Quastenflossers oder, sagen wir, beim Elektron – beobachtet man nur noch das statistische Verhalten; das Wahrscheinlichkeitsprofil verschiebt und ändert sich unmerklich. Insofern unterscheiden sich die einzelnen Evolutionen in einigen Eigenschaften durch ihre jeweils verschiedene zeitliche Nähe zum eigenen Urknall. Das statistische Verhalten der Teilchen wie auch die zunehmende Unschärfe der Symmetrien beim Betrachten immer kleinerer Dimensionen könnte man als Mutationen der Materie bzw. des Raumes auffassen, die wegen fast statischer Umweltbedingungen aus einem fast statischen Wahrscheinlichkeitsprofil – einem Fossil einer Evolution – resultieren. Andererseits könnte man für nichtstationäre Zustände die Bewegung eines Teilchens als Mutation auffassen: Ort und Impuls des Teilchens mutieren. Dabei kann sich auch die Wellenfunktion ändern, das Teilchen reagiert auf veränderte

Umweltbedingungen durch Anpassung des Wahrscheinlichkeitsprofils. Es stellt sich hier die Frage, ob ohne Mutation, also ohne statistisches Verhalten der Teilchen, eine Veränderung der Wellenfunktion überhaupt möglich wäre.

Mit Blick auf alle Zeiten heißt es, daß die *Strukturen auch zeitlich fraktal* sind: Die Zeitspanne der Evolution des Lebens z.B. ist voll in der Zeitspanne der Evolution der Materie enthalten, wobei ältere Evolutionen weniger Dynamik aufweisen. Man muß aber bedenken, daß die Dynamik nicht aufhört, solange die Pyramiden wachsen: Ein Wachstum nach oben und in die Breite verursacht gleichzeitig auch eine Veränderung nach *unten*. Es ist heute allgemein bekannt, daß Intelligenz Leben verändert (wir können heute sogar direkt in die DNS eingreifen), daß das Leben unseren Planeten verändert hat (man denke z.B. an die Sauerstoffatmosphäre) und daß Materie die Symmetrie des Raumes bricht und den Raum krümmt. Wenn wir hier wieder verallgemeinern, müssen wir annehmen, daß nichts – also auch nicht die Symmetrien und die Naturgesetze – konstant ist. Werden wir jemals in den Code der Materie oder des Raumes eingreifen können? Das würde wirklich gefährlich werden.

Die Mutations-Auslese-Helix

In der Regel sieht man es so: Das Leben ist durch Zufall entstanden, die Produkte menschlicher Intelligenz durch Nachdenken. Daß hier etwas nicht stimmen kann, zeigt sich, wenn man ein sogenanntes Zufallsprodukt, z.B. einen Menschen, mit einem sogenannten Intelligenzprodukt, z.B. einem Auto, vergleicht: Dann scheint der Zufall mächtiger zu sein als die Intelligenz. Ich hoffe, ich konnte bereits zeigen, daß einerseits alle Evolutionsstrukturen »denken« können und daß andererseits Denken sehr viel mit Zufall zu tun hat oder, genauer gesagt, daß die Wachstumsmechanismen der verschiedenen Evolutionen gleich sind. Sie sind aber ineinandergeschachtelt, miteinander verknüpft und bauen aufeinander auf. Sie sind eben fraktal.

Wollen wir das Wachstum der Pyramiden verstehen, müssen wir begreifen, wie neue Wirkungseinheiten entstehen. Es liegt dabei nahe anzunehmen, daß – ausgehend von der Struktur der Pyramiden – zwei oder mehr Elemente einer Etage sich zufällig begegnen und auf der nächsthöheren Etage eine neue Wirkungseinheit bilden. Einfache Moleküle z.b. entstehen auf diese Art, indem sich Atome zufällig begegnen. In der Regel ist die Situation komplexer, und es bedarf mehrerer Begegnungen zwischen Wirkungseinheiten verschiedener Etagen. Wir wollen hier das zufällige Begegnen von Wirkungseinheiten, das neue Wirkungseinheiten hervorbringt oder bestehende Wirkungseinheiten modifiziert, *Mutation* nennen. Ich nannte diesen Vorgang auch öfters Synthese, finde nun jedoch den Begriff Mutation passender. Komplexe Moleküle oder Atome z.B. entstehen allerdings in der Regel nicht durch eine *einzige* Mutation. Auch ein Organ entsteht nicht durch zufälliges einmaliges Begegnen von Zellen.

Die Idee zur Rastertunnelmikroskopie – um wieder das Beispiel aus dem eigenen Erfahrungsbereich zu nennen – ist nicht so entstanden, wie man es sich nachträglich vorstellen könnte: Die etablierten Ideen von »Rastern einer Spitze über eine Oberflächen« (Plattenspieler) und »Vakuumtunneln von einer Spitze zu einer Probe« vereinen sich zum »Molekül« Rastertunnelmikroskopie. So war es nicht; statt dessen bestand der Prozeß aus mehreren Schritten verschiedenartiger Mutationen, bei denen sich ein unscharfes Bild oder Ziel, nämlich die verschwommene Vorstellung eines Oberflächenanalysegerätes höchster Ortsauflösung, nach und nach zum Tunnelmikroskop konkretisierte. Man kann sagen: Ein Anfangsgedanke ist nach und nach zu einer konkreten Idee mutiert. Ganz ähnliches gilt auch für die neuen Hochtemperatur-Supraleiter, die man sich durch Zusammenfügen des Phänomens Supraleitung mit bestimmten

Eigenschaften von Oxiden entstanden denken könnte. Auch hier waren wohl mehrere Schritte notwendig. Somit scheint also Darwins Ansatz, daß eine Mutation in der Regel nur einen kleinen Schritt darstellt, verallgemeinerbar zu sein. Das willkürliche Zusammenfügen von Wirkungseinheiten und die nachträgliche Prüfung, ob es sich um eine neue Wirkungseinheit handelt, scheint im allgemeinen nicht der richtige Weg zu sein. Vielmehr handelt es sich meistens um eine Kette von kleinen Abwandlungen von geringen Mutationen. *Mutation besitzt eine fraktale Struktur, da Mutationen auf jeder Skala stattfinden und ineinandergeschachtelt sind.* Da mit jeder Mutation neue Möglichkeiten aufgetan werden und somit schon nach wenigen Schritten deren Zahl unüberschaubar würde, folgt jeder Mutation eine Selektion oder ein Abbau von Möglichkeiten, was wir hier mit Auslese bezeichnen wollen. *Die Auslese ist aus besagten Gründen fraktal strukturiert.* Das Entscheidende beim Drehen dieser Mutations-Auslese-Helix ist die Evolution des Zufalls, der sich dabei selbst mehr und mehr strukturiert. Man könnte sagen: Evolution ist die Evolution des Zufalls.

Ziele als Motor der Evolution

Alles, was wir in der Natur beobachten können, ist an Gesetzmäßigkeiten gebunden: Ein fundamentales Element ist der Dualismus, der möglicherweise vor dem Raum entstanden ist und der z.B. Hegel dazu anregte, Synthese in These und Antithese aufzuspalten. Die Symmetrien des Raumes halten sich an den Dualismus, die Naturgesetze folgen streng den Symmetrien, das Leben spielt sich nur innerhalb der Naturgesetze ab, und unsere Intelligenz bewegt sich bislang nur innerhalb des Rahmens, den ihr die DNS steckt. Den reinen Zufall gibt es nicht, er muß sich immer an solche Rahmenbedingungen wie Symmetrien oder Naturgesetze halten.

156

Wie eine zufällige Selbstbeschränkung des Zufalls entstehen kann, haben wir an dem hypothetischen Beispiel eines »gezielt mutierenden« DNS-Moleküls gezeigt. Wir nehmen an, ein DNS-Strang wird vorerst »rein« statistisch mutiert. Nun nehmen wir weiter an, daß sich zufällig Mutationsblokkaden bilden, so daß innerhalb bestimmter Abschnitte der DNS Mutationen verhindert oder reduziert werden. Reparaturenzyme, deren Existenz wohlbekannt ist, wirken in einem gewissen Sinn als Blockaden, indem sie in bestimmten Abschnitten der DNS entstandene Veränderungen (Mutationen) reparieren, d.h. die Mutation blockieren. Diese Enzyme werden von der DNS selbst hergestellt, sind also vererbbar. Die natürliche Auslese entscheidet, ob die Reparaturenzyme sämtlich überleben oder welche von ihnen in welchem Ausmaß. Somit hat sich der Zufall selbst beschränkt dadurch, daß die Form der Mutation ihrerseits einer Auslese unterliegt. Natürlich dürfen die Reproduktionen der Blockaden wie alle Reproduktionen nicht scharf sein, sonst kann das System nicht auf Rückkopplung von außen reagieren. Man könnte sich neben der natürlichen Auslese auch direktere Rückkopplungsmechanismen wie z.B. die über Emotionen vorstellen. Eine örtlich und zeitlich begrenzte Mutationsblockade einer DNS entspricht dem oben erwähnten unscharfen Ziel eines Denkprozesses. Es könnte lauten: »Mutiere vorwiegend in dem Bereich, der für den Aufbau des Auges zuständig ist, konzentriere dich auf die Verbesserung des Auges, mutiere ansonsten wenig, und halte damit die mutationsbedingten Verluste klein.«

Wenn wir lernen, kreativ zu sein, lernen wir im Grunde nichts anderes, als mit Mutationsblockaden umzugehen. Was ist der Unterschied zwischen »Hamlet« und einer speziellen statistischen Anhäufung von Worten und Satzzeichen? – Nebenbei gesagt: Die Wahrscheinlichkeit für das statistische Entstehen von beiden ist gleich. – »Hamlet« jedoch hat eine komplexe Wirkung auf uns, der statistische Text nicht. Die Muster, wie man Romane schreibt oder allgemein kommuniziert, sind in einem Prozeß langsam evolutionär gewachsen, durch Mutation und Auslese. Dabei wird der Zufall schrittweise eingeschränkt, indem Einschränkungen z.b. zufällig entstehen und von der Auslese als *wirkungsvoll* erfahren werden. So haben Sätze z.b. eine bestimmte Struktur erhalten; man kann die Reihenfolge der Worte nicht beliebig wählen. Der ständige enge Kontakt zwischen Wirkung bzw. Wechselwirkung und der Evolution des Zufalls durch fortwährendes Drehen der Mutations-Auslese-Helix mündet in einem strukturierten Zufall, der in bezug auf Wirkung optimiert ist. Die Wahrscheinlichkeit für den oben erwähnten statistischen Text wird durch die Struktur des Zufalls praktisch zu Null, d.h. jeder, der einen Text schreibt und sich an den strukturierten Zufall, d.h. an journalistische Regeln hält, wird eine Wirkung nicht verhindern können, welche, sei dahingestellt.

Die Selbstbeschränkung des Zufalls entspricht dem Aufbau einer Zufallshierarchie. Am Beispiel der DNS-Mutation grob vereinfacht dargestellt, bestimmen die Symmetrien über die Naturgesetze; die Naturgesetze darüber, wie eine DNS zu bauen ist und außerdem, ob und welche Arten von Mutationsblockaden möglich sind; diktieren die Blockaden, wo mutiert wird; ermöglichen letztendlich zufällige Begegnungen mit mutationsauslösenden Wirkungseinheiten die eigentliche Mutation. Den »reinen« Zufall gibt es nicht. Es gibt allenfalls einen relativ statischen Zufall, wenn Mutationsblockaden bzw. Ziele relativ statisch werden. Absolut statisch wird er, wenn überhaupt, aber erst, wenn alle möglichen Evolutionen durchlaufen sein sollten. *Der Zufall ist fraktal; Ziele sind fraktal strukturiert.* Der Zufall wird von Zielen auf fraktale Weise beschränkt. Jede Beschränkung baut auf einer elementareren auf.

Einige zusammenfassende Schlußfolgerungen

○ Die Evolutionen besitzen eine räumlich und zeitlich gequantelte und fraktale Struktur. Hierbei ist mit »räumlich« ein mathematischer Raum angesprochen.

○ Innerhalb der großen Evolutionen lassen sich kleinere erkennen, die auch wieder von einer »Suppe« und einem »Knall« aus gestartet werden. Man denke hierbei z.B. an den Schritt des Lebens aus dem Wasser an das Land.

○ Jede Evolution beginnt mit einem Urknall aus einer speziellen Ursuppe. Die darauf folgende Selbstbeschränkung des Zufalls und die Mutations-Auslese-Helix lassen die Evolutionspyramide wachsen.

○ Es gibt keine wirklich konstanten Größen.

○ Die konventionelle Urknalltheorie irrt mit der Annahme einer Singularität. Andere Evolutionen weisen auch keine Singularitäten auf.

○ Die ständig zunehmende Beschränkung des Zufalls entspricht einer Abnahme an Entropie, die allen Evolutionen eigen ist. Da die gesamte Entropie eines abgeschlossenen Systems nicht abnehmen kann, wären mit der Annahme, daß dieses Gesetz schon immer galt, z.B. unsere Naturgesetze auf Kosten von zunehmender Entropie in anderen Universen entstanden. Leben und Intelligenz leben von der Zunahme der Entropie der Sonne.

○ Das statistische Verhalten von Teilchen wird verständlicher, da es für die Evolution der Materie notwendig war.

○ Alle Evolutionen sind u.a. möglich durch die »Intelligenz« des Zufalls, d.h. seine schrittweise Selbstbeschränkung.

○ Die verschiedenen Wissenschaften, die von einem gemeinsamen Ursprung aus zu divergieren schienen, könnten sich wieder in einer verallgemeinerten Evolutionstheorie treffen.

○ Denken ist Glückssache (natürlich nicht nur).

Möglicherweise wäre es lohnenswert, auch folgenden Gedanken nachzugehen:

○ Jede Evolution hat ihre eigene Zeitskala und ihre eigene Geschwindigkeitsskala: Die Zeiteinheit τ (ein Zeitquant) entspricht einer Drehung der Mutations-Auslese-Helix, die maximale Geschwindigkeit c_m der maximalen Anzahl von Mutationen pro τ.

Weg und Ziel

Und das ist so:
Wir steh'n in einer riesengroßen Halle –
Das sei die Welt –
und um uns liegt Gewirr von Trümmern, Sträuchern,
dazwischen wieder Schlangen, giftiges Getier,
Gefahr und Hindernisse überall, doch Schönheit auch.
Inmitten dieser ganzen Szenerie, da ist ein Loch,
In das man fällt,
Wenn Aug' und Fuß, von Vorsicht nicht geleitet,
sich allzu schnell auf trügerischen Grund
                          verlassen.
Trotz der Gefahr ist diese dunkle Stelle alles,
                    was die Welt bedeutet,
der Rest ist Schein, und nur durch diesen
                    Mittelpunkt ist Wirklichkeit.
Man sieht ihn nicht,
denn diese ganze Welt ist unnachsichtig grell in
                    Glanz getaucht.
Aus einer glühendweißen Sonne bricht's,
die nah zum Greifen, scheint's, hoch über unser'n
                    Häuptern hängt
und unbarmherzig Strahl auf Strahl versendet,
auf daß die Welt ihr Bild empfängt.
Wir – das sind die Menschen –
wir steh'n in dieser Helle, die uns endlos scheint,
nackt und klein sind wir und schau'n uns um.
Die Einen, mit dem Sonnenlicht im Rücken,
erblicken vor sich alles messerscharf und klar,
nur zwischendrin im leuchtend hellen Weltgefüge

erscheinen Schatten, unbedeutend zwar,
doch etwas spricht aus diesen Schatten,
das stärker ist als Licht – und zieht sie hin.
Die Ander'n schau'n der Sonne gerade ins Gesicht.
Die Welt erstickt in einer Überfülle Licht,
sie halten ihre Augen dicht.
Ab und an ein Blick genügt:
Konturen nur in einer starren Masse Dunkelheit.
Was für die Erstgenannten Sehnsucht ist,
erkennen sie als graue Wirklichkeit.
Doch während Erstere mit sich'rem Schritt die
                          helle Welt durchmessen,
geleitet nur vom schwachen Schein,
der aus den kleinen Fetzen Schatten ganz weit
                          da vorne spricht,
so fühlen Letztere das vage Bild, das jene leitet,
stark und deutlich in sich glüh'n
und folgen mehr dem inner'n denn dem äußer'n Schein.
Mit jedem Schritt ertasten sie die Dunkelheit im Weg
und werden sicherer von Schritt zu Schritt –
von außen scheint's ein wirres Tappen,
doch gerade, fühlen sie, führt sie der Weg,
nur fehlt das Licht, das ihn erhellt.
Die aber, die mit den Sonnenstrahlen wandern,
beachten nicht den Weg.
Sie gehen immer geradeaus, vom Ziel gelenkt,
und gehen dann von Ziel zu Ziel
und machen alles Dunkle hell
und leuchten's aus bis auf den Grund
und wundern sich, wo denn das Dunkle bleibt,
das so verzweifelt sie verfolgen,
denn immer, wenn sie es in ihren Händen halten,
zerrinnt's im hellen Licht.
Und keiner findet hin zum Mittelpunkt der Welt,
da wo das Dunkle sich in Licht verkehrt –
und umgekehrt.

162

Wir nannten's Loch zuerst,
doch das ist nur ein tristes Bild,
wir könnten's Himmel nennen oder Hölle mit dem
gleichen Recht,
denn dort ist Weg und Ziel vereint.
Und keiner findet hin:
Der Eine macht das Dunkle hell
und sucht es dann vergebens –
der And're hält das Dunkle fest,
doch sieht er's nicht, in seinen Augen fehlt das
Licht.
Und keiner findet hin zum Mittelpunkt der Welt,
wenn er nicht auf ein Gegenüber trifft.

Einmal –
einmal vielleicht – –
steh'n zwei sich plötzlich gegenüber.
Der Eine denkt verstört: Ich hab' mein Ziel
verlor'n –
und blickt in Augen, die den seinen gleichen.
Der And're spürt den Schatten im Gesicht
und hebt die Augen auf vom Weg …
und beide seh'n den Blick des anderen,
wie dieser tief in Räume dringt,
die weit weit hinter ihnen liegen
und folgen diesem Blick
und wenden ihren Kopf zurück
und Licht und Schatten werden eins im selben
Augenblick
(und nur in dieser einz'gen Drehung lag das
ganze Glück)

ZWEITER TEIL

EIN JAHR DANACH –
ARBEITEN MIT DER IDEE

Es ist immer wieder überraschend, was alles schon gedacht wurde

Mit mangelhaften einseitigen
und unvollständigen Modellen
wird die Welt erkundet –
so als wären wir blind
und müßten eine eigene Methode
des Sehens erfinden

Wenn ich diese Zeilen schreibe, ist seit meiner Vorlesung über Kreativität ein Jahr vergangen. In der Zwischenzeit habe ich weitergedacht, einiges gelesen und viel mit Leuten geredet. Auch heute noch ist das Bild der fraktalen Evolutionen recht lebendig, es lebt zumindest in meinem Kopf, aber nicht nur in meinem. Einige Köpfe sind »angesteckt«, sie brüten ihre eigenen Gedanken dazu aus. Es hat sich sogar, ohne meine Absicht und ohne mein Einwirken, ein kleines Arbeitsteam von etwa fünf Physikern gebildet, die z.T. zwar nur nebenher, aber immerhin doch versuchen, das Bild zu vertiefen. Ein Jahr ist natürlich eine extrem kurze Zeitspanne für die Entwicklung eines neuen Forschungsfeldes.

Ich möchte noch einmal betonen: Ob man wirklich in Zukunft in auch nur ähnlichen Bildern und Begriffen wie den hier beschriebenen denken wird, ist völlig offen. Ich persönlich glaube daran, aber das bedeutet nur etwas für mich selbst. Es gibt ganz generell immer viel mehr Denkmodelle, als benötigt und schließlich auch angewandt werden. Die Chance, daß sich ein Denkansatz durchsetzt, ist also klein. Trotzdem hat jeder Ansatz seinen Stellenwert. Dieses Buch

unterscheidet sich insofern von allen anderen populärwis-
senschaftlichen Büchern, als es nicht eine vergangene Entwicklung zusammenfaßt, sondern selbst eine Entwicklung
darstellt. Ohne die Vorlesung, die den Gedanken dieses
Buchs zugrunde liegt, würde das Bild der fraktalen Evolution und fraktalen Wechselwirkung nicht existieren. Somit
gehe ich natürlich ein rechtes Risiko ein, denn: stellt sich die
hier beschriebene Theorie als Unsinn heraus, habe ich Unsinn publiziert und das auch noch in meinem bisher einzigen
Buch.

Ich glaube jedoch, daß dieses Buch selbst in diesem Fall
einen Sinn hätte. Schreibt man nämlich erst später, nachdem ein Gebiet sich schon etabliert hat, erhascht man nicht
mehr die »Aufbruchsatmosphäre«, nicht mehr das, was sich
wirklich bei einer evolutionären Entwicklung abgespielt
hat. Sie als Leser erleben also direkt mit, wie entweder etwas Neues entsteht oder wie sich jemand im Dschungel verirrt. Das ist jedoch gerade die Faszination der Evolution:
Man weiß nicht, wie es ausgeht. Wenn man im nachhinein
schreibt, weiß man das, und die Spannung ist weg. Ich hoffe,
daß Sie beim Lesen dieses Buches hin- und hergerissen werden. So geht es zumindest mir beim Schreiben.

Pyramide und Baukasten

In den letzten zwölf Monaten hat das Bild der fraktalen Evolutionen natürlich noch etliche Mutationsauslesezyklen
durchlaufen. Die Grundidee hat sich dabei aber nicht wesentlich verändert. In den folgenden Kapiteln wird dies klar-
werden. Ich möchte trotzdem hier schon eine kurze Zusammenfassung der wesentlichen Veränderungen des Bildes
geben.

Veränderungen der Bilder und Begriffe

Heute denke ich weniger im Bild der Pyramide. Die Pyramide bringt die Dynamik der Evolutionen zu wenig zum Ausdruck. Auch das Ineinander-geschachtelt-Sein ist z.T. verlorengegangen, obwohl der Bausteincharakter und die verschiedenen Ebenen sich gut behaupten. Statt dessen stelle ich mir eine Wirkungseinheit vor. Jede Wirkungseinheit ist ein System. Ich möchte zum Ausdruck bringen, daß diese Systeme oder Wirkungseinheiten leben, und deswegen stelle ich sie mir als Lebewesen vor. Auch das Ökosystem wird ja heute manchmal mit einem Lebewesen verglichen. Jedes »Lebewesen« ist aus »Sublebewesen« und »Multisublebewesen« zusammengesetzt: Das Ökosystem aus den verschiedenen Arten plus sogenannter toter Materie, die Arten aus Gruppen von Lebewesen, die Lebewesen aus Organen, die Organe aus Zellen, die Zellen aus Makromolekülen, diese Moleküle aus Atomen, diese aus ... usw. wie gehabt. Alle Lebewesen sind in ein fraktales Netz eingebunden. Jegliche Art von Veränderung geschieht über darwinistische Mutations- und Auslesezyklen. Dies ist zumindest einmal ein Modell zum Anfangen.

In einem gesonderten Kapitel »Naturgesetze sind Evolutionsgesetze« versuche ich, die Bewegung von Körpern bzw. Elementarteilchen mit einem evolutionären Ansatz zu beschreiben. Alle »Lebewesen« kommunizieren mit ihrer Umwelt. Elektronen und Menschen z.B. benutzen in hohem Maße Licht, um sich ihren »Standpunkt« und Zustand gegenseitig mitzuteilen. Der Mensch benutzt seine Augen, das Elektron seine Ladung, um sein Gegenüber zu »sehen«. Alle Lebewesen schützen sich vor Zerstörung, sie haben ein Immunsystem. Dies ist ein Punkt, der bisher zu kurz kam und den ich im übernächsten Kapitel gesondert behandeln werde. *Die Welt ist ein fraktales Lebewesen*, das aus Lebewesen besteht, und entfernt man ein »Lebewesen« aus seiner gewohnten Umgebung – also ein Elektron aus unserem Universum, einen Menschen aus dem Ökosystem Erde, ein Organ aus einem Individuum –, so stirbt es/er. Für eine gewisse Zeit allerdings kann ein Organ auch außerhalb eines Körpers und ein Astronaut außerhalb unseres Ökosystems existieren. Vielleicht hält auch ein Elektron es für eine gewisse Zeit in einem anderen Universum aus.

Eine große Evolution

Schließlich möchte ich noch bemerken, daß ich davon abgekommen bin, die Evolutionen zu numerieren. Ich stelle mir *eine* große Evolution vor, in der es kleine und große Sprünge gegeben hat. Die großen Sprünge könnte man als »Urknälle« bezeichnen, die große Evolutionen eingeleitet haben. Ich könnte mir vorstellen, daß die Evolutionssprünge auf einer Zeitachse aufgetragen eine fraktale Struktur aufweisen.

Auch ein Jahr nach der Vorlesung laufe ich noch immer dem aktuellen Kenntnisstand der Evolutionstheorie, der Kosmologie und der Erkenntnistheorie hinterher. Trotzdem wage ich es, dieses Buch zu schreiben. Denn meines Erachtens ist es prinzipiell nicht möglich, den aktuellen Kenntnisstand zu erreichen, auch wenn es sicher Leute gibt, die darin weiter sind als ich. Man muß ihn anstreben, so gut man kann, und trotzdem daneben versuchen, einen eigenen Beitrag zu liefern. Nicht immer nämlich ist der eigene Beitrag um so besser, je näher man an den allgemeinen Kenntnisstand herankommt.

Chaosforschung

Zu meinem Entsetzen mußte ich feststellen, welch eine ungeheure Menge an Ursuppe von Gedanken über Evolution die Wissenschaft bereits hervorgebracht hat. Das meiste, was in der Wissenschaft vor sich geht, bleibt selbst uns Wissenschaftlern verborgen, wenn man nicht gerade auf dem entsprechenden Feld arbeitet. Ein Beispiel ist die Chaosforschung, ein hochinteressantes, faszinierendes Gebiet, von dem ich fast nichts wußte. Jetzt, nachdem ich es etwas näher kennengelernt habe, möchte ich behaupten, daß es das interessanteste Forschungsgebiet ist, das es gegenwärtig gibt. Ich habe den Eindruck, daß Chaostheorien im verborgenen gewachsen sind und nun wie Pilze aus dem Boden schießen. Gerade im Jahr 1988 sind etliche populärwissenschaftliche Bücher über Chaosforschung herausgekommen.

Was ist Chaosforschung überhaupt? Ich bin kein Chaosforscher und kann diese Frage nur aus der Sicht eines Laien beantworten. Historisch ist die Chaosforschung wohl selbst aus einer Art Chaos erwachsen. So ist die Theorie der Fraktale von Mandelbrot vollkommen unabhängig von der sogenannten Chaosforschung entstanden, ist aber heute ein fester Bestandteil davon. Dies ist ein Einfluß, der aus der Mathematik kommt. Aber es gibt eine ganze Reihe anderer Beispiele von Quellen der Chaosforschung aus den unterschiedlichsten Gebieten wie der Wirtschaftswissenschaft, der Biologie, der Chemie, der Physik oder auch der Wetterkunde. Die Chaosforschung ist einerseits aus dem Bemühen entstanden, sehr ungeordnet erscheinenden Abläufen, Vorgängen oder Strukturen doch eine gewisse Ordnung nachzuweisen, und andererseits aus der Überraschung, daß bestimmte Abläufe, von denen man nur wohlgeordnetes Verhalten erwartet hätte, unter bestimmten Voraussetzungen völlig chaotisch erscheinendes Verhalten zeigen. Es geht also letzten Endes darum zu verstehen, unter welchen Voraussetzungen geordnetes Verhalten und unter welchen Voraussetzungen nichtgeordnetes Verhalten vorliegt, und zu versuchen, innerhalb des nichtgeordneten Verhaltens den Grad und die Art der dennoch vorhandenen Ordnung nachzuweisen.

Der Begriff Chaosforschung kann leicht mißverstanden

171

werden. Ich möchte ihn einmal aus meiner Sicht erklären: Wie bereits mehrfach besprochen, gibt es in unserem Universums *nichts*, was nicht irgendwo zwischen Ordnung und Chaos angesiedelt wäre, wobei die Einfalt die absolute Ordnung darstellt. Was aber ist absolutes Chaos? Wir hatten definiert, daß Ordnung gleich reproduziertem Verhalten ist, und ich glaube, diese Definition steht in keinerlei Widerspruch zu den sonst üblichen Definitionen. Im absoluten Chaos dürfte damit also weder zeitlich noch örtlich reproduziertes Verhalten vorliegen. Was soll man sich darunter vorstellen? Es ist sicherlich etwas, das dem heutigen Begriff von *Existenz* vollkommen widerspricht. Wenn etwas existiert – so nimmt man an –, soll es zumindest zeitlich reproduziert sein.

Sich mit derartigen Problemen zu beschäftigen, ist nun aber keineswegs die Absicht der Chaosforschung. Sie will lediglich Ordnung im scheinbaren Chaos finden. Was ist scheinbares Chaos? Es ist ein Chaos, das wir nicht verstehen, in dem wir keine Ordnung erkennen. Insofern ist auch jegliche Art von Forschung Chaosforschung. Jedes Verhalten erscheint einem so lange chaotisch, bis man die Ordnung erkennt. Wenn man Gegenstände zu Boden fallen läßt und ihre Fallzeiten mißt, kann man so lange keine Ordnung entdecken, bis man sich Gedanken über den Luftwiderstand macht und ihn in Experimenten eliminiert. Oder ein anderes, schon aufgeführtes Beispiel aus der Quantenmechanik: Läßt man einzelne Elektronen durch einen Spalt oder Doppelspalt fliegen, stellt man fest, daß es nicht vorhersehbar ist, wo diese Elektronen auftreffen werden; einmal rechts, einmal links, einmal sehr weit rechts, einmal sehr weit links, manchmal ungefähr in der Mitte. Dies könnte man chaotisches Verhalten nennen. Es ist auch so lange chaotisches Verhalten, bis man auf die Idee kommt, Statistik zu betreiben, d.h. sehr viele Elektronen durch den Spalt fliegen zu lassen. Dann erhält man ein Interferenzmuster. Seit der Quantenmechanik sind die Physiker bescheiden geworden,

172

sie sind einen Schritt zurückgegangen und begnügen sich mit statistischen Aussagen. Die Natur besitzt nun einmal die statistische Komponente, dann muß man sie auch so beschreiben. Das Verhalten der Elektronen am Spalt bezeichnet man nicht als chaotisch.

Ein Beispiel

Ein berühmtes Beispiel für das, was man andererseits chaotisches Verhalten nennt, stammt aus der Biologie. Robert May und seine Studenten versuchten die Fischpopulation in einem Teich mit Hilfe der einfachen Formel $N_{n+1} = r \, x \, (1 - N)$ zu beschreiben. Diese Gleichung nennt man die Logistische Abbildung. Ihr chaotisches Verhalten wurde allerdings schon davor von Siegfried Großmann in einem anderen Zusammenhang entdeckt und begriffen. Hierbei ist r ein Parameter, für den man die verschiedensten Werte einsetzen kann, N ist die Anzahl Fische in der n. Generation, und N_{n+1} ist die Anzahl Fische in der nächsten Generation, d.h. der n+1. Generation. Diese doch sehr einfache Formel zeigt für einen bestimmten Parameter r sogenanntes chaotisches Verhalten, denn die Anzahl der Fische N springt von Generation zu Generation in gewissermaßen unvorhersehbarer Weise hin und her. Ich möchte hier nicht zu sehr ins Detail gehen und verweise auf die Literatur über Chaos. Eines sei jedoch erwähnt: Wenn man wie beim Streuexperiment mit dem Elektron am Spalt auch hier viele Experimente macht, d.h. Statistik betreibt, dann stellt man fest, daß dennoch eine gewisse Ordnung besteht, daß nämlich die Populationswerte nur innerhalb bestimmter Bereiche existieren können. Darüber hinaus kann man erkennen, daß die Strukturen der Graphik aus diesen Werten selbstähnlich sind, d.h. also, ein relativ hohes Maß an Ordnung aufweisen. Um hier die Ordnung zu erkennen, muß man sehr viele Werte bestimmen und somit, wie gesagt, in einem gewissen Sinn Statistik betreiben und für diese neuartigen Strukturen vor allem etwas von fraktalen, selbstähnlichen Strukturen verstehen.

Wo liegt die Trennungslinie zwischen Ordnung und Chaos?

Im Bild der fraktalen Wechselwirkungen unterliegt *alles* den Gesetzen der Evolution, und alles ist durch Evolution entstanden. Deshalb ist alles irgendwo zwischen Chaos und Ordnung angesiedelt. Insofern kann man nur sehr schwer eine scharfe Trennlinie zwischen konventioneller Physik und Chaosforschung ziehen. Man könnte hier einwerfen, daß es aber doch eindeutige Unterschiede im Verhalten gibt – daß ich die Bahn des Mondes z.B. sehr präzise vorausberechnen kann, das Wetter andererseits nicht. Das ist in dieser allgemeinen Formulierung nicht richtig. Es hängt nämlich davon ab, was ich über die Bahn des Mondes wissen will und was ich über das Wetter wissen will. Für uns ist das Wetter chaotisch, für eine Eintagsfliege nicht. Hier kommt ein subjektives Element hinein: Es hängt vom Partner ab, der mit einem System wechselwirkt, ob er dieses System als chaotisch oder nicht chaotisch empfindet. Und so kommt es auf den Zeitraum an, für den ich die Bewegung des Mondes vorausberechnen will. Für ein Zwei-Körper-Problem, bei dem ein Mond um einen Planeten kreist und beide vom Rest der Welt abgekoppelt sind, könnte man die Bahnen präzise für alle Zukunft vorausberechnen. Allerdings ist schon dies nicht ganz richtig, denn man kommt hier in Konflikt mit der Quantenmechanik. Aber nehmen wir an, daß es sich bei Mond und Erde um große Teilchen handelt und daß man noch nicht die Quantenmechanik bemühen muß.

Nun ist es allerdings in Wahrheit so, daß Zwei-Körper-Probleme auf dieser Welt nicht existieren. Die sogenannte Keplerbahn ist ein Gedankenmodell, das die Realität nur näherungsweise beschreibt. Selbst wenn man Mond und Er-

174

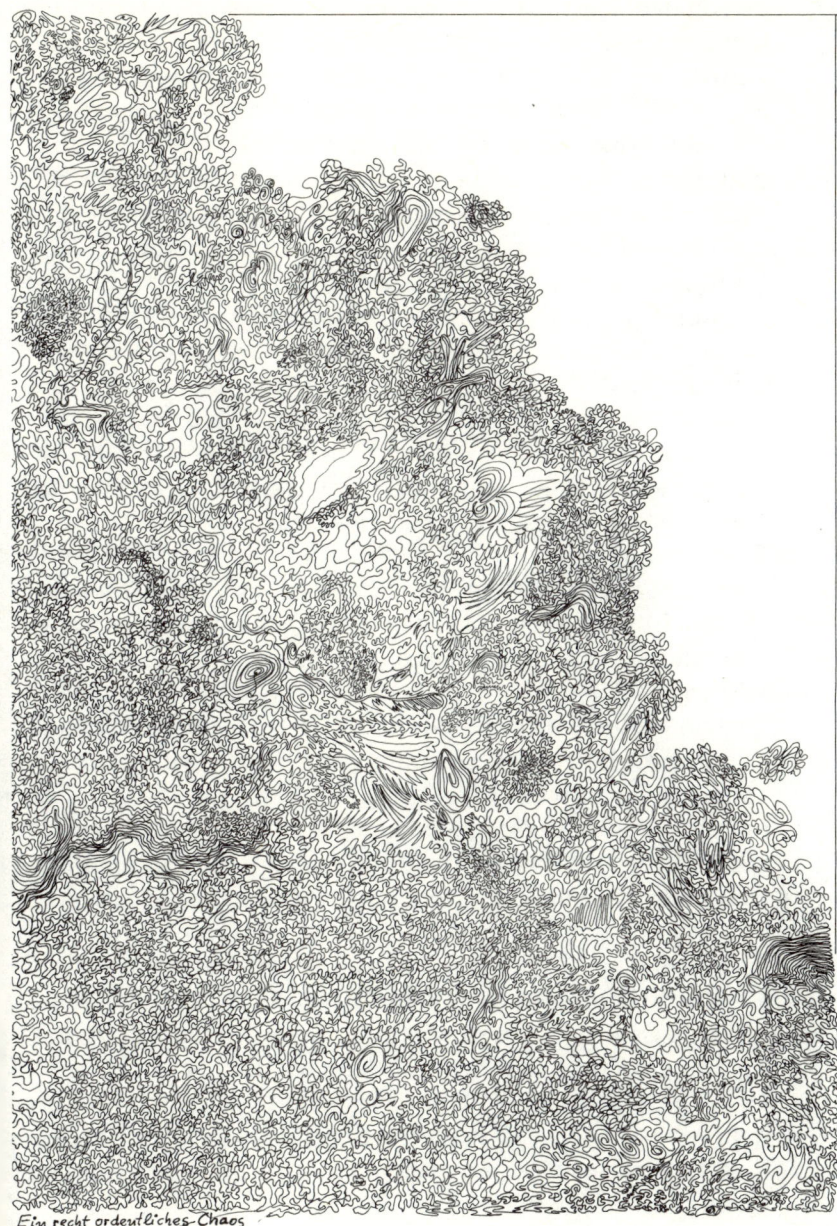

Ein recht ordentliches-Chaos

de von dem Rest der Welt abkoppeln könnte, handelt es sich nicht um ein Zwei-Körper-Problem, da jeder der beiden Körper aus vielen anderen Körpern zusammengesetzt ist, eben weil die Strukturen fraktal sind. Besonders die Erde ist ein sehr dynamisches Gebilde, das sich fortlaufend ändert und dessen Veränderung nicht vorausberechenbar ist. Natürlich ist darüber hinaus in unserem Universum letzten Endes alles mit allem gekoppelt, also auch unser Planet und unser Mond mit dem Rest des Universums, so daß jeder Physiker weiß, daß in der Realität die Bahn unseres Mondes nicht exakt vorausberechnet werden kann. Für große Zeiträume zeigt sie chaotisches Verhalten. Es gibt überhaupt kein reales System, das für entsprechend große Zeiträume nicht chaotisches Verhalten zeigen würde. Hier kommt wieder der Gedanke zum Tragen, daß *Wechselwirkungen subjektiv* sind. Damit meine ich lediglich, daß es auf die wechselwirkenden Partner ankommt, welche Wechselwirkungen zustande kommen. Dies klingt fast banal, ist es aber wohl doch nicht. Es bedeutet nämlich, daß zwei miteinander wechselwirkende Systeme – z.B. Mensch und Universum – nur die *Wechselwirkung* wahrnehmen, also nicht den wechselwirkenden Partner in Reinformat, sondern ein Gemisch aus Partner und sich selbst. Dabei ist es z.T. unmöglich, beide Informationen voneinander zu trennen, also zu entfalten, denn dazu müßte man ja den einen von beiden genau kennen. Dies ist jedoch unmöglich, weil zum Kennenlernen nichts anderes bleibt als eine endliche Zahl von Wechselwirkungen. Abgesehen davon wissen wir natürlich alle aufgrund unserer alltäglichen Erfahrungen, daß bei Wechselwirkungen immer nur einige Eigenschaften überhaupt zum Tragen kommen. Wenn ein Musiker sich mit einem völlig unmusikalischen Menschen für längere Zeit zusammentut, dann werden die beiden vielleicht lachen, irgendwelche sportlichen Aktivitäten unternehmen oder sonst irgend etwas machen, aber der musikalisch Desinteressierte wird nie etwas über die musikalischen Qualitäten seines Partners erfahren.

Gerade weil alle realen Systeme chaotisches Verhalten zeigen, spielt die Chaosforschung eine so bedeutende Rolle. Eine der Hauptaufgaben der Chaosforschung ist meiner Meinung nach, zu bestimmen, für welchen Zeitraum ein System als chaotisch bzw. als geordnet angesehen werden kann. Jedoch nicht nur für welchen Zeitraum, sondern auch für welches Maß an präziser Vorausberechenbarkeit. Will ich die Position des Mondes auf Bruchteile von Angström genau bestimmen – was keinerlei Vorteile bringt –, befinde ich mich sicherlich wieder im chaotischen Bereich. Dies ist momentan so, muß aber keineswegs so bleiben. Wer kann uns garantieren, daß wir nicht in einigen Jahrzehnten seine Position so genau bestimmen wollen, z.B. wenn wir ihn als Antenne für ein Gravitationswellenexperiment benutzen wollen. Hier kommt wieder das subjektive Element zum Tragen. Es ist immer die Frage: *Wer* will etwas über ein System erfahren und *was*?

Ich hoffe, ich konnte zeigen, daß Chaosforschung nicht etwas prinzipiell Neues darstellt, sondern genau wie die herkömmlichen Wissenschaftsmethoden versucht, die Ordnungen unserer Welt zu erkennen und zu beschreiben. Die Chaosforschung benutzt dazu jedoch neue Methoden. Sie hat einen Schritt zurückgetan, indem sie versucht, Systeme zu beschreiben, die weniger geordnetes Verhalten zeigen als konventionelle, bekannte Systeme. Sie kommt damit aber einen Schritt näher an die reale Welt heran. Ich bin davon überzeugt, daß die Chaosforschung eine ähnliche Revolution in den Naturwissenschaften bewirken wird, wie es die Quantenmechanik getan hat.

Es bleibt noch zu fragen: Was haben die von mir in diesem Buch dargelegten Gedanken mit den bestehenden Chaostheorien gemeinsam? Oder anders gefragt: Bleibt überhaupt noch etwas übrig, was neu in diesem Buch wäre, und ist nicht alles ein »alter Hut« der Chaosforschung? Der Versuch, eine Theorie zu finden, die auf alles angewendet werden kann, wäre somit wirklich ein alter Hut, weil die Resultate der Chaosforschung letzten Endes auf alles anwendbar sind. Die Theorie der fraktalen Geometrie ist ein fester Bestandteil der Chaosforschung. Wenn ich jedoch Chaosforschern von fraktalen Evolutionen oder fraktalen Wechselwirkungen erzählte, sind sie eher befremdet.

Die Lehren Darwins

In einer Hinsicht allerdings ist die Chaosforschung selbst ein alter Hut. Chaosforschung ist eng verwandt mit der Evolutionstheorie oder der Evolutionsbiologie. Die Chaosforschung befaßt sich ja mit dem Wechselspiel von Chaos und Ordnung, und eben das ist, wie ich gleich zeigen werde, auch das Thema der Evolutionsforschung, die ihrerseits untersucht, wie (weit weg vom Gleichgewicht) aus dem Chaos Ordnung entsteht. Insofern war Darwin ein Chaosforscher, und es gab natürlich schon vor ihm viele Denker – angefangen bei den Griechen –, die sich über Chaos und Ordnung ihre Gedanken machten. In Darwins Modell von Reproduktion und Variation (Mutation) und anschließender Auslese ist das Wechselspiel von Chaos und Ordnung gleich in zweifacher Form angelegt. Erstens beschreibt dieser Mechanismus, wie aus Chaos Ordnung entsteht, wie sich das Leben also zu immer komplexeren Formen weiterentwickelt. Und andererseits ist der Mechanismus selbst ein Wechselspiel von Chaos und Ordnung, denn die Reproduktion ist ja nichts anderes als die Ordnung, und die Mutation steht für das Chaos, denn sie ist nicht voraussehbar. Wir haben in diesem Buch immer schon Ordnung und Reproduktion gleichgesetzt. Wie ich in früheren Kapiteln bereits erörtert habe, ist die Mutation zufällig, aber nicht rein zufällig, d.h. sie ist auf Felder von Möglichkeiten beschränkt, aber nicht vorausberechenbar, jedenfalls nicht für das Einzelereignis. Aber sie hat natürlich auch eine Ordnung in sich. Schon nach Darwin existiert eine Form von Ordnung, nämlich insofern, als Mutation eine kleine Veränderung bedeutet. Es wird nicht in einem Schritt aus einem Elefanten ein Kaninchen oder umgekehrt. Immer, wenn wir Verhalten vorhersagen können, liegt ein gewisses Maß an Ordnung vor. Wir können vorhersehen, daß die Mutation das Lebewesen nicht völlig ändern wird, sondern nur in kleinen Schritten. In bestimmten Bereichen sind Mutationen eher erwünscht als in anderen. Wie bereits erwähnt, mußten sicherlich die Augen mehr Mutationen durchlaufen als die einfacheren Organe. Alles in allem ist es schwierig, eine scharfe Trennlinie zwischen Chaosforschung und Evolutionsforschung zu ziehen.

Ich habe einige Zeilen zuvor Darwin als Chaosforscher bezeichnet. Er war natürlich der erste große Evolutionsbiologe und ist bis zum heutigen Tag mit Abstand der größte geblieben. Leider wurde und wird er immer noch heftig angegriffen, heute jedoch hauptsächlich deswegen, weil er natürlich auch Fehler gemacht hat. Es ist merkwürdig: In der Evolutionsbiologie stellt man sofort eine ganze Theorie in Frage, weil sich darin einige Fehler befinden oder vielleicht auch nur Unvollkommenheiten. Genauso bedauerlich finde ich, daß man Freud, den Begründer der Psychoanalyse, angreift und seine gesamte Theorie in Frage stellt, weil er natürlich keine vollkommene, sondern »nur« eine fehlerhafte Theorie präsentieren konnte. Die Kontrahenten in diesen Wissenschaftszweigen können offensichtlich viel von der Physik lernen. Dort steht die Verehrung der Begründer im Vordergrund, nicht die Betonung ihrer Fehler.

Selbstorganisierende Systeme und Evolution

Hermann Haken, der als einer der Begründer der Chaosforschung gilt, vergleicht in seinem Buch »Synergetik«[*] die Evolution des Lebens mit einem physikalischen Phasen-

---

[*] Springer-Verlag, Berlin 1983.

übergang. Für ihn ist das System der Lebewesen ein sich selbst organisierendes System, wie es auch viele physikalische Systeme dieser Art gibt. Er vergleicht die Vorgänge in einem Laser mit denen bei der Evolution des Lebens. In einem Laser reproduziert bzw. vermehrt sich ein Photon durch einen Vorgang, den die Fachleute stimulierte Emission nennen. In der von Hermann Haken herausgegebenen Buchreihe über Synergetik erscheint auch ein Buch von J.S. Nicolis »Dynamics of Hierarchical Systems (An evolutionary approach)«[*]. In der Synergetik betrachtet man Systeme, die aus miteinander wechselwirkenden Untersystemen aufgebaut sind und die dann wiederum makroskopische Eigenschaften, also Wechselwirkungseigenschaften, aufweisen. Hierin steckt schon der fraktale Gedanke, nur daß man sich auf zwei Stufen der Pyramide beschränkt. Hierarchische Systeme sind nämlich ihrerseits bezüglich ihrer Wechselwirkung fraktale Strukturen, wenn die Wechselwirkungen der verschiedenen hierarchischen Ebenen einander ähnlich sind; denn dann sind sie selbstähnlich, weil sie ja ineinandergeschachtelt sind.

Ich behauptete in einem der vorhergehenden Kapitel, daß evolutionäre Strukturen hierarchisch aufgebaut sind. Dies ist wohl tatsächlich ein »alter Hut«, denn Nicolis schreibt in seinem Buch: »Selbstorganisierende Systeme besitzen eine hierarchische Struktur«. Einen weiteren Ansatz des fraktalen Gedankens fand ich in einem Zitat in dem Buch von Douglas R. Hofstadter »Gödel, Escher, Bach«[**]. Hofstadters Auffassung deckt sich mit der des Neurologen Roger Sperry, den er seinerseits zitiert. Sperry beschreibt die Vorgänge in unserem Gehirn als »Populationen von Kausalitäten«, wobei sich diese »Kräfte innerhalb von Kräften, innerhalb von Kräften« usw. zu einer »Hackordnung« ordnen.

---

[*] Springer-Verlag, Berlin 1986.
[**] Klett-Cotta, Stuttgart 1985.

Der Gedanke des Archetypus

In einem Vortrag von 1988 behauptete Thure Uexküll, die Ethologie habe den Nachweis erbracht, daß in menschlichen Verhaltensformen solche stecken, die auch im Tierreich beobachtet werden können. Er spricht von einer »inneren Ahnenreihe«. Dies ist dem Grundgedanken des Archetypus sehr ähnlich, der von C.G. Jung vermittelt wurde. Auf einer Tagung in Lindau 1988 hat Karl Alex Müller gezeigt, daß der Begriff und der Gedanke des Archetypus nicht von C.G. Jung erfunden, sondern in gleicher Bedeutung schon von Kepler verwandt wurde. Zugrunde liegt der Gedanke, daß in uns noch unsere Ahnen stecken, wir letztlich aus unseren Ahnen gemacht sind. Von hier aus ist es nur ein kleiner Schritt bis zum fraktalen Gedanken: Unsere Ahnen sind natürlich – das wäre logisch – wieder aus ihren Ahnen gemacht, und somit langt man bei einer unendlichen Kette an. In uns stecken die Ahnen, in denen wiederum die Urahnen stecken, in diesen stecken die Ur-Urahnen usw. Um es noch einmal ganz deutlich zu sagen: Gemeint ist nicht nur, daß unser Aussehen, also unsere »Geometrie«, aus Elementen unserer Ahnen zusammengesetzt ist, sondern daß auch unser Charakter, unsere Seele, unsere Verhaltensformen zusammengesetzt sind aus denen unserer Ahnen.

Etwas, das dem Gedanken entspricht, daß auch die Art der Mutation der Auslese unterliegt und somit nicht rein zufällig sein kann, konnte ich in der Literatur nicht finden.

Die Mutationen unterliegen selbst
Mutations-Auslese-Zyklen.

Dabei werden ständig neue Mutationsformen erfunden und alte verworfen. Bei diesem Prozeß entstehen meines Erachtens die Naturgesetze.

Biologie

Nach und nach scheinen jedoch auch Biologen zu bezweifeln, daß Mutationen zufällig sind. Vor kurzem ist eine Veröffentlichung von John Cairns et.al. in der Zeitschrift »Nature«, Volume 335, Band 8 (1988), erschienen. Die Autoren drücken sich sehr vorsichtig aus. In der Diskussion schreiben sie: »The main purpose of this paper is to show how insecure is our believe in the spontaneity (randomness) of most mutations. It seems to be a doctrine that has never been properly put to the test.« Und im Abstract: »Cells may have mechanisms for choosing which mutations occure«, und in ihrem Paper geben sie einige Experimente dazu an.

Hirnforschung und die Nachahmung des Gehirns

Ich möchte auch das Forschungsgebiet der neuronalen Netzwerke nicht unerwähnt lassen. Ich glaube – wie Sie wissen –, daß künstliche Intelligenz möglich sein wird, darüber hinaus vielleicht sogar künstliche Kreativität. Es gibt mittlerweile ein riesiges Arbeitsgebiet, auf dem bereits Tausende von Wissenschaftlern tätig sind, das genau in diese Richtung zielt: das Gebiet der neuronalen Netzwerke. Ihr Ziel ist, die Arbeitsweise unseres Gehirnes zu simulieren und nachzuahmen. Man baut dabei Computer, die in Wechselwirkung mit anderen Maschinen oder mit Menschen stehen und sich dabei verändern, d.h. lernen. Der Zufall spielt dabei eine große Rolle. Mit Hilfe eines Zufallsgenerators werden ständig neue Kombinationen erprobt, die dann von der Umwelt in Form eines Ausleseverfahrens im darwinistischen Sinn als gut oder schlecht bewertet werden. Dem Computer wird dies mitgeteilt, und er kann darauf reagieren und sich entsprechend einstellen, also lernen.[*]

---

[*] siehe z.B. D. Tank und J. Hopfield: »Kollektives Rechnen mit neuronenähnlichen Schaltkreisen«, Spektrum der Wissenschaft, Heft 2, 46–54 (1988).

Philosophie

Eine weitere Wissenschaft, die sich mit unserer Welt ausein-andersetzt, ist die Philosophie. Insbesondere befaßt sie sich auch mit der Evolution des menschlichen Geistes, wie z.B. in der Hegelschen Dialektik.

Ich nehme an, einem Philosophen sind meine Ausführungen in diesem Buch zu technisch, während sie einem Chaosforscher oder Physiker möglicherweise zu philosophisch sind. Es würde mich freuen, wenn es mir mit Hilfe dieses Buches gelänge – und wenn auch nur in Ansätzen –, eine Brük-ke zwischen der Philosophie und den Naturwissenschaften zu schlagen. Die Naturwissenschaften rücken gegenwärtig sehr stark zusammen. Nur die Philosophie, so habe ich den Eindruck, steht abseits. Die Naturwissenschaften brachten in den letzten Jahrzehnten zahllose Erkenntnisse hervor, die direkt oder auch indirekt technische oder technologische Durchbrüche nach sich gezogen haben. Dadurch sind die Naturwissenschaften vielleicht etwas zu technisch geworden und haben sich weit von der Philosophie entfernt.

Das war natürlich nicht immer so. Die Relativitätstheorie und die Quantenmechanik lösten in ihren Anfängen heftige philosphische Diskussionen aus. Daß es meines Erachtens heute zu wenig Berührungspunkte zwischen Philosophie und den anderen Naturwissenschaften gibt, kann aber un-möglich nur auf das Verhalten der Naturwissenschaftler zu-rückzuführen sein. Die Philosophen tragen auch ihren Teil dazu bei. Ich habe nicht den Eindruck, daß sie begierig dar-auf sind, die neuesten Erkenntnisse der Naturwissenschaf-ten in ihre Überlegungen einzubeziehen. Sie wollen nicht in dem Maße von den anderen Naturwissenschaften lernen, in dem sie es könnten und sollten. Ohne Zweifel könnten *beide* Parteien in erheblichem Maße voneinander profitieren.

Ich glaube, dafür ist jetzt der richtige Zeitpunkt gekom-men. Die Physik z.B. – ebenso wie die anderen Naturwis-senschaften – hat geglaubt, durch immer feineres Zerhacken der Probleme in Unterprobleme, von Teilchen in Unterteilchen so etwas wie den elementaren Baustein der Welt zu finden. Diesen Gedanken findet man ja schon bei den Griechen. Heute allerdings hat man das Gefühl, daß man auf die Art und Weise nie zu einem Ende kommen wird: Denn je mehr man zerhackt, desto komplexer wird das gesamte Gebilde der Wissenschaft, und man verliert sehr leicht den Überblick. Vielleicht ist jetzt der richtige Zeitpunkt, sich das Ganze aus etwas größerem Abstand, d.h. auch mit Hilfe der Philosophie, zu betrachten und sich zu überlegen, wie es weitergehen soll.

Ich bin kein Philosoph und habe auch praktisch keine Wechselwirkung mit Philosophen. Trotzdem möchte ich hier einige kritische Bemerkungen zur Philosophie machen: Ich stelle die Frage, ob in den letzten Jahrhunderten, vor allem in diesem Jahrhundert, nicht die Naturwissenschaftler das *philosophische* Denken mehr beeinflußt und verändert haben als die Philosophen selbst. Ich denke dabei an die Arbeiten von Galilei, von Kepler, von Darwin, von Einstein, von Freud, von den Physikern, die die Quantenmechanik begründeten. Warum hat die Philosophie die Grundzüge der Quantenmechanik und die Relativitätstheorie nicht vorhergesagt? Grund genug dazu hätte es gegeben. Philosophen hätten den Verdacht äußern müssen, daß an dem damaligen mechanistischen, deterministischen und aboluten Weltbild der Physiker etwas nicht stimmen konnte, und hätten ein Gegenbild entwerfen können. Warum haben sie die Chaosforschung nicht vorhergesagt? Auch dazu gäbe es Gründe genug. Hat die Philosophie von den Methoden der anderen Naturwissenschaften gelernt? Arbeitet die Philosophie noch mit einfachen Modellen? Einfache Modelle sind natürlich immer fehlerhaft. Aber ohne Risiko und Mut zu Fehlern gibt es gar keine Aussage, die weiterbringt. Hat man deshalb manchmal den Eindruck bei philosophischen Texten, daß nur geschwafelt wird? Für einen Philosophen mag das sehr arrogant klingen, doch umgekehrt haben sich auch viele Philosophen, wie z.B. Hegel, sehr herablassend über Physiker geäußert. In diesem Sinne einer »Retourkutsche« möchte ich natürlich nicht mißverstanden werden. Ich denke nur, die Naturwissenschaften können ungeheuer viel von der Philosophie lernen und umgekehrt. Es fehlen leider oft die Berührungspunkte und damit die Chance zum Lernen.

Die Philosophie beschreibt unter anderem unsere Denkstrukturen und die Evolution des Denkens. Hat Hegels Theorie der These – Antithese – Synthese etwas mit meinem darwinistischen Denkmodell zu tun? Es gibt Gemeinsamkeiten. Auch in meinem Bild spielt der Dualismus eine große Rolle, nicht der Dualismus von Geist und Materie, sondern ein ursprünglicherer Dualismus zwischen zwei Polen. Zwischen diesen Polen gibt es ein Ausbalancieren. Dies entspräche dem Bild von These mit Antithese als den Gegenpolen und dem Ausbalancieren als Synthese.

Einen erheblichen Unterschied zwischen dem in diesem Buch entwickelten Bild und bisherigen philosophischen Theorien über das Denken sehe ich in der Rolle, die der Zufall spielt. Die These ist kein Produkt des Zufalls. Ganz allgemein hat der Zufall in philosophischen Betrachtungen über das Denken oder die Logik keine große Bedeutung. In meinem Modell jedoch spielt er eine Hauptrolle, er ist ein wesentliches Element des Denkens. Denken läuft nach den gleichen Mechanismen wie die Evolution von Lebewesen ab. Ich habe mich in einem der vorhergehenden Kapitel schon einmal über die Logik geäußert. Jetzt würde ich diese etwas anders definieren. Mit Hilfe der fraktalen Evolutionstheorie könnte man sagen, daß die Logik das fraktale Gebäude der Denkregeln ist. Sie ist ein Gebäude entsprechend dem Gebäude der Lebewesen, und sie ist entstanden wie Lebewesen, durch zufällige Mutation von reproduziertem Verhalten und durch Auslese. Jedes Lebewesen ist, wie wir gesehen haben, aufgebaut aus Untereinheiten, den Organen, die wir auch Unterlebewesen nennen könnten, die ihrerseits aus Untereinheiten, den Zellen, bestehen, die man ebenfalls – wie die Organe – als Lebewesen bezeichnen könnte. Viele Lebewesen bilden eine Population, die als Ganzes eine Art Lebewesen bildet. All diese fraktalen Wesen gehen nach bestimmten Regeln miteinander um. Die Regeln sind demnach selbst fraktal. Sie sind außerdem erst mit der Zeit entstanden. Genauso fraktal sind auch unsere Denkregeln aufgebaut. Beim Aufbau dieses Gebäudes hat der Zufall eine entscheidende Rolle gespielt.

Andererseits ist der Gedanke von der fraktalen Struktur unserer Welt ansatzweise in der Philosophie schon öfter gedacht worden, wie ich gleich zeigen werde. Zuvor möchte ich in diesem Zusammenhang eine kleine Geschichte erzählen. Als ich mich auf die erste Stunde meiner Vorlesung über Kreativität vorbereitete, hatte ich natürlich keine Ahnung, wieviel Studenten letztlich kommen würden. Es kamen schließlich zwischen 50 und 100 Studenten. Ich dachte jedoch, vielleicht kommen nur zwei oder drei, denn sie können ja bei mir keinen Schein machen, und was sie bei mir lernen, werden sie vielleicht auch nicht direkt in einer Prüfung umsetzen können. Sollte ich die Vorlesung auch dann halten, wenn wirklich nur zwei oder drei kämen? Bei diesen Gedanken erinnerte ich mich plötzlich an eine Arbeitsgemeinschaft, die ich als Schüler in der Rudolf-Koch-Schule in Offenbach besuchte. Unser Lateinlehrer Karl Rack sagte damals zwei Arbeitsgemeinschaften mit je einer Wochenstunde an, eine allgemeine über Philosophie und eine spezielle über Schopenhauer. Von den 200 bis 300 Schülern der Oberstufe kamen etwa drei zu der Schopenhauer-Stunde und etwa fünf zu der allgemeinen Philosophiestunde. Der Lehrer Rack führte jedoch völlig unbeirrt durch die geringe Teilnehmerzahl diese Arbeitsgemeinschaft mit sichtlicher Freude und mit Engagement durch. Ich habe beide Arbeitsgemeinschaften besucht, und ich bin sicher, daß sie mein Leben mitbeeinflußt haben. Nach dieser Erinnerung war mir klar, daß es nicht auf die Teilnehmerzahl ankommt. Ich hätte die Vorlesung auch gehalten, wäre nur ein einziger Student gekommen; das hatte ich mir fest vorgenommen.

In dieser Arbeitsgemeinschaft von Herrn Rack haben wir auch den porphyrischen Baum besprochen. Wenn ich mich recht erinnere, ist der porphyrische Baum ein Bild des Aristoteles, zurückgehend auf Platon, das von dem Philosophen Porphyrius, einem Kommentator und Herausgeber der Schriften des Aristoteles, weitergetragen wurde. In diesem Denkmodell wird unsere Welt auf einen Baum abgebildet. Ein Baum hat in der Tat eine fraktale Struktur: Der Stamm verzweigt sich in Äste, die dünner sind als der Stamm. Diese Äste verzweigen sich in noch dünnere Äste, diese in wiederum noch dünnere Äste und Zweige. Die Strukturen sind einander ähnlich und bauen aufeinander auf. Sie sind selbstähnlich. Man könnte einen kleinen Zweig für einen Baum halten, wenn man keinen Anhaltspunkt für die Skala, d.h. für die Größe dieses Zweiges, hat. Dieser porphyrische Baum des Aristoteles sieht wie folgt aus: Der Stamm ist das Sein, das Sein verzweigt sich in Materielles und Nichtmaterielles; das Materielle verzweigt sich in Fühlendes und Nichtfühlendes – das wäre also das Verzweigen in die belebte und unbelebte Natur; die belebte Welt wiederum, also das Fühlende, verzweigt sich in Denkendes und Nichtdenkendes. Dieses Bild ähnelt meiner Pyramide, die auf der Pyramide von Reeves basiert, sehr stark.

Ähnlich hat auch ein anderer Philosoph, Hegel, sinngemäß geschrieben, daß die Dinge, denen wir begegnen, alle sehr unterschiedlich erscheinen, daß sie jedoch in ihrer Entstehungsgeschichte eng verwandt sind. Hätte er noch hinzugefügt, daß diese Entstehungsgeschichten ineinandergeschachtelt sind, hätte er im Prinzip die Evolutionen selbstähnlich genannt.

Ich habe von dem, was zum Thema Evolution oder verwandten Themen wissenschaftlich vorliegt, nur einen winzigen Bruchteil anklingen lassen. Das Feld ist bereits unüberschaubar. Es ist immer wieder erstaunlich, wenn man in der

Literatur nachforscht, wieviel schon gedacht wurde. Wird man damit konfrontiert, kommt man sich klein und hilflos vor.

Wozu Kreativität,
wozu Grundlagenforschung?

Eine Annäherung der Standpunkte
wurde erreicht
aber während die Füße zusammenkamen
fielen die Köpfe nach außen hin um

Grundlagenforschung

Im Jahr 1988 habe ich zusammen mit Georg Bednorz und Klaus von Klitzing eine Fernsehdiskussion bestritten, die sich in erster Linie um das Thema »Grundlagenforschung« drehte. In diesem Zusammenhang hatte der Moderator der Sendung, Herr Sucher, bereits vor der Sendung sowohl führende Politiker aus der Bundesrepublik als auch bundesweit etwa 2000 Leute auf der Straße zu diesem Thema befragt. Dabei wurde eindeutig klar, daß niemand wußte, was Grundlagenforschung ist. Das ist eigentlich erstaunlich, da doch Grundlagenforschung unseren Alltag dramatisch verändert hat. Ist es Desinteresse der Forscher am Informieren, oder ist es das Gefühl der Leute, etwas so Kompliziertes sowieso nicht zu verstehen. Es besteht offensichtlich eine miserable Kommunikation zwischen Grundlagenforschern und dem Rest der Welt.

Natürlich kann man Dinge, die für unser Leben wichtig sind, einfach erklären: Gäbe es keine Grundlagenforschung, dann gäbe es auch keine Wissenschaften. Forscherdrang läßt die Wissenschaften entstehen, treibt sie voran und läßt sie wachsen. Ohne die Medizin z.B. könnte ich dieses Buch nicht schreiben. Dann wäre ich wohl im Alter von acht Jahren an einer akuten Blinddarmentzündung gestorben oder davor oder danach eventuell an einer anderen Krankheit.

Forschung ist sicherlich u.a. ein Aspekt der Gesamtkultur, bei dem es um die Erkenntnis der Natur und um die Selbsterkenntnis des Menschen geht. Natürlich ist dabei das Erkennen der Umwelt ein wesentlicher Bestandteil der Selbsterkenntnis. Wie soll man sich selbst erkennen, wenn man sein Umfeld nicht versteht? Mit dieser Definition allerdings wäre jeder Mensch und sogar jedes Tier ein Grundlagenforscher, denn jeder versucht im Laufe seines Lebens, sich und seine Umwelt zu verstehen, d.h. reproduziertes Verhalten bei sich und bei der Umwelt zu erkennen. Doch das, was man mit Grundlagenforschung beschreibt, geht in Bezug auf die Intensität dieses Vorgehens noch einen Schritt weiter. Es ist eine Tätigkeit, bei der nicht nur die uns alltäglich begegnenden Dinge untersucht werden, sondern alle möglichen und greifbaren Begegnungen gesucht werden, die uns im Verständnis der Natur weiterzuhelfen versprechen. Für alle diese Dinge werden Modelle aufgestellt, um ihre Verhaltensweisen zu beschreiben. In einem ständigen Prozeß wird darüber hinaus mit Hilfe des vorhandenen Kommunikationsnetzes herauszufinden versucht, welche dieser Modelle man in der nächsten Zeit verwenden möchte und welche man fallen läßt.

Ein solches Vorgehen trifft man im alltäglichen Leben so nicht an. Zwar machen wir uns auch im täglichen Leben unsere Gedanken und stellen Denkmodelle auf, die wir mit anderen Leuten diskutieren. Jeder sucht Begegnungen, die ihm Information liefern; wir sind neugierig. Wir tun dies jedoch nur für einen sehr beschränkten Bereich unseres Lebens. Wir diskutieren, welches reproduzierte Verhalten bei Herrn Meier oder Frau Schulze vorzufinden ist, welche Regeln beim Autofahren zu beachten sind (z.B. bei schlechtem Wetter), welche für das Pflanzen von Rosen, für das Reparieren von Autos, beim Jogging, beim Tennis usw. gelten.

Kurz gesagt, wir versuchen Denkmodelle zu erarbeiten, die es uns erleichtern sollen, unser individuelles Leben zu meistern. Die Intensität dieser Tätigkeit muß sich jedoch in Grenzen halten. Wir haben auch noch anderes zu tun.

Eine Gesellschaft ist größer als ein Individuum und kann auch intensiver neugierig sein. Sie leistet sich Spezialisten, die sich mit ganzer Kraft der Neugierde der Gesellschaft widmen können: die Grundlagenforscher. Grundlagenforschung ist losgelöst von den individuellen Bedürfnissen. Ich gebe ein Beispiel aus meinem Bereich: Für mein alltägliches Leben ist es relativ unbedeutend, ob man atomare Strukturen sehen kann oder ob es Gravitationswellen gibt. Trotzdem versuchte und versuche ich mit allen Kräften, das herauszufinden. Warum? Im Bild der fraktalen Wechselwirkung kann man diesen Sachverhalt vielleicht klarer verstehen und beschreiben als mit konventionellen Denkstrukturen.

Grundlagenforschung ist Sache der Gesellschaften

Um es auf einen Nenner zu bringen: Grundlagenforschung wird in erster Linie nicht vom Individuum, sondern von der Gesellschaft betrieben. Wie schon in den vorhergehenden Kapiteln öfter betont, gibt es einen direkten Zusammenhang zwischen Raum und Zeit, wobei der Raum allgemein zu verstehen ist, also z.B. als Lebensraum oder als Denkraum. Eine Gesellschaft füllt einen wesentlich größeren Raum, z.B. Denkraum, aus als ein Individuum. D.h. aber, daß eine Gesellschaft in viel größeren Zeiträumen denken muß. In dieser Formulierung steckt das fraktale Modell einerseits insofern, als eine Gesellschaft oder die Menschheit als eine Art Lebewesen betrachtet wird. Andererseits ist Denken fraktal strukturiert. Es »denkt« Materie, die DNS, unser Gehirn oder eine Gesellschaft. Genauso wenig wie man den Gedanken eines Gehirnes in einer DNS nachweisen kann, genauso wenig findet man die vollständigen Gedanken der Gesellschaft in unseren Köpfen. Sie sind auch anders abgespeichert. So hat zwar jede Evolution ihre eigenen speziellen Informationsspeicher, doch wenn man abstrahiert, dann erkennt man, daß es im Prinzip die gleichen Mechanismen des Denkens sind. Denken heißt:

Wirkungseinheiten gruppieren sich zu einem
fraktalen Wechselwirkungsnetz, das
Mutations-Auslese-Zyklen durchläuft.

Das Wechselwirkungsnetz der Gesellschaft besteht aus Menschen und fraktal verästelten Gruppen. Die Gruppen und deren interne sowie externe Wechselwirkungen stellen die Informationsspeicher dar. Sie mutieren in neue Gruppierungen mit neuen Formen von Wechselwirkungen und unterliegen der Auslese: Das System lernt.

Alex Müller und Georg Bednorz, die die neuen Hochtemperatursupraleiter entdeckten, haben möglicherweise keinen direkten praktischen, individuellen Nutzen von der Existenz dieser Supraleiter. Bis solche Ergebnisse der Grundlagenforschung sich in Dingen des alltäglichen Lebens niederschlagen, vergehen in der Regel mehrere Jahrzehnte. Aber die Gesellschaft hat in größeren Zeiträumen zu denken und bedankt sich mit Preisen und Auszeichnungen bei den beiden dafür, daß möglicherweise in ferner Zukunft Überlandleitungen verschwinden können, bessere Energiespeicher oder bessere elektronische Schaltkreise bzw. Schaltelemente zur Verfügung stehen werden. Die Institutionen, die die Preise verleihen, werden von speziell miteinander wechselwirkenden Leuten getragen. Sie stellen den gesellschaftlichen Informationsspeicher dar und basieren auf dem Gedanken, wissenschaftliche Kreativität sei wichtig.

Man könnte aber argumentieren, daß es zum ganz persönlichen, individuellen Bedürfnis des Menschen gehört, die Welt zu verstehen. Damit wäre – wie wir schon angedeutet haben – nicht die Gesellschaft das Wesen, das Grundlagenforschung betreibt, sondern das Individuum. Ich glaube, daß auch dies richtig ist, aber nur als indirekte Folge des kollektiven Phänomens, denn es gibt ja immer diese Rückkopplung innerhalb der fraktalen Strukturen von den größeren Bausteinen auf die Unterbausteine.

Meines Erachtens betreiben wir als einzelne nur deshalb Grundlagenforschung, weil uns die Gesellschaft auf irgendeine Art und Weise belohnt. Daß wir es nicht für uns selber tun, ist auch gut an dem überaus starken Mitteilungsbedürfnis der Grundlagenforscher abzulesen. Da spielen sich menschliche Tragödien ab, wenn einer der Forscher einmal nicht oder nicht richtig zitiert, nicht richtig anerkannt, nicht richtig verstanden oder sogar nicht einmal angehört wird.

War das bei den alten Griechen anders? Waren nicht einige Denker völlig in sich selbst versunken – »Störe meine Kreise nicht«? Doch lebten auch diese mit ihren Gedanken nicht als Einsiedler. Es gab Philosophieschulen, in denen heftig diskutiert wurde. Vielleicht waren diese Diskussionen, die gemeinsamen Expeditionen in unerschlossene, unbekannte Gebiete gleichzusetzen sind, für sie die treibende Kraft. Kann man denn eine Expedition in solche Gebiete überhaupt allein unternehmen? Oder besser gefragt: Würden die einsamen Abenteurer ihre Abenteuer auch dann noch unternehmen, wenn sie anschließend nicht davon erzählen könnten? Ich persönlich glaube das nicht.

Je größer Gesellschaften von miteinander wechselwirkenden Individuen geworden sind, um so bedeutender wurde Grundlagenforschung, einfach weil solche Gesellschaften in größeren Zeiträumen denken mußten. Für große Zeiträume kann es nun für eine Gesellschaft durchaus entscheidend sein, wie Festkörper zu beschreiben sind, wie sich chemische Verbindungen verhalten, die uns in unserem täglichen Leben nicht einmal begegnen, oder ob es Gravitationswellen gibt.

Eine Gesellschaft ist ein Lebewesen für sich, das eigenen Gesetzen gehorcht und eigene Gedanken denkt. Fragen Sie die Leute auf der Straße, ob man die Waffen reduzieren und die Umwelt besser schützen sollte. Die meisten würden das befürworten. Die Gesellschaft selbst scheint anders zu denken, denn sie reagiert äußerst langsam. Wir glauben manchmal, dies sei auf Fehlentscheidungen der Politiker zurückzuführen. Damit könnten wir wenigstens einen Schuldigen benennen. In Wirklichkeit sind aber die Politiker auch nur Werkzeuge der Gesellschaft (wie wir alle) und formulieren oft lediglich die Gedanken des Lebewesens Gesellschaft. Nicht für die Gedanken der Gesellschaft tragen sie die Verantwortung, wohl aber für die gewissenhafte Interpretation dieser Gedanken und für deren sensibles Erkennen. Politiker sollten nicht die Dompteure, sondern die Pfleger des Lebewesens Gesellschaft sein.

Wir alle sind Werkzeuge der Gesellschaft und gleichzeitig Mitglieder, Pfleger und Gepflegte. Als Mitglieder haben wir die Verantwortung, das Lebewesen Gesellschaft zu unterstützen und zu korrigieren, wenn es in eine falsche Richtung läuft. Da überkommt uns oft eine gewisse Ohnmacht, wenn wir sehen, wie wenig wir als Individuum ausrichten können. Wenn sogar große Ansammlungen von Individuen in Demonstrationen vergeblich versuchen, das Gesamtlebewesen Gesellschaft wieder auf einen richtigeren Weg zu führen. Dabei vergessen wir jedoch auch manchmal, daß dieses Lebewesen – wie gesagt – in größeren Zeiträumen denkt. Es reagiert extrem viel langsamer, es ist viel träger als die Individuen, und deswegen werden wir ungeduldig. Wir sollten trotzdem nicht aufgeben, sondern uns klar darüber sein, wie groß letztlich der Einfluß des Individuums auf die Gesellschaft ist, wenn man die gesamte Lebensspanne des Individuums einbezieht. Hier kommt wieder die Äquivalenz von Raum und Zeit zum Tragen. Wenn wir die Gesellschaft, die einen viel größeren Raum einnimmt als wir Individuen, in eine bestimmte Richtung treiben wollen, dann müssen wir, um ein Gegengewicht bilden zu können, eine lange Zeit auf sie einwirken. Eine Gesellschaft wird nie in der Lage sein, etwas so schnell zu begreifen wie der einzelne. Dafür denkt sie Gedanken, die über unseren Horizont hinausgehen, die wir nur erahnen können.

Um uns selbst zu verstehen und zu erkennen, müssen wir unsere Umwelt erkennen und verstehen, das Universum, in dem wir leben. Dieses Verständnis wird unseren Verstand erweitern, unseren Horizont öffnen. Dies gehört zur Kultur einer Gesellschaft. Ohne Kultur, zu der natürlich auch noch eine ganze Menge anderer Dinge gehören, ist eine Gesellschaft nicht lebensfähig. Dabei gibt es Erkenntnisse, die nur langsam und nach langer Anlaufzeit im Alltag zum Tragen kommen, und andere, die sehr schnell an Bedeutung gewinnen. Die Entdeckung der Röntgenstrahlen hat sich sehr schnell ausgewirkt, die Erkenntnisse der Relativitätstheorie im Alltag fast überhaupt noch nicht. Mit einigen Errungenschaften der Wissenschaften wird man im Alltag nicht direkt konfrontiert. Trotzdem haben sie unser Leben drastisch verändert. Die Erfindung der Elektronenmikroskopie z.B. hat vor allem die Medizin und die Biologie ungeheuer vorangetrieben. Im Alltag begegnen wir Elektronenmikroskopen nicht unmittelbar, wir begegnen ihnen aber indirekt bei jedem Arztbesuch. Im fachlichen Wissen des Arztes ist das Elektronenmikroskop versteckt.

Ich glaube nicht, daß wir uns *prinzipiell* vom Tier unterscheiden. Das Maß jedoch, in dem wir uns selbst und unsere Umwelt kennen, ist um einiges höher als bei den übrigen Tieren. Für sämtliche Tierarten ist es überlebensnotwendig, daß sie ihre Umwelt erkennen. Dafür haben sie ihre Sinnesorgane und ihre intelligenten Nervenzellen, die es ihnen ermöglichen, die gewonnene Information zu verarbeiten und in Handlungen umzusetzen.

Genauso funktioniert auch der Mensch. Grundlagenforschung besteht darin, geistige Modelle zu erarbeiten, die den Menschen und seine Umwelt beschreiben und es damit der Gesellschaft erleichtern sollen zu überleben. Um diese komplexen geistigen Modelle des Menschen mit Hilfe der

195

Kommunikation zu erarbeiten, bedarf es seiner komplexen und ausgereiften Sprache.

Geistige Modelle – die Religionen

Die ursprünglichsten geistigen Modelle dieser Art, die ich mir vorstellen kann, sind wohl die Religionen, die man meines Wissens bei Tieren nicht beobachtet. Religion als Urwissenschaft? Ein etwas ungewöhnlicher Gedanke, der aber – wie ich erfuhr – schon vorher gedacht wurde.[*] Es läßt sich wohl nicht leugnen, daß Religionen und Wissenschaft einiges verbindet. Bei beiden geht es um Hilfestellungen, die Existenz des Menschen zu sichern. Es geht um die Erkenntnis der Natur und um die Selbsterkenntnis der Menschen, wenn auch auf unterschiedliche Weise. Es geht um Ursachen unseres Seins, Ursachen von Umweltveränderungen wie Dürre und Regen, oder um Ursachen für gesellschaftliche und private Probleme. Beide umspannen riesige Felder der verschiedensten Themen, von der Entstehungsgeschichte der Welt und des Menschen bis zum Seelenzustand eines Individuums. Die Kirchen bedauern es sehr, daß ein beträchtlicher Prozentsatz der »Seelsorge« heute von Psychologen betrieben wird, wobei die Psychologie ein Gebiet der Wissenschaft und damit der Grundlagenforschung ist. Religionen waren überaus erfolgreich, kein Volk konnte ohne Religion existieren. Sie sind – ebenso wie die Wissenschaften – langsam aus den Beobachtungen und der Kommunikation der Menschen gewachsen. Auch Religionen verfolgen gesellschaftliche Interessen und sind für große Zeiträume wirksam.

Man kann sich fragen: Werden die Religionen eines Tages durch die Wissenschaften abgelöst? Die Entstehung des Le-

---

[*] B. Malinowski: »Magie, Wissenschaft und Religion«, Fischer, Frankfurt 1973.

196

bens und die Entstehung des Menschen beschreiben die Religionen und die Wissenschaften sehr unterschiedlich. Das ist ein Konflikt, in dem heute sehr viele Menschen leben, obwohl es keiner sein müßte. Kein Wissenschaftler hat bisher die Nichtexistenz Gottes beweisen können. Warum wollen die Religionen die Erkenntnisse der Grundlagenforschung nicht in ihre Lehren miteinbeziehen. Hängt das damit zusammen, daß man glaubt, eine Religion müsse »perfekt« und widerspruchsfrei sein, so perfekt, daß sie niemals mehr korrigiert werden müsse? Die Natur ist nicht von Menschen gemacht, meines Erachtens aber wohl die Religionen, die diese Natur beschreiben. So ist die Bibel z.B. von Menschen geschrieben worden. Die Religion als die Lehre von Gott sollte nicht mit Gott selbst verwechselt werden. Sie kann sich irren, und ihr größter Fehler ist, daß sie ihre Fehlbarkeit nicht in ihre Lehre miteinbezieht. Nein, ganz gewiß konnte die Wissenschaft bisher die Religion nicht ersetzen. Die Religionen sprechen tiefere Regionen unseres Fraktals »Verstand« an, als dies die Wissenschaften können. Was wir als »Irrationales« bezeichnen, ist ein wichtiger Bestandteil unserer »Ratio« und braucht ebensoviel Nahrung. Es ist ein großes Loch entstanden – ein hoher Prozentsatz der Menschen fühlt sich alleingelassen.

Nötig ist bessere Information über Grundlagenforschung

Ich will es zusammenfassend noch einmal so formulieren: Der Bäcker, der Schuster, der Briefträger oder der Arzt verkaufen Produkte oder Dienstleistungen an Individuen; der Grundlagenforscher arbeitet für Gesellschaften. Das läßt sich auch daran erkennen, daß er entweder von sehr großen Firmen oder vom Staat beschäftigt wird. Grundlagenforschung ist für große Gruppen und für große Zeiträume gedacht. Nebenbei gesagt: In welchen Zeiträumen die deutsche Industrie denkt, läßt sich daran ablesen, daß sie keine Grundlagenforschung betreibt. Alles in allem ist es also keineswegs erstaunlich, daß die meisten Menschen die Bedeutung von Grundlagenforschung nicht erkennen. Jeder kennt seine persönlichen Bedürfnisse natürlich besser als die Bedürfnisse der Gesellschaft. Die wichtigsten dieser Gesellschaftsbedürfnisse sollte man aber wohl doch kennen. Gehört die Grundlagenforschung dazu?

Wir geben sehr viel Geld für Grundlagenforschung aus, und ein hoher Prozentsatz unserer intelligentesten Leute setzt seine ganze Kraft auf diesem Gebiet ein. Zweifellos hat Grundlagenforschung unser Leben, darauf will ich etwas später genauer eingehen, dramatisch verändert. Sie gehört zu den allerwichtigsten Bedürfnissen einer Gesellschaft, und ihre Bedeutung wächst ständig. Trotzdem sind die Mitglieder unserer Gesellschaft wesentlich besser über die kleinsten Details politischer Entscheidungen und Vorgänge informiert als über die Grundlagenforschung – und sei es auch nur in groben Zügen. Das ist ein sehr ungesunder Zustand. Man könnte sagen, der Bürger nimmt keinen Einfluß auf die Grundlagenforschung, weil er davon nichts versteht. Er überläßt diese Tätigkeit den Spezialisten. Mit den gleichen Argumenten könnte man sich als Individuum auch vollkommen aus der Politik heraushalten, sich weder informieren noch darüber nachdenken oder diskutieren, sondern sie den Spezialisten, den Politikern überlassen.

Besteht die Diskrepanz zwischen Politik und Grundlagenforschung in der öffentlichen Meinung vielleicht deshalb, weil Grundlagenforschung soviel schwerer zu verstehen wäre? Das glaube ich ganz gewiß nicht. Die »groben Züge« der Grundlagenforschung sind genausogut zu erklären und zu verstehen wie die »groben Züge« der Politik. Grundlagenforschung ist selbst, wie ich meine, in einem gewissen Sinne Politik, sie entscheidet über unser zukünftiges Leben. Sie ist ein Gebiet der Politik, für das sich anscheinend niemand interessiert.

Wir Forscher sind scheue Menschen und stehen nicht gerne in der Öffentlichkeit. Außerdem befinden wir uns an sich in einem ganz angenehmen Zustand: Wir können unsere Arbeiten durchführen, und niemand redet uns hinein und stellt uns irgendwelche Fragen. Doch die Fragen und das Interesse der Laien würden uns äußerst nützlich sein, davon bin ich überzeugt. Auch die Politiker leben letztlich von den Fragen und dem Einmischen der Laien. Forschung mit mehr Anteilnahme der Öffentlichkeit würde sich zum besseren verändern. Wie kann die Gemeinschaft der Forscher etwas für die große Gemeinschaft tun, wenn sie nicht mit ihr im Dialog steht?

Auch hier möchte ich noch einmal nachhaken: Hat der Universitätsprofessor alten Stils, der mit einigen Studenten, von der Realität und der Umwelt vollkommen abgehoben, verrückten eigenen Gedanken und seiner Forschung nachgeht, nicht auch seine Existenzberechtigung? Das will ich nicht abstreiten! Nicht jeder Forscher muß den Dialog außerhalb der Fachwelt suchen. Hier möchte ich nicht mißverstanden werden.

Die Grundlagenforschung hat an Bedeutung ungeheuer gewonnen. Es gibt wesentlich mehr Forscher als vor, sagen wir, fünfzig Jahren. Ich stelle mir die Gesellschaft der Forscher (im Idealfall) als eine vielschichtige und sehr heterogene Gesellschaft vor. Allerdings sollte sie – aufs ganze gesehen – mehr Kontakt zur Öffentlichkeit pflegen. Einige von ihnen werden extrem starken Kontakt haben, andere fast gar keinen. Eine gesunde Gesellschaft – hier die Gesellschaft der Forscher – braucht eine gesunde Vielfalt. Ich bin davon überzeugt, daß es in der näheren oder ferneren Zukunft immer mehr Leute geben wird, die sich für Grundlagenforschung interessieren, und daß es ebenso immer mehr Forscher geben wird, die sich gerne mit der Öffentlichkeit auseinandersetzen. Es wird mehr und bessere Sendungen im Fernsehen geben, mehr gute Berichte in Tageszeitungen und, was heute noch fast völlig fehlt, sogar gute populärwissenschaftliche Berichte in Magazinen, wobei ich hier nicht die Spezialmagazine meine. Es wäre nur angemessen, wenn wichtige wissenschaftliche (also auch naturwissenschaftliche) Ereignisse in der Tagesschau des Fernsehens auftauchen würden.

Die negativen Folgen der Grundlagenforschung

Die Auswirkungen von Forschung sind in den letzten Jahrzehnten stark ins Kreuzfeuer der Kritik geraten. Ohne Grundlagenforschung gäbe es keine Kernenergie, keine Kernwaffen, ohne die neuen Technologien gäbe es nicht das, was wir heute als Umweltprobleme bezeichnen. Das ist sicherlich richtig. Im Bild der fraktalen Evolutionen erscheint dieser Tatbestand jedoch in einem etwas anderen Licht, als er von vielen Menschen empfunden wird. Man hört oft das Argument, daß wir durch die neuen Technologien heute in eine besondere Situation geraten sind, die in dieser Form bisher nie existiert hat. Daß zum einen die Menschheit sich durch die ungeheure Zerstörungskraft der Atomwaffen auf einen Schlag selbst vernichten kann und zum anderen durch die neuen Technologien die Umwelt derart verändert wird, daß unvorhergesehene Instabilitäten im Ökosystem Erde möglich sind, die auch zur Zerstörung des gesamten Lebens führen könnten. Dies ist ebenfalls richtig, doch handelt es sich dabei keineswegs um einen unnatürlichen oder neuen Vorgang.

Auch die Evolution des Lebens kann man in gewisser Weise als technologisches Fortschreiten mit häufig »unerwünschten Folgen« ansehen. Es war eine Unzahl von technologischen Erfindungen notwendig. Als z.B. die Natur die Photosynthese erfand, wurde die Umwelt in ungeheurem Ausmaß belastet. Bei der Photosynthese entsteht Sauerstoff, der ursprünglich ein ausgesprochen starkes Zellgift darstellte. Die Mikroorganismen, die die Photosynthese zu benutzen begannen, hätten sich alle selbst zerstört, wäre es nicht einigen gelungen, das Sauerstoffproblem gleichzeitig zu lösen. Diese konnten sich jedoch sehr rasch vermehren, produzierten allerdings dabei soviel »giftigen« Sauerstoff, daß sie damit fast alle anderen Organismen töteten. Neben diesem Aussterben fast aller zu dem Zeitpunkt existierenden Arten von Mikroorganismen verblassen unsere heutigen Umweltprobleme. Diese Einsichten müssen wir zulassen. Es wäre jedoch verhängnisvoll, daraus zu folgern, daß die Natur schon alles von selber regeln wird. Wir sind der Teil der Natur, der die von uns erzeugten Umweltprobleme regeln muß.

Ich glaube, wir schaden uns, wenn wir unsere heutige Situation als außergewöhnlich und »unnatürlich« hinstellen. Wir verpassen damit die Chance, aus der Geschichte der Natur zu lernen. Die Natur hat aus den fürchterlichsten Katastrophen und Notsituationen herausgefunden. Wir sollten diese besser studieren und versuchen, daraus für unseren Fall Lehren zu ziehen. Was ist das Gegenmittel gegen die Bedrohung durch die Kernwaffen? Das kennt heute noch keiner. Aber denkt man auch genügend darüber nach? Glaubt überhaupt irgendjemand, daß es so etwas geben könnte? Ja, es gibt einige, die stellen sich vor, das müßte wieder eine andere Waffe sein, z.B. ein Laser. Ich weiß auch nicht, was das Gegenmittel gegen Kernwaffen ist, aber ich bin sicher, daß es nicht eine andere Waffe sein kann. Vielleicht wird es eines Tages die Vernunft sein.

Das Gegenmittel gegen die Rüstungsspirale wird in unseren Köpfen entstehen. Wenn sich die Menschheit als eine Einheit sieht, werden Kriege zwischen Nationen verschwinden. Heute sieht sich ein Land, z.B. unsere Bundesrepublik, als Einheit. Es ist heute unvorstellbar, daß es einen Krieg geben könnte zwischen, sagen wir, Bayern und Nordrhein-Westfalen. Das war früher natürlich keineswegs so. Was hat sich verändert? Hat man eine neue Waffe entwickelt? Es hat sich eine Änderung in unseren Köpfen vollzogen. Was nun die gesamte Menschheit betrifft, so wird es langsam Zeit zu begreifen, daß wir tatsächlich eine Einheit bilden und gemeinsam handeln müssen. Es gibt genug Probleme auf dieser Welt, die wir nur gemeinsam lösen können. Natürlich verschwindet mit einer solchen Einstellung keineswegs die Gewalt. Kriminalität und Terrorismus werden so schnell nicht aus dieser Welt zu verbannen sein.

Angst bewirkt Veränderung

Was aber sollte tatsächlich in unseren Köpfen diese Veränderung bewirken? Es müßte schon eine dramatische Kraft sein, die dazu in der Lage ist, uns alle derartig zu verändern, daß Kriege unmöglich werden. Diese Kraft, die auf uns wirkt, ist die Angst – die Angst, daß die ganze Menschheit vernichtet werden könnte. Es ist eine Kraft, die ständig gegenwärtig ist, die auf uns täglich einwirkt. Das *kann* nicht spurlos an uns vorübergehen. Wir können gar nichts dagegen tun, daß wir uns langsam mehr und mehr verändern. So stumpfsinnig können wir nicht sein, daß es uns auf lange Sicht gelingen könnte, diese Bedrohung zu verdrängen. Angst müßte uns also in einer neuen Art kreativ machen.

Die Verantwortung des Wissenschaftlers

Im Zusammenhang mit den Kernwaffen wird oft die Frage nach der Verantwortung des Wissenschaftlers diskutiert. Was hätten die Wissenschaftler tun sollen, als sie erkannten, daß Kernspaltung möglich ist und eine ungeheuere Energie freigesetzt werden kann? Sie hätten sich zusammensetzen und hätten beschließen können, diese Erkenntnis für sich zu behalten und ihre Forschungen einzustellen. Das hätte freilich bei weitem nicht ausgereicht, denn innerhalb kürzester Zeit wären andere Forscher zur gleichen Erkenntnis gekommen. Auch diese hätten das gleiche beschließen und ebenfalls ihr Forschungsgebiet aufgeben können. Wenn sich tatsächlich alle Kernforscher nach und nach gleich verhalten hätten, hätte es nach einer gewissen Zeit keinen einzigen Kernforscher mehr gegeben. Die Erforschung des Atomkerns wäre einfach eingeschlafen, und es gäbe heute keine Hochenergiephysik. Man kann nicht Hochenergie- oder Kernphysik betreiben und gleichzeitig verheimlichen, daß im Atomkern eine ungeheure Energie steckt, die auch zu destruktiven Zwecken mißbraucht werden kann. Dann wüßten wir aber andererseits nichts vom Urknall, wir wüßten nichts von der Evolution des Universums, wir wüßten nichts von den Kräften, die Materie »im Innersten zusammenhält«. Die Physik käme zum totalen Stillstand. Ganz allgemein eröffnen neue Erkenntnisse meistens auch Möglichkeiten des Mißbrauchs. Dies allein ist noch kein Grund, Erkenntnisprozesse zu bremsen.

Ethische Wissenschaft

In der fraktalen Struktur der menschlichen und gesellschaftlichen Wechselwirkungen gibt es Regeln und Mutationsprofile. Die Regeln selbst haben – wie alles – eine fraktale Struktur, innerhalb der die Ethik eine elementare Stellung einnimmt. Auf ihr bauen alle menschlichen und gesellschaftlichen Verhaltensweisen auf. Die Ethik ist selbst fraktal strukturiert, ebenfalls evolutionär entstanden und somit dynamisch. Wegen des elementaren Charakters der Ethik darf ihre Dynamik nicht besonders groß sein. Sonst stünde unser gesellschaftliches Gebäude auf wackligem Fundament.

Da alle unsere Verhaltensweisen auf der Ethik aufbauen, müssen natürlich auch Grundlagenforschung und Wissenschaft mit ihr im Einklang sein. Kann reine Erkenntnis im Widerspruch zur Ethik stehen? Im fraktalen Bild muß man

204

das – für mich selbst überraschend – mit ja beantworten: Alles ist Wechselwirkung, also auch der Erkenntnisprozeß. Der Forscher wechselwirkt mit einem Objekt, sein fraktaler Verstand stellt sich über interne Wechselwirkungen auf diesen Umwelteinfluß ein. Die Art der Wechselwirkung mit Objekten ist demnach elementarer Bestandteil des Erkenntnisprozesses.

Genau darum geht es aber auch in der Ethik: um die Art der Wechselwirkung. Es existiert ein Mutationsprofil. Manche Wechselwirkungen sind tabuisiert (blockiert), andere werden gefördert. Widerspricht die Wechselwirkung des Forschers mit dem Atomkern, die zur Erkenntnis der Spaltbarkeit führte, der Ethik? Das würde nicht jeder gleich beantworten, und das hätte man vor 500 Jahren wohl anders beantwortet als heute. Für mich gibt es nicht den geringsten Widerspruch, für manch anderen mag es den Versuch darstellen, Gott ins Handwerk zu pfuschen. Dieses Beispiel deutet an, daß auch Ethik ein pluralistisches und dynamisches Gebilde darstellt.

Für mich ist obengenannter Eingriff in den Atomkern nichts anderes als die Rückkopplung von höheren Etagen der Evolutionspyramide auf niedrigere. Dies ist ein natürlicher Prozeß. Natürlich sehe ich nicht alle derartigen Prozesse als ethisch fundiert an. Brutale Tierversuche und die Verbesserung nuklearer Waffen gehören dazu, auch wenn man darin Erkenntnisprozesse sehen kann. Handlung und Erkenntnis sind nicht voneinander trennbar. Nicht jede Evolution ist erwünscht. Manche müssen blockiert werden, weil sie elementarere oder umfassendere Evolutionen gefährden.

Man könnte also sagen, die Verantwortung des Wissenschaftlers gebiete es, sich zu weigern, am Bau von Kernwaffen mitzuarbeiten. Ohne die Mitwirkung von Wissenschaftlern wäre der Bau der Kernwaffen nicht möglich gewesen. Nun haben zwar beim Bau der Atombombe die Ängste der Amerikaner, die Deutschen könnten eine solche Waffe vor ihnen besitzen, eine Rolle gespielt. Andererseits haben sich aber immer wieder auch ohne spezielle Angstsituationen Wissenschaftler gefunden, und es werden sich immer wieder Wissenschaftler finden, die an neuen Waffensystemen arbeiten. Ebenso haben sich immer Wissenschaftler gefunden und werden sich immer wieder finden, die unmenschliche Experimente an Tieren oder sogar Menschen durchführen. Das Argument: »Mache ich es nicht, macht es ein anderer«, ist in diesem Fall als völlig unhaltbar überhaupt nicht zu diskutieren. Schwieriger ist es im Fall der Waffen. Hier könnte man sagen: »Mache ich es nicht, macht es vielleicht der Feind.« Man darf die zahllosen Beispiele aus der Geschichte nicht einfach ignorieren, wo mit brutaler Gewalt und auch mit technologisch überlegenen Waffen weniger rüstungsfreudige Gesellschaften niedergemetzelt wurden. Jeder muß solche Fragen mit seinem Gewissen ausmachen, aber – und das ist im fraktalen Bild sehr wichtig – darüber auch mit dem restlichen Fraktal kommunizieren.

Wozu Kreativität?

Wozu – allgemein gefragt – Kreativität? Im fraktalen Bild läßt sich diese Frage recht einfach beantworten. Ohne Kreativität gäbe es uns überhaupt nicht, denn Kreativität ist die Fähigkeit zur Evolution, und ohne Evolution gäbe es kein Leben und keine Menschheit. Wer Kreativität ablehnt, der verleugnet sich selbst. Ich würde sogar noch einen Schritt weiter gehen und sagen: Wer technologischen Fortschritt generell ablehnt, der verleugnet sich selbst. In der Evolution des Lebens sind nämlich Entwicklungen notwendig gewesen, die unseren technologischen Errungenschaften äußerst ähnlich sind. Trotzdem kann man natürlich darüber diskutieren, ob nicht vielleicht jetzt der Zeitpunkt gekommen ist, das Rad der Evolution generell oder partiell anzuhalten. Im generellen Fall läuft es letztlich darauf hinaus, daß man den Leuten das Denken verbieten muß, ihnen zumindest verbieten muß, ihre Gedanken miteinander auszutauschen. Ich glaube, in solch einer Welt kann niemand leben. Nun könnte man sich überlegen, ob man nicht *in bestimmten Bereichen* das Rad anhalten möchte oder sogar muß. Das macht man schon seit jeher und wird es auch weiter machen. Es gab und wird Tabus immer geben. Das sind Bereiche, die in zu großem Widerspruch zum Rest des Fraktals stehen, z.B. zur Ethik. In diesen Bereichen ist Evolution gestoppt, und damit auch das Denken.

Was die Menschheit braucht, ist doch eine ihr nützliche und nicht schädliche Evolution. Es muß eine Evolution sein, in der die *Menschlichkeit* im Vordergrund steht und in der wir über die nächsten Wochen unseres Lebens hinausdenken. Natürlich laufen sehr viele Dinge im Moment vollkommen falsch und müssen kritisch betrachtet und korrigiert werden. Keine Evolution kommt ohne »Fehler« und Rückschritte aus. Dennoch muß ich noch einmal wiederholen: Ohne Kreativität gäbe es eine ganze Menge Probleme nicht, aber ohne Kreativität gäbe es die Welt nicht. Wir müssen notgedrungen mit den Problemen leben. Es ist eine Illusion, durch Anhalten der Kreativität die Probleme aus der Welt schaffen zu wollen. Man schafft statt dessen die Welt ab. Man muß jedoch differenzieren. Nicht jede Form von Kreativität ist wünschenswert. Sie muß mit dem Ganzen und unserer Ethik im Einklang stehen. Dies ist Ausdruck der fraktalen Auslese. Jede Evolution, ob groß der klein, unterliegt ihr.

Erweiterung des menschlichen Horizonts

Mit Hilfe der Grundlagenforschung erweitert der Mensch seine Sinnesorgane. Er erfindet z.B. Sehwerkzeuge, mit denen er Dinge sehen kann, die für das bloße Auge nicht faßbar sind. Die Beobachtung der Sterne hat uns gezeigt, daß wir nur ein winziger Fleck in einem riesigen Universum sind. Galilei, Kopernikus und andere haben die Emotionen ihrer Zeitgenossen hochgepeitscht, als sie verkündeten: Der Mensch ist nicht das Zentrum des Universums. Hat uns diese Erkenntnis verändert? Sie muß uns verändert haben, denn heute reagieren wir darauf nicht mehr emotional, sie ist selbstverständlich für uns geworden. Und doch war es ein wesentlicher Schritt zur Selbsterkenntnis: Der Mensch ist viel unbedeutender, als er selbst angenommen hatte. Damit wurden festgefahrene Denkensweisen aufgebrochen. So wird mit Hilfe der Grundlagenforschung unser Verstandeshorizont erweitert.

Ohne seine Sinnesorgane wäre der Mensch nicht das, was er ist. Mit Hilfe der erweiterten Sinnesorgane der Grundlagenforschung wurde er ein Lebewesen auf einer höheren Erkenntnisstufe. Was bringen uns all diese Erkenntnisse? Irgend etwas scheint es uns zu bringen, denn auf die Frage, ob man lieber ein gescheiter Mensch als ein dummer Regenwurm sein wolle, würden wohl die meisten Menschen das bleiben wollen, was sie sind. Warum? Hat es etwas mit den Möglichkeiten zu tun? Ein Mensch hat mehr Möglichkeiten, mehr Wahlmöglichkeiten, was er tun kann, als ein Regenwurm. Ein Mensch ist komplexer als ein Regenwurm, er nimmt einen viel größeren Raum ein (Raum hier wieder im allgemeinen Sinne zu verstehen). Der Einfluß des individuellen Menschen auf das Universum ist größer als der des Regenwurms, der Mensch ist bedeutender. Man könnte antworten: Na und? Ist deswegen der Mensch glücklicher als der Regenwurm? Ich glaube nicht. Wir müssen zugeben, daß der Regenwurm im Ökosystem Erde eine äußerst wichtige Rolle spielt. Er macht, was er kann, er wird gebraucht, er nimmt an der Evolution teil und ist somit ausgefüllt. Spürt er das, ist er deswegen glücklich? Ich weiß es nicht. Es gibt keine Formel für das Verständnis von Glück. Aber irgendwie sind evolutionäre Vorgänge und Fortschritte befriedigend. Sie erfüllen uns und bringen uns Befriedigung. Wir sind begeistert, wenn es zum erstenmal gelingt zu fliegen, wenn zum ersten Mal ein Bild oder eine Stimme über große Distanzen übertragen werden, wenn man mit Hilfe chemischer Energie auf Straßen große Distanzen in kurzer Zeit zurücklegen, wenn man zum erstenmal einen Menschen auf den Mond schicken kann und wenn man eine bislang als unheilbar geltende Krankheit zum erstenmal heilen kann. Dies alles ist nur möglich gewesen mit Hilfe der Grundlagenforschung. Ohne Grundlagenforschung keine Medizin. Ohne Medizin wären viele, die dieses Buch lesen, bereits tot. Die Grundlagenforschung ist der Motor, der gegenwärtig die Evolution der Menschheit, und damit vielleicht die momentan bedeutendste Evolution des Universums, vorantreibt.

Leider haben das, wie schon erwähnt, die industriellen Firmen in Europa nicht begriffen. Sie betreiben praktisch keine Grundlagenforschung. Dies ist anders in Amerika und wird, da bin mir sicher, in zehn Jahren auch in Japan anders sein. Deutsche Firmen haben schon oft in den letzten Jahren wichtige technologische Entwicklungen verschlafen. Ich bin davon überzeugt, daß dies nicht passiert wäre, hätten zumindest einige der großen deutschen Firmen bedeutende Grundlagenforschungsabteilungen. Ich habe den Eindruck, daß ganz allgemein die Bosse der deutschen Industrie keine Visionen haben, kein Zukunftsgefühl.

Grundlagenforschung auf allen Gebieten

Natürlich gibt es eine Unzahl von Gebieten, die für die Menschheit oder für menschliche Gesellschaften von Bedeutung sind und in denen somit Grundlagenforschung betrieben wird. Physik, Elektrotechnik, Biologie, Chemie und Medizin sind zur Zeit wohl die auffälligsten. Aber ich bin sicher, daß Fachrichtungen wie Psychologie und Sozialwissenschaften von ebenso großer Bedeutung sind. Wir sollten keine blinden Evolutionsfanatiker sein. Wir sollten nicht wie in einem Goldrausch all unsere menschlichen Energien in die technologische Evolution stecken, nur weil da vielleicht im Moment am meisten herauszuholen ist. Die *gesamte* Kultur muß gepflegt werden.

Um es zusammenzufassen: Wissenschaft ist heute die Grundlage unseres Denkens, und Grundlagenforschung ist die Basis der Wissenschaft. Die Grundlagenforschung sorgt für die Dynamik der Wissenschaft. Eine statische Wissenschaft ist eine tote Wissenschaft.

Allerdings müssen wir mit dem technologischen Fortschritt auch seelisch mithalten können. Ist er zu schnell, kommen wir gefühlsmäßig, seelisch und moralisch-ethisch nicht mehr hinterher. Aber eben hier liegt auch eine Aufgabe der Wissenschaft. Es gibt ja nicht nur die Naturwissenschaften, es gibt auch die Geisteswissenschaften, die ebenfalls von Grundlagenforschung dynamisch gehalten werden sollten. Andererseits liegt hier eine große Gefahr. Der technologische Fortschritt ist heute sehr einfach zu erreichen. Hier sind kurzfristig die meisten Lorbeeren zu ernten. Mit Technologie kann eine Gesellschaft momentan Karriere machen. Übertriebene Karrieresucht ist jedoch gefährlich. Das beginnt nicht erst in der großen Gesellschaft, sagen wir, innerhalb eines Staates, es beginnt in kleineren Untereinheiten wie Städten oder in Arbeitsgemeinschaften wie Firmen oder in ganz kleinen Gruppen oder sogar bei uns selbst als Individuum. Wenn man denkt: »So, jetzt konzentriere ich mich auf meine Karriere, jetzt werde ich erst einmal Geld verdienen, um meinen Seelenzustand kümmere ich mich später«, dann ist das wohl das dümmste, was man machen kann. Es ist sogar das dümmste, was man für die Karriere tun kann. Das gilt für eine Person wie für eine Gruppe wie auch für einen Staat. Man wird seelisch und körperlich krank. Mit der Karriere kann es trotzdem noch eine Zeitlang aufwärtsgehen, denn man hat sich ja einen Namen ge-

macht, man hat ein Image. Man kann diese Krankheitszei-
chen übersehen und ignorieren. Dieser Zustand kann aber
nicht sehr lange anhalten, vielleicht ein Jahr, vielleicht auch
einige Jahre, länger sicherlich nicht.

Jeder erliegt ab und zu solchen Versuchungen, aber jeder
weiß wohl auch intuitiv, daß er sich damit letztlich keinen
Gefallen tut. Für diese Form der langsamen Selbstzerstö-
rung, also für diese Krankheit, hat die Psychologie einen
Namen: Narzißmus. Wir dürfen keine narzißtische Grundlagenforschung betreiben. Was ich darunter verstehe,
möchte ich im nächsten Kapitel beschreiben.

Narzißmus und Immunität

Wo etwas ist, soll man nichts mehr suchen
Wo eine Stelle fehlt, kann sie nicht durch
eine andere ersetzt werden
In dieser Stimmung mag ich nicht heimgehen
wenn das Haus voller Leute ist
ohne mich
Ich sehe mich lächeln in meinem Gesicht
Beginne mich zu begreifen mit offenen
Händen
Vertreibe das, was mich an mich bindet
mit losen Worten
Bin der und der aus einem Gedicht in
Wirklichkeit
Entsprungen diesem und jenem Gesicht
bis ich heimgehe
Jetzt und in Ewigkeit, Amen

Man ist narzißtisch, wenn man Äußerlichkeiten liebt und das Innenleben vernachlässigt. Die Psychologen wissen schon seit langem, daß Narzißmus nicht nur mit Eigenliebe zu tun hat, sondern eher ein Eigenhaß ist. Der Narziß liebt sein Äußeres, deshalb betrachtet er sein Spiegelbild. Wenn er jedoch in sein Innenleben schaut, was er tunlichst vermeidet, kommt ihm das Grausen.

Nun gibt es immer mehr Menschen, die behaupten, daß unsere Gesellschaft als Ganzes narzißtisch sei und sich selbst mehr und mehr zugrunde richte. Der Psychologe und Therapeut Alexander Lowen, ein Schüler von Wilhelm Reich, beschreibt in seinem Buch »Narzißmus«[*], daß in seiner Praxis

---

[*] Kösel-Verlag, München 1986.

die Anzahl der Erkrankten mit narzißtischen Tendenzen dramatisch anwächst. Lowen spricht dabei auch ansatzweise in fraktalen Bildern. Er nennt unsere westliche zivilisierte Welt einen Patienten, der an Narzißmus erkrankt ist. Alles, was ich oben über den narzißtischen Menschen gesagt habe, gilt natürlich in groben Zügen auch für eine narzißtische Gesellschaft. Man könnte sagen, es ist niemand da, der diesen Patienten von außen heilt, also muß er zugrunde gehen. Für die Menschheit gibt es kein Außen, es gibt nur ein Innen. Es gibt keine andere Menschheit, mit der unsere Menschheit zur Heilung wechselwirken könnte. Dafür sind aber die Wechselwirkungen innerhalb der Menschheit sehr vielschichtig und vielfältig. Stark ausgeprägter Narzißmus wird sich auf Dauer nicht halten können, da er, wie ich gleich erläutern werde, im Widerspruch zur fraktalen Struktur evolutionärer Systeme steht.

Narzißmus im fraktalen Bild erklärt

Ich möchte meine persönliche Vorstellung von Narzißmus im fraktalen Bild erläutern, weil dadurch einiges viel klarer wird und auch weil es uns zu einem Thema führt, das für die Evolution bzw. für die Kreativität äußerst wichtig ist: zur Immunität. Jede Wirkungseinheit ist ein fraktales System von Unterwirkungseinheiten, und jede Wirkungseinheit ist eingebettet in ein fraktales Übersystem. Das Eingebettetsein geschieht über die Wechselwirkung nach außen, und die Wechselwirkung der Untereinheiten könnte man als das Innenleben der Wirkungseinheiten bezeichnen. Somit haben wir eine Trennung von Innen und Außen. Eine Wirkungseinheit ist dann narzißtisch, wenn Untereinheiten so sehr von äußeren Wechselwirkungen in Anspruch genommen werden, daß die Einheit als Ganzes Gefahr läuft, zerstört zu werden. Die Wechselwirkungen nach außen dominieren die internen. Ein narzißtischer Mensch wäre damit eine Person, die heftig mit ihrer Umwelt wechselwirkt und dabei ihr Innenleben vernachlässigt. Nur Teilbereiche der Person übernehmen die externen Wechselwirkungen, andere Bereiche in ihr sind von Wechselwirkungen abgeschnitten und verkümmern.

In der Geschichte der Evolutionen haben sich natürlich nur die Wirkungseinheiten durchsetzen können, die gewisse Abwehrmechanismen gegen zu große Einflüsse von außen entwickelt haben. Bei der Evolution der Materie, so glaube ich, konnten nur die Elementarteilchen überleben, die starke abstoßende Kräfte bei zu starker Annäherung anderer Teilchen entwickelten. Zumindest zeigen alle Elementarteilchen diese Eigenschaft. Sich schützen zu können, ist eine Frage der Distanz.

In der Evolution des Lebens spielt bei der Entwicklung neuer Arten die Abgrenzung gegen die Art, aus denen sie hervorgegangen sind, und gegen alle anderen Arten eine große Rolle. Man nennt dies in der Evolutionsbiologie *Isolation*. Die Erbanlagen der neuen Arten veränderten sich derart, daß sie mit den Erbanlagen der anderen Arten nicht mehr kompatibel waren. Die Zeugung in einer »Mischehe« wird genetisch ausgeschlossen. Man mischt sich nicht mehr, man geht auf Distanz. Jede Zelle hat eine Haut, eine Membran, die säuberlich innen von außen trennt und die kontrolliert, was hinein- und was hinausgeht. Jedes Lebewesen hat eine Haut, die für Schutz und somit für Distanz zur Außenwelt sorgt.

Staaten haben Grenzen mit ähnlicher Funktion wie Zellmembranen. Manche Staaten sind im Moment innerlich so gestärkt, daß sie nur auf ein relativ geringes Maß an Grenzkontrolle angewiesen sind. Andere machen die Grenzen fast völlig zu und bauen Mauern. Das sollte die offeneren Staaten nicht zur Arroganz verleiten. Solche Dinge können sich sehr schnell ändern.

Berufsgruppen werden z.T. per Gesetz geschützt; bestimmte Ausbildungen und Prüfungen müssen durchlaufen werden, bevor man sich als Arzt, Bäcker usw. niederlassen darf.

Beobachten Sie – ganz allgemein gesagt – eine größere Menschengruppe: Es formieren sich immer Untergruppen, die sich abgrenzen. Jeder *einzelne* Mensch grenzt sich ab. Man verbringt nicht immer so viel Zeit mit anderen Personen, wie diese es gerade möchten. Man kommt ihnen nicht immer so nahe, wie diese es gerade möchten. Man hält eine gewisse Distanz ein. Jeder tut das, auch wenn er es nicht merkt. Es ist uns in Fleisch und Blut übergegangen. Jeder Gedanke, jede Theorie muß sich abgrenzen, um Bestand zu haben. Eine »starke« Idee, die sich vom Üblichen unterscheidet, grenzt sich deutlich ab. Wenn nicht, kann sie eventuell als Futter für andere Ideen herhalten. Als Wirkungseinheit ist sie dann jedoch verschwunden, sie ist zerrissen. Es war eine »narzißtische« Idee, die bei der Wechselwirkung mit anderen Ideen in ihre Bestandteile zerlegt wurde.

Ein Narzißt ist ein Mensch, dem von Kind an beigebracht wurde, daß seine Wechselwirkungen mit der Außenwelt wichtiger sind als seine internen. Der äußere Erfolg, sein Image, zählt für ihn mehr als das Seelenleben, er betrachtet wie Narziß nur sein äußeres Spiegelbild.

In unserem Verstand und in unserer Seele wohnen all diese ineinandergeschachtelten »Gefühls- und Denklebewesen«, die miteinander kommunizieren, sich streiten, sich versöhnen und sich ständig neu strukturieren infolge der internen und externen Wechselwirkungen. Mit dem Bild der fraktalen Wechselwirkung stelle ich mir also unseren Verstand nicht mehr als aufgeteilt in Bewußtsein und Unterbewußtsein vor. Ich stelle ihn mir als eine dynamische, fraktale Population von Lebewesen vor mit keineswegs nur zwei, sondern ganz wesentlich mehr Ebenen. Nicht alle diese Kobolde stehen in direkter Verbindung mit der Außenwelt. Bei Gruppen von Lebewesen gibt es ja auch die Leithammel, die Sprecher usw., die stärker als andere die Wechselwirkung mit der Außenwelt gestalten. Ein Signal der Um-

welt wird nicht von allen Organen eines Individuums gleichzeitig aufgenommen, sondern oft nur von einem. Trotzdem wirkt es sich auf das ganze Individuum aus. Ein Atom wechselwirkt mit anderen Atomen in chemischen Prozessen mit Hilfe seiner äußeren Elektronen. Das äußere Elektron ist der Leithammel. Das ganze Atom bindet sich an ein anderes, wenn das äußere Elektron es will. Dies hat etwas mit der hierarchischen Struktur der Systeme zu tun. Je nach Wechselwirkung mit der Umwelt können unterschiedliche Untereinheiten den Leithammel spielen.

Sind nun Teile unseres Gefühls-Verstandes-Fraktals im Übermaß von der Umwelt in Anspruch genommen, dann gehören diese Teile mehr zur Umwelt als zur Innenwelt. Die Wirkungseinheit droht zu zerreißen. Wenn also z.b. Teile unseres Verstandes ständig eingespannt sind in das Verarbeiten von externen Informationen z.b. im Beruf, dann kann es sein, daß sie sich nach einer gewissen Zeit vom Rest des Verstandes entfremdet haben. Dies kann man dem Sachverhalt nach damit vergleichen, daß sich ein Paar auseinandergelebt hat. Interne Wechselwirkungen wurden vernachlässigt, externe überbetont. Wenn Systeme miteinander wechselwirken und eines davon sich verändert, dann werden die anderen sich auch verändern; sie stellen sich darauf ein. Hat sich aber das eine in schnellen Schritten in ein völlig neues Wesen verwandelt, wird es von den anderen nicht mehr verstanden. Die Kommunikation ist gestört und kann nur sehr mühsam wiederhergestellt werden.

Was passiert dann? Es kommt darauf an, wo der Bruch auftritt und wie stark er ist. Liegt er mehr im Verstandesbereich, dann ist die Intuition mehr oder minder reduziert. *Das ganze fraktale Gebilde denkt*, wenn auch nicht überall mit gleicher Dynamik und Heftigkeit. Intuition, so glaube ich heute, bedeutet, daß ein Gedanke dem Fraktal entspricht und nicht in einem seiner Teilbereiche lokalisierbar ist – wenn man etwas weiß, aber nicht weiß, woher man es weiß, es nicht begründen kann. Das Begründen kann man,

218

wenn man will, zwar später nachholen, indem man die Spuren verfolgt. Es ist aber sehr mühsam. In der Wissenschaft sind intuitive Gedanken verpönt. Zum Teil zu Recht, denn man kann damit kaum argumentieren. Die Ablehnung intuitiver Ideen wird aber übertrieben. Man sollte sie als Anregung schätzen. Eigentlich sind alle wichtigen Arbeiten in der Wissenschaft Intuitionen zu verdanken. Das darf man anscheinend nur nicht zugeben.

Mit Hilfe dieser Gedankengänge ist es leicht einzusehen, daß man zu schnell lernen kann. Man muß sich hüten vor zuviel Wissen und zu schnellem Lernen. Nur ein Teil des Fraktals lernt, der Rest kann nicht folgen und entfremdet sich. So wird verständlich, daß sogenannte Musterschüler im späteren Leben oft Einbrüche hinnehmen müssen. Sie haben zu schnell gelernt, ihre Intuition ist reduziert.

Liegt der Bruch des Fraktals mehr im Gefühlsbereich, passiert das entsprechende: Es ist ebenfalls die Intuition gestört. Im gefühlsmäßigen Bereich wirkt es sich nur etwas anders aus. Ein Mensch mit einem solchen Mangel kann nicht intuitiv abschätzen, wie er sich in komplexen, menschlich schwierigen Situationen verhalten soll. Er tritt z.B. in Fettnäpfchen und merkt es nicht. Innerlich fühlt er sich leer. Durch die Entfremdung der »Lebewesen« seines Gefühlslebens herrscht eine frostige Atmosphäre in seinem Inneren. Der Narzißt bewundert sein Äußeres, also z.B. sein Aussehen, seinen Erfolg, sein Geld o.ä., weil sie ihm mehr Befriedigung bringen als sein Innenleben. Wenn es aber dazu führt, daß sein Inneres sich immer mehr entfremdet, abspaltet, wird seine Intuition so weit verlorengehen, daß auch sein Erfolg schwindet.

Jede Art von Wirkungseinheit kann in Situationen geraten, in denen sie an Narzißmus zerbricht. Das erwähnte System Ehepaar ist narzißtisch, wenn zumindest einer so heftig in äußerer Wechselwirkung, also z.B. in seiner Arbeit oder mit anderen Partnern, beansprucht ist, daß die Ehepartner sich einander entfremden. Halten Sie mich aber bitte nicht für einen Moralisten, weil ich dieses Beispiel gebracht habe.

Narzißmus in Großgebilden wie Staaten

Auch Staaten können an Narzißmus leiden, wenn äußere Wechselwirkungen allzu verlockend werden. Die Folge: Größere Flüchtlingsströme aus einem Land heraus können die Existenz dieses Landes bedrohen, wie man am Beispiel der DDR gesehen hat.

Sogenannte unterentwickelte Staaten, die plötzlich heftig mit der westlichen Welt konfrontiert werden, zeigen Zerfallserscheinungen. Manche verlieren ihre Kultur innerhalb einer Generation. Dies kann nicht gesund sein. Die Länder sind an Narzißmus erkrankt. Ich bin gespannt, wie die Japaner mit dem Problem fertigwerden. Obwohl ihre Kultur sich von der unsrigen doch sehr unterscheidet, wechselwirken sie ungemein stark mit der westlichen Welt.

Man kann nicht über Narzißmus reden, ohne einige Worte über die USA zu verlieren. »Time is money« – warum ist diese amerikanische Redensart auch bei uns so populär geworden? Wohl deshalb, weil wir das Geld ähnlich stark anbeten. Wir halten die Amerikaner für Narzißten. Wir selbst sind es aber auch. Geld als Maß aller Dinge – diese Einstellung ist in den USA wohl weiter verbreitet als bei uns. Aber schauen wir uns andere Aspekte von Äußerlichkeiten dort an, z.B. die Kleidung: mit Lockenwicklern und Shorts schnell zum Supermarkt. Einer im piekfeinen Anzug mit einem anderen in kurzen vergammelten Hosen, schmuddeligem Hemd und Schuhen in angeregtem Gespräch auf der Straße. Dies sind Bilder, die man bei uns nicht sieht, die dort aber zum Alltag gehören.

Vielleicht sind die Amerikaner auch oberflächlicher. Wenn so viele und unterschiedliche Kulturen miteinander verschmelzen wie in den USA, dann müssen die Menschen

im Umgang miteinander sich eben auf die einfachen, wesentlichen Dinge beschränken. Aus gleichem Grund sind
die Amerikaner dafür aber auch wesentlich toleranter als
wir. Leben und leben lassen. Als Nation haben sie diese Einstellung leider nicht. Dies ist wieder ein Beispiel dafür, daß
ein System anders denkt als seine Untereinheiten, es ist ein
Lebewesen für sich. Als Nation haben sie wohl (auch z.T. zu
Recht) das Gefühl, die Welt zweimal gerettet zu haben. Das
hat sie arrogant gemacht. Die Toleranz der Leute, die vielleicht mit der Größe ihres Landes zusammenhängt, führt zu
einer ungeheueren Vielfalt oder großen Mutationsbreite,
wie ich es im »fraktalen Darwinismus« nenne. Das führt zu
Mißverständnissen, wenn wir die USA von Europa aus
beurteilen und uns Einzelfälle anschauen. In Einzelfällen ist
in den USA eben fast alles möglich.

Die USA sind ein Land, in dem der Narzißmus z.T. rechte
Blüten treibt. Man findet aber auch das Gegenteil: Wie sehr
die Amerikaner andererseits auch das Ganze im Auge
haben und nicht nur den momentanen Profit, zeigt, welche
Bedeutung für sie – im Gegensatz zu uns – Kinder haben
oder wieviel verantwortlicher sie in Fragen der Umwelt denken, so daß sie z.b. den Katalysator viel früher als wir eingeführt haben.

Auf einen Aspekt unserer Beziehung zu den USA möchte
ich noch kurz etwas näher eingehen, weil er mich sehr beschäftigt und beunruhigt. Er hängt mit der bereits erwähnten von uns empfundenen Arroganz der Amerikamer zusammen: Wir in Europa haben Angst vor den Amerikanern.
Wir haben Angst, sie könnten durch unüberlegte aggressive
Aktionen einen Atomkrieg auslösen. Diese Angst wagt bisher kaum einer auszusprechen.

Sie sollten mich hier nicht mißverstehen. Ich bin nicht
amerikafeindlich gesinnt. Im Gegenteil. Ich bin nach dem
Krieg in Frankfurt großgeworden, und meine Kindheit
stand unter starkem amerikanischem Einfluß. Ich selbst
werde oft für einen Amerikaner gehalten, und ich fühle

221

mich auch in mancher Hinsicht als Amerikaner. Im Flugzeug werde ich fast regelmäßig auf englisch angesprochen. Nach dem Krieg waren wir alle Fans der Amerikaner. Heute jedoch ist es genauso leicht, etwas *gegen* Amerikaner zu sagen, wie früher etwas *für* die Amerikaner zu sagen. Es gibt einen gewissen Antiamerikanismus. Dieser Antiamerikanismus hatte auch mich angesteckt, muß ich gestehen. Ich habe ihn jedoch völlig verloren, nachdem ich ein Jahr lang und später noch einige Monate in Amerika gelebt habe. Ich habe sehr viele nette Leute, sehr interessante Leute, sehr weise Leute in Amerika kennengelernt, von denen ich ungemein viel lernen konnte.

Wir haben ein Informationsproblem in Europa. So wie früher alles nur durch die rosa Brille gesehen wurde, überbetont man heute oft die negativen Seiten. In manchen gesellschaftlichen Gruppierungen ist Antiamerikanismus »in«. Es gibt eine unglaubliche Anzahl von Mißverständnissen. Wenn ein Amerikaner dieses oder jenes tut, können wir das nicht aus europäischer Sicht isoliert bewerten und beurteilen. Die Amerikaner denken sehr anders als wir, und man muß sich erst einmal langsam in diese Welt eindenken, wenn man sie auch nur annähernd verstehen will. Bei der Interpretation der Chinesen, der Japaner, der Russen sind wir wesentlich vorsichtiger, weil wir von vornherein annehmen, daß sie ganz anders denken als wir. Diese Vorsicht sollte man auch bei den Amerikanern walten lassen.

Unsere Angst vor dem unberechenbaren Verhalten der Amerikaner ist jedoch da. Wir sollten versuchen, sie zu verstehen, anstatt voreilig unsere Liebe in Haß umschlagen zu lassen. Dazu müssen wir ihnen unsere Angst kundtun. Wir müssen ihnen klarmachen, daß ihre missionarische Einstellung fehl am Platz ist. Wenn man in der Geschichte nachblättert, was missionarische Weltverbesserer angerichtet haben, dann muß es einen nachdenklich stimmen. Macht zu haben und auszuüben ist an sich nichts Negatives. Es heißt, Einfluß zu nehmen auf das Geschehen. Eine Macht jedoch, die man nicht angetragen bekommt, sondern die man sich nehmen muß, ist ungesund, sie zu erhalten ist ein ständiger Kraftakt. Macht – und damit Verantwortung – muß auf Vertrauen beruhen.

Abwehrmechanismen – Distanz

Nach diesem kleinen Ausflug in die USA kommen wir wieder zum allgemeinen Thema zurück: Narzißmus ist ein Mißverhältnis zwischen den äußeren und den inneren Kräften, zugunsten der äußeren. Die Kehrseite von Narzißmus ist nach Loewen Hysterie. Im fraktalen Bild bedeutet Hysterie, die internen Wechselwirkungen einer Wirkungseinheit sind heftig, die externen reduziert. Auch hier sind wir wieder beim Dualismus angelangt und beim Ausbalancieren, in diesem Fall von inneren und äußeren Wechselwirkungen. Narzißmus kann also zwei Ursachen haben: Entweder sind die äußeren Kräfte zu stark oder die inneren zu schwach. Vor allem, wenn die äußeren Kraftverhältnisse sich plötzlich entscheidend ändern, wird es kritisch.

Dies ist auch ein Grund, warum ich mich mit dem Thema intensiver beschäftige. Als Nobelpreisträger ist man auf einen Schlag in ganz neue Zusammenhänge gestellt. Normalerweise versucht man sich immer – und jetzt komme ich zu den Abwehrmechanismen gegen den Narzißmus – eine Umgebung zu suchen, in die man paßt, so daß Außen und Innen eine gewisse Harmonie bilden. Nun leben Leute, die unkonventionelle Forschung betreiben, meistens eher als Außenseiter oder zumindest als Randfiguren einer Gesellschaft. Dahin passen sie auch aufgrund ihrer Persönlichkeitsstruktur. Nun gewinnt einer den Nobelpreis und wird mitten hinein in die Gesellschaft gedrängt. Das bringt Probleme mit sich. Es ist ähnlich, wie wenn jemand in einem Betrieb aufgrund guter Arbeiten auf einen Posten befördert wird, der ihm überhaupt nicht liegt. Den Posten kann man ablehnen, das wäre die beste Abwehrmaßnahme. Den Nobelpreis abzulehnen nützt nichts.

Trotzdem kann man auch hier in gewissem Sinn auf Distanz gehen. Jede Wirkungseinheit hat ein Immunsystem, das es einzusetzen gilt. Immunität ist immer eine Frage der Distanz: bis hierher und nicht weiter. Wir alle aber wissen, wie schwierig es ist, die richtige Distanz einzuhalten – zu unserem Beruf, zu unserem eigenen Tun, zu unserem Lebenspartner, zu unseren Kindern, zu unseren Freunden, zu Leuten, die etwas von uns wollen und von denen man etwas will.

> Jede uns bekannte Wirkungseinheit zeigt
> einerseits das Bedürfnis nach Nähe und
> andererseits nach Distanz.

Dies auszubalancieren ist ja auch das ganze Geheimnis der Evolution. Die wichtigsten Entscheidungen, die man treffen muß, sind die, mit wem man wann und wie nah zusammen sein und wann man allein sein will. Die Mechanismen, wie man die richtige Distanz erreicht, sind sehr verschieden.

Krankheitserreger müssen erkannt und ausgeschieden werden. Dies gilt für Computerviren ebenso wie für Krankheitserreger unserer Psyche. Wir haben zahllose Mechanismen, auf Distanz zu gehen, wenn wir uns vom Verhalten, den Fragen oder den Reden anderer gefährdet sehen. Jeder, der ein Interview gibt, einen Vortrag hält oder ihm wichtige Ideen oder Gedanken anderen mitteilt, baut um diese Ideen ein Immunsystem auf. Er überlegt sich vorher, wo er angreifbar sein könnte, und entwickelt Gegenstrategien. Ich kann Ihnen versichern, daß einiges von dem, was in diesem Buch steht, nur den einen Sinn hat: das Immunsystem des Buches zu stärken. Dies alles geschieht automatisch, oft ohne daß man es merkt. Nutzt man psychologische Erkenntnisse, was jeder tut, dann stärkt man damit auch das Immunsystem seiner Psyche. Den Angriffen anderer kann man besser begegnen mit mehr Distanz zu sich und dem Gegenüber.

Ist man kreativ, braucht man das auch. Ich möchte hierzu eine persönliche Erfahrung schildern.

Nachdem wir zeigen konnten, daß unser Tunnelmikroskop atomare Auflösung hat, haben sich natürlich einige Gruppen in der Welt darangemacht, ebenfalls Tunnelmikroskope zu bauen. Obwohl sie z.T. unsere Geräte nachbauten, war es auch fast zwei Jahre später noch keinem gelungen, definierte atomare Strukturen zu sehen. Wir waren ohnehin recht heftigen Aggressionen ausgesetzt. Zu dieser Zeit wurden wir auch langsam unglaubwürdig. Wir wissen heute, daß viele annahmen, unsere Ergebnisse seien gefälscht und Computersimulationen. Etwa zu dieser Zeit erhielten wir einen Brief von einer Zeitschrift, in der wir publiziert hatten. Sie schickten uns einen anonymen Leserbrief, den sie erhalten hatten und den sie entsprechend ihren Regeln, anonyme Briefe gegen den Herausgeber der Zeitschrift immer zu veröffentlichen, auch drucken mußten.

Nun war der anonyme Brief nur scheinbar gegen den Herausgeber, in Wahrheit aber gegen uns gerichtet. Das war ein Trick des Angreifers, so wie sich Viren immer wieder etwas Neues einfallen lassen, um das Immunsystem eines Lebewesens zu überlisten. Der Brief lautete: Der Herausgeber sei nicht wachsam genug, die veröffentlichten wissenschaftlichen Arbeiten z.T. von miserabler Qualität. Wie könne man es zulassen, daß derartige erbärmliche Literatur – und hier zitierte der Schreiber unsere Arbeiten – veröffentlicht würde. Anschließend »bewies« er, daß unsere Meßresultate Scharlatanerie seien und unser Stil, sie darzustellen, wissenschaftsliterarisch äußerst minderwertig. Der Herausgeber teilte uns mit, daß er uns Gelegenheit zu einer Gegendarstellung am Ende des Leserbriefes gebe.

Was sollten wir tun? Der Herausgeber wußte wohl, um wen es sich bei diesem Schreiber handelte, wir jedoch nicht. Die Veröffentlichung des Briefes wäre für uns in jedem Fall verletzend gewesen. Wir schrieben anstelle einer Gegendarstellung nur einen Satz: »Wir danken dem Schreiber, daß er uns mit seinem Leserbrief ein Beispiel für literarisch hochwertige Literatur gegeben hat.« Wir haben nie wieder etwas von der Angelegenheit gehört, der Brief wurde nicht gedruckt. Das war bei weitem nicht der einzige Angriff, dem wir ausgesetzt waren. Nicht alle konnten wir so erfolgreich abwehren.

Wer kreativ sein will, braucht ein ausgeprägtes psychisches Immunsystem. Wer andererseits zuviel Energie in sein Immunsystem hineinstecken muß, kann nicht mehr kreativ sein. In diesem Zusammenhang fällt mir der Beruf des Politikers ein.

Was kann man gegen Narzißmus des Verstandes und der Psyche tun? Der Körper tut schon etwas: Wir schlafen und träumen. Dies kann man weiter unterstützen durch Tagträumen, Meditieren oder Nichtstun oder, in extremen Fällen, eine Psychotherapie machen. Träumen oder Meditieren sind Formen von Denken, Denken in tieferen Regionen des Fraktals.

Unsere Lage in Europa

Um nun noch einmal auf das Ende des letzten Kapitels zurückzukommen: Ist unsere Grundlagenforschung narzißtisch? In gewissem Sinn ist Kreativität destruktiv, weil alte Wirkungseinheiten gefährdet werden. In kreativen Prozessen entsteht Neues, und Altes muß sterben. Das Alte stirbt jedoch, damit das Ganze leben kann: sterben, um zu leben. Dies ist jedoch nicht narzißtisch, wenn die Information im ganzen Fraktal ungestört fließt. Ist dies so im Fall der Grundlagenforschung? Wenn man Grundlagenforschung als eine Sache der Gesellschaft erkennt, dann läßt sich auch relativ leicht nicht-narzißtische Wissenschaft definieren.

Im fraktalen Bild ist ein Vorgehen dann narzißtisch, wenn es den Zusammenhalt des ganzen Fraktals gefährdet. Das bedeutet also konkret für die Grundlagenforschung, daß sie das *ganze gesellschaftliche Fraktal* im Auge haben muß und nicht gefährden darf. Grundlagenforschung muß (wie alles andere!) selbst auch fraktal strukturiert sein und das ganze gesellschaftliche Fraktal abdecken.

Grundlagenforschung muß es also auf allen gesellschaftlich relevanten Gebieten geben.

Zudem müssen diese Forschungsgebiete miteinander fraktal gekoppelt sein, wie es in allen fraktalen Strukturen der Fall ist. Entwickelt sich nun ein fraktaler Teilbereich aus irgendwelchen Gründen besonders schnell und stark, so ist es notwendig, daß auch eine besonders heftige Kommunikation mit den anderen fraktalen Bereichen einsetzt. Der Rest des Fraktals muß sich auf die Änderungen einstellen, es muß sie begreifen können. Ist die Kommunikation zu gering, reißt der Faden. Was geschieht? Es kommt über Unverständnis zu Mißtrauen.

Bei diesem Gesichtspunkt angekommen, muß auch ich als Grundlagenforscher zugeben, daß die Gesellschaft bezüglich Forschung offensichtlich narzißtische Tendenzen aufweist. Es existiert ein gewisses Maß an Mißtrauen der Forschung gegenüber, und die Forscher sind dermaßen in die Erkenntnis von Naturgesetzen verstrickt, daß sie zu wenig mit der Gesellschaft kommunizieren. Es gibt einerseits übertriebene Wissenschaftsgläubigkeit, andererseits dieses Mißtrauen vor allem Naturwissenschaftlern gegenüber. Beides ist meines Erachtens auf einen Kommunikationsmangel zurückzuführen. Die Gesellschaft ist narzißtisch, denn eine fraktale Untergruppe, die der Wissenschaftler, wechselwirkt nicht in ausreichendem Maß mit dem Rest des Fraktals, so daß sie verstanden werden könnte. Ich hatte es bereits im vorigen Kapitel gefordert: Wir müssen diese Kommunikation verbessern.

Eine Frage, die uns und unsere Zukunft betrifft, ist auch: Baut sich bei uns insgesamt ein gesundes Fraktal auf, oder streben wir Europäer mehr Macht an, als wir innerlich verkraften können? Ich glaube nicht. – Oder anders gefragt: Sind wir aufs schnelle Geldverdienen aus? Wir verdienen viel Geld, also sind wir auch darauf aus. Ist es das »schnelle Geld«, können wir es verkraften? Diese Frage kann man natürlich nur gefühlsmäßig beantworten. Ich gebe Ihnen meinen persönlichen Eindruck wieder:

Ich glaube, wir Europäer haben – im großen und ganzen gesehen – Visionen. Wir haben z.T. intuitive (nicht narzißtische) Vorstellungen von der Zukunft, mit denen wir uns auch identifizieren. Diese Zukunftsvisionen sind natürlich eine Art »pluralistischer Gesellschaften von Vorstellungen«, so wie es auch sein soll. Allerdings bezieht sich dies leider nur auf die kulturellen und sozialen Vorgänge in unserem Land. Wirtschaftlich halten sich die Visionen in Grenzen. Wir leben von heute auf morgen. Es sind z.T. die falschen Leute in den Chefetagen unserer Industrie. Nur wenige dieser Leute haben Visionen, Intuitition, Kreativität oder Wagemut. Unsere Industrie ist nicht einmal narzißtisch zu nennen, denn es ist ja nicht wirklich das »schnelle Geld«, das sie in Bewegung hält, sondern nur die Angst, unterzugehen. Im nächsten Kapitel gehe ich darauf ein, wie ich mir kreativeres und zukunftsorientierteres Management vorstellen könnte.

Die Forschung in Richtung Umweltschutz kommt noch immer zu kurz, ist aber natürlich noch in einer Aufbauphase. Leider wird keine Grundlagenforschung betrieben, die sich mit der neuen Situation einer möglichen Zerstörung der Menschheit durch Atomwaffen auseinandersetzt.

In diesem Kapitel, so möchte ich es zusammenfassen, haben wir einen weiteren fraktalen, dualistischen Mechanismus gefunden, der allen Evolutionen gemeinsam ist: *Distanz – Nähe* oder *Isolation – Attraktion*. Auch hier kommt es innerhalb des fraktalen Netzwerkes von Wirkungseinheiten auf das Ausbalancieren zwischen den Polen an. Einseitiges Abgleiten hatte ich mit Narzißmus bzw. Hysterie beschrieben. Jede Wirkungseinheit hat Mechanismen attraktiver Wechselwirkungen entwickelt und gleichzeitig ein Immunsystem aufgebaut, das für Distanz sorgt.

Alles in allem sind also die wichtigsten fraktalen, dualistischen Evolutionsmechanismen mit dem dualistischen Oberprinzip von Auf- und Abbau folgendermaßen darstellbar:

○ Reproduktion – Tod: Auf- und Abbau von Mengen, Anzahlen
○ Mutation – Auslese: Auf- und Abbau von Vielfalt
○ gezielt – ziellos: Auf- und Abbau von lokaler Mutationsintensität
○ Attraktion – Isolation: Auf- und Abbau von Nähe, Wechselwirkungsintensität

Dies sind bis auf den 3. Punkt darwinistische Prinzipien, die hier aber als fraktal strukturiert und als auf alle Evolutionen anwendbar verstanden werden sollen.

Kreatives Management,
fraktales Management

Erziehung geht meistens an ihren Zielen vorbei
(weil sie an den Ohren zieht, wenn es über
den Kopf hinaus soll)

Wir Deutsche tun uns schwer mit Management. Wir haben ein sehr ungutes Verhältnis zur Hierarchie. Chefs sehen ihre Angestellten oft als Befehlsempfänger, Untergebene kommen nicht auf den Gedanken, daß ihr Chef auch ein hilfebedürftiger Mensch ist, auf konstruktive Kritik angewiesen. Macht wird zu oft mißbraucht, um Macht zu demonstrieren: Imponiergehabe statt konstruktiven Zusammenwirkens im Fraktal. Hier könnte man auf christliches Gedankengut zurückgreifen: Nächstenliebe auch zwischen den verschiedenen hierarchischen Etagen. Wer macht den ersten Schritt? Mit einem Schritt allerdings ist es bei eingefahrenen Verhaltensweisen nicht getan. Jeder für sich sollte sich vornehmen, die ersten Schritte zu unternehmen. Sie werden nicht auf Anhieb verstanden werden, deshalb muß man vorsichtig beginnen, damit man selbst nicht allzu sehr verletzt wird, wenn nichts zurückkommt. Das beste, was einem als Chef passieren kann, ist doch, daß die Leute kritisieren, was ihnen nicht gefällt. Erhält man diese Rückkopplung von seinen Leuten nicht, dann macht man sicherlich etwas falsch. Ist eine kommunikative Verbindung gestört, könnte Narzißmus bzw. Hysterie im Spiel sein.

Führung – die fraktale Sicht

»Ein guter Chef muß seine Leute führen können.« Dies ist völlig einseitig formuliert. Er muß beides können: führen und sich führen lassen. Warum? Weil gutes Management eine ähnliche Dynamik aufweist wie die fraktale Evolutionspyramide.

Schon an Äußerlichkeiten kann man erkennen, daß Managementstrukturen fraktal sind: Ein Chef leitet eine Gruppe (z.B. einen Staat), die Gruppe besteht aus Untergruppen, die ihrerseits von Chefs geleitet werden, diese bestehen aus Untergruppen, diese ... usw. Warum denn diese Struktur? Wenn sie nur dazu da wäre, daß die Befehle des Oberbosses besser weitergeleitet würden und ihre Ausführung besser überwacht würde, wäre es erbärmlich. Alle Systeme sind dynamisch, sie sind auch dynamischen Umweltbedingungen ausgesetzt. Deshalb muß natürlich ein Fluß von Informationen über diese Änderungen ständig in beide Richtungen gehen: von oben nach unten *sowie* von unten nach oben. Nehmen wir an, mein Chef trifft eine Entscheidung. Betrifft sie mich direkt, wird er sicherlich die Sache mit mir besprochen haben. Betrifft sie mich nur indirekt, und ich halte sie für eine Fehlentscheidung, ohne es meinem Chef mitzuteilen, dann hielte ich mein Verhalten für einen größeren Fehler als die eigentliche Fehlentscheidung. Seine Entscheidung basiert möglicherweise auf einem Irrtum, während ich gegen besseres Wissen schweige. Ich habe es leider öfter beobachten müssen, daß Leute auf ihren Chef fluchen, sich über seine Entscheidungen moralisch entrüsten, dies jedoch alles hinter seinem Rücken tun, also ihm die wichtige Rückkopplung und die Information, die er benötigt, nicht zukommen lassen. Ich finde dies nicht besonders moralisch.

Das Entscheidende an der fraktalen Struktur ist ja, daß sich jeder auf einen bestimmten Problemkreis konzentrieren kann. Nur die Berührungspunkte zwischen den Untereinheiten, der »Überlapp«, wie die Physiker sagen, der Informationsaustausch sorgt dafür, daß das ganze System über ein kollektives Wissen verfügt, das beträchtlich größer ist als jedes Einzelwissen. Dabei gibt es Problemkreise, die einander mehr oder weniger ähnlich sind. Innerhalb einer Stufe sind sie am ähnlichsten, zu den benachbarten Stufen (oben oder unten) ähnlicher als zu den übernächsten Nachbarn. Dabei ist es natürlich immer möglich und sogar höchstwahrscheinlich, daß jemand über Informationen oder Einsichten verfügt, die sein Chef nicht berücksichtigen konnte, weil er sie nicht besaß. Ich finde, man hat eine Verpflichtung, seinem Chef in seine Arbeit hineinzureden.

Es gibt Vorgesetzte, die sich beklagen, daß ihre Leute ihnen nicht mitteilen, wo sie der Schuh drückt. Immerhin merken diese Chefs, daß ihnen wichtige Informationen fehlen. Sie sollten sich aber darüber im klaren sein, daß dieser Tatbestand nur eines bedeutet: Ihre Leute haben kein Vertrauen zu ihnen. Dieser Zusammenhang ist einer der Hauptgründe, warum Diktaturen scheitern. Der Diktator erhält die wichtigen Informationen nicht von der Basis, der Diktator verdummt. Er verdummt und genauso sein Stab. Jedes zentralistische Management ist ein Unsinn.

Unsere Welt ist deshalb fraktal, weil dies die beste Art der Informationsverarbeitung ist.

Management muß auf alle verteilt sein, jeder mit der Verantwortung für die Sache, die er versteht. Daß die einen dabei überwiegend Menschen und die anderen Abläufe technischer Art managen, ist informationstheoretisch gesehen nicht bedeutend. Menschlich gesehen erzeugt es natürlich das Problem des Mißbrauches von Macht. In den hierarchischen Strukturen hängt zwar letztlich jeder von jedem ab, es gibt jedoch Unsymmetrien. Aber vergessen wir das einmal für den Moment.

Es geht außerdem nicht nur um Informationsfluß, es geht auch um das Umsetzen der Information. Dies kann man als eine Art Informationsaustausch ansehen, wenn man so will.

Ich teile einem Stück Metall mit, wie es, um dem Ganzen zu dienen, auszusehen hat, indem ich es bearbeite. Das ist die einzige Sprache, die man in diesem Fall einsetzen kann. Manche Formen der Kommunikation sind also zeitraubender als andere. Nach meiner Definition ist *alles* in unserer Welt Informationsverarbeitung.

Wenn das Bild der fraktalen Evolutionen einen Sinn hat, dann müßte es uns behilflich sein, ein noch ungenügend strukturiertes System zu optimieren. Man müßte das System mathematisch beschreiben können. Nehmen wir folgendes Beispiel: Sie möchten eine Firma gründen, die ein bestimmtes Produkt herstellt und hundert Angestellte haben soll. Eine wichtige Frage wäre z.b.: Wieviel Hierarchiestufen brauche ich? Oder anders gefragt, in wieviel Unter- und Unterunereinheiten teilt sich das System? Das hängt von der Komplexität der Abläufe ab, also von der Art des Produktes, das hergestellt werden soll.

Dann müssen wir uns erst einmal darüber Gedanken machen, was Komplexität ist und wie man sie bestimmt (mißt). Komplexität ist ein äußerst schwieriger Begriff, der meines Wissens noch nicht sauber definiert wurde. Je mehr Information innerhalb eines Systems und mit einem System ausgetauscht wird, desto komplexer ist es wohl. Vergessen wir einmal kurz das Problem, daß auch der Begriff Information nicht einfach zu definieren ist. Wieviel Information steckt in einem einzigen Lebewesen? Dies ist im fraktalen Bild leicht zu beantworten. Es steckt darin die Information, wie die Umwelt des Lebewesens aussieht, weiterhin die Information, wie seine Organe funktionieren, seine Zellen aufgebaut sind, wie Makromoleküle, wie Moleküle, wie Atome ..., wie die Dimensionen des Raumes gebaut und aufgebaut sind usw. Und beim Raum hört unser Denken auf, nicht aber die Welt. In allen fraktalen Bereichen findet ein ständiger, heftiger Informationsaustausch statt. Daraus folgern wir:

Die Komplexität jedes Systems ist unfaßbar groß.

234

Ob sie unendlich ist oder nur unfaßbar groß, ist dabei im Moment nicht so wichtig. Die Nichtmeßbarkeit der Komplexität erinnert jedoch lebhaft an die Nichtmeßbarkeit der Küstenlinie. Welchen Zahlenwert man erhält, hängt davon ab, wie weit man ins Detail, in die feineren Strukturen geht. Bei der Küste geht man zu immer kleineren Längenmaßen, bei wechselwirkenden Systemen geht man zu immer kleineren, elementareren Untersystemen. Deren Zuwachs ist dabei die meßbare Größe. Wächst nun – ebenso wie die gemessene Küstenlänge – auch die Komplexität nach einem einfachen Gesetz, möglicherweise auch mit einem gebrochenen Exponenten? Es war die Hoffnung der Physiker, daß die Komplexität für elementarere Untersysteme kleiner werden würde. Man dachte, je elementarer ein System ist, desto einfacher. In der Tat sind auch die Atome, die kleinen Bausteine der Materie, relativ einfach zu beschreiben. Geht man jedoch noch weiter ins Detail, wird es wieder komplizierter. Darüber hinaus ist kein Ende des Zerhackens in Untereinheiten abzusehen. Die Komplexität scheint tatsächlich an keinen Grenzwert zu stoßen, wenn man immer genauer hineinschaut.

Wir nehmen nun wieder das einfache Beispiel einer Firma, um zu sehen, ob unser Welt in bezug auf Komplexität möglicherweise ähnlich wie eine Küstenstruktur zu beschreiben ist. Angenommen, die Firma besteht aus – sagen wir – drei Untereinheiten, die ihrerseits jeweils aus drei Untereinheiten aufgebaut sind usw. Nun messen wir die Kommunikation. Dies tun wir, indem wir erst einmal den Gedankenaustausch zwischen den Untergruppen messen, und zwar in Mannstunden, ohne auf die Qualität des Austausches zu achten. Dann gehen wir eine fraktale Stufe weiter ins Detail und messen hier ebenso die Wechselwirkung. Dies tun wir für alle fraktalen Ebenen. Die Anzahl der Gruppen nimmt dabei jeweils von einer Ebene zu der darunterliegenden um den Faktor drei zu und in Analogie zur Küste die Skala oder Schrittlänge um den Faktor drei ab, da die

Gruppengrößen um diesen Faktor abnehmen. Unsere hypothetische Firma teilt sich ja in drei Gruppen, diese insgesamt in neun Untergruppen, diese in 27 weitere Gruppen usw. Wir nehmen nun den Austausch von Informationen als ein Maß für die Komplexität des Systems. Angenommen, dieser Informationsfluß nimmt zur Basis hin von Stufe zu Stufe jeweils um den *gleichen* Faktor zu, dann verhält sich das System ähnlich wie die Küstenlinie. Die Komplexität C wächst dann für kleiner werdende Skalen s mit einem gebrochenen Exponenten:

$$\frac{c - c_{oo}}{c_o} = \left(\frac{s}{s_o}\right)^{-\frac{\ln\alpha}{\ln\beta}}$$

C_{oo}, C_o und s_o sind Konstanten, auf die es uns hier nicht ankommen soll. Uns interessiert der Exponent $\frac{\ln\alpha}{\ln\beta}$, wobei α den Faktor darstellt, um den der Informationsfluß zunimmt, und β der Faktor ist, um den s abnimmt, wenn man eine Etage in der fraktalen Struktur nach unten geht. Nach Mandelbrot nimmt die Anzahl Schritte N mit $N \sim s^{-D}$ für die kleiner werdende Schrittlänge s zu. Die gemessene Gesamtlänge L der Küstenlinie ist dann $L \sim s^{1-D}$, wobei Mandelbrot D einer Dimension gleichsetzt. Dann ist also die Dimension gleich dem ermittelten Exponenten plus 1. In unserem Fall also $D = 1 + \frac{\ln\alpha}{\ln\beta}$.

Nun rechnen wir für die verschiedenen Beispiele D aus: Angenommen, die Unterteilung in Untergruppen ist rein willkürlich, und in Wahrheit wechselwirkt jeder mit jedem gleich stark, dann ist $\alpha = 1/3$, und β ist für unsere angenommene Firma XYZ = 3. Wir errechnen D = 0, da $\frac{\ln\alpha}{\ln\beta} = -1$ ist. Dies macht einen Sinn, denn wenn meine Wechselwirkungen zu den Mitarbeitern der Firma alle gleichbedeutend sind, dann habe ich zu allen die gleiche Nähe bzw. Distanz. Ist jeder Mitarbeiter durch einen Punkt dargestellt, kann man diese Situation geometrisch nur so beschreiben, daß man alle Punkte in einem Punkt vereint. Für $\alpha = 1$ erhalten wir D = 1, für $\alpha = 3$ erhalten wir D = 2, für $\alpha = 9$ erhalten wir

236

D = 3, für α = 27 erhalten wir D = 4 usw. Für α-Werte, die zwischen den hier angegebenen liegen, erhalten wir gebrochene Werte für D. Wenn α = 1 ist, entspricht das dem Fall, daß jeder der Mitarbeiter seine Wechselwirkungszeiten folgendermaßen aufteilt: Mit den zwei engsten Mitarbeitern seiner Gruppe tauscht er sich genauso lange aus wie mit den zwei ihm nahestehenden Gruppen. Er setzt also die engsten Mitarbeiter allen ihm entfernter stehenden Gruppen gleich. Mit den beiden anderen Übergruppen kommuniziert er nun wieder gleich lang wie mit den engsten Mitarbeitern usw.

Ist dies ein realistischer Ansatz? Ich möchte einmal unser IBM-Labor in Rüschlikon als Beispiel nehmen. Es ist tatsächlich in drei Untergruppen aufgeteilt. Darüber hinaus ist es eins von drei Forschungslabors. Die beiden anderen sind in den USA. Vor kurzem wurde noch ein Labor in Japan gegründet, was uns nun das Dreiersystem zerstört. Die Untergruppen des Labors in Rüschlikon teilen sich wieder in drei Untergruppen usw., bis zum Schluß die Basisgruppe mit drei Leuten übrigbleibt. Dies stimmt so nicht ganz, kommt der Realität aber sehr nahe. Man könnte sich hier fragen, ob sich die Gedankenwelt der einzelnen Forscher wieder in drei Gruppen unterteilen läßt, die sich dann in neun Untergruppen aufteilen usw. Die Forscher als dreigespaltene Persönlichkeiten? Jedenfalls scheinen Forscher interessante Objekte für Psychologen darzustellen. Sonst wären sie nicht so oft mit Psychologinnen, Kindergärtnerinnen oder ähnlichen verheiratet (ich selbst mit einer Psychologin).

Fraktal und Mathematik – konkrete Beispiele

Ich möchte es wagen, für Rüschlikon ein α zu schätzen: Wenn ich mit den zwei anderen Gruppen neben der Physik – der Device-Gruppe und der Computerscience-Gruppe – eine Stunde kommuniziert habe, habe ich – grob gesehen – ca. zwei Stunden mit den mir ferner stehenden Untergrup-

pen der Physik, ca. vier Stunden mit den beiden mir nahestehenden »Unter-Unter-Physik-Gruppen« und acht Stunden
mit meinen engsten Mitarbeitern kommuniziert. Dies bedeu-
tet ein α von 2 und ein $D = 1{,}63$, da $\beta = 3$. Ich werde oft nach
dem Geheimnis von Rüschlikon gefragt. Das ist es wohl:
Die Komplexität in Rüschlikon hat eine fraktale Dimension von 1,63.

Ich muß allerdings zugeben, daß ich die mathematische
Formulierung noch nicht wirklich verstanden habe. Es
scheint mir jedoch schon jetzt klar zu sein, daß Wechselwirkungen im fraktalen Bild mathematisch faßbar sind. Bei
dem obengenannten Beispiel verwirrt die Konstante c_{oo} etwas. Bedeutet sie, daß eine eindimensionale Komplexität
beigemischt ist? Die Komplexität nimmt nicht ausschließlich um einen definierten Faktor zu, sondern um einen Sum-
manden, der sich möglicherweise um einen bestimmten
Faktor von Ebene zu Ebene verändern kann. Man kann diese Summe immerhin in eine Reihe von gleichen Multiplika-
toren verwandeln. Es bleibt jedoch eine Konstante. Tritt
diese eindimensionale Wechselwirkung deswegen auf, weil
immer zwei Elemente miteinander wechselwirken? Zwei
Punkte, die miteinander verbunden sind: Die Verbindung
ist die Wechselwirkung, und die Punkte sind die Wirkungseinheiten.

Man kann einfache Systeme finden, die nach der oben ge-
gebenen Definition eindeutig nur eine Dimension ergeben:
Nehmen Sie einen runden Tisch, der so groß ist, daß sich jeder nur mit seinem unmittelbaren Nachbarn unterhalten
kann. Zwischen N gedachten Untergruppen gibt es N Wechselwirkungen. Damit ist das System zweidimensional, da
$D = 1 + \frac{\ln N}{\ln N} = 2$. Man denkt zuerst, es müßte sich hierbei um
ein eindimensionales System handeln. Es läßt sich jedoch
nicht durch zwei Punkte und eine Verbindungsstrecke darstellen. Dies wiederum erreicht man in reiner Form für folgendes System: eine große Gruppe von Wirkungseinheiten,
die sich in feste Paare teilt. Also z.B. eine Gruppe von Ehe-

238

paaren, wobei die Partner sich erst seit kurzem kennen und so sehr miteinander beschäftigt sind, daß *zwischen* den verschiedenen Paaren kaum Wechselwirkungen stattfinden. Ein anderes Beispiel wäre ein verdünntes Gas von zweiatomigen Molekülen. Solche Systeme sind rechnerisch eindimensional, da man zwei Gruppen (Männer und Frauen) bilden kann, wobei die dominierenden Wechselwirkungen zwischen den beiden Gruppen ablaufen. Schaut man mehr ins Detail, d.h. in die Gruppen hinein, findet man keinen nennenswerten Zuwachs an Komplexität. Das bedeutet, die Komplexität ist unabhängig von der Skala und ist konstant, d.h. $D = 1 + \ln 1 = 1 + O = 1$. Dieser Sachverhalt läßt sich auch durch zwei Punkte, einen für die Frauen und einen für die Männer, und durch eine verbindende Strecke als Wechselwirkung darstellen. Geht man weiter ins Detail, d.h. schaut man sich Untergruppen an, findet man immer wieder nur Eindimensionales: zwei Gruppen, die miteinander wechselwirken. Die Verbindungslinie, die Wechselwirkung, ist dann geringer als die des Gesamtsystems.

Ein eindimensionaler Kristall hat $D_c = 2$ entsprechend dem Beispiel mit dem Tisch, wenn nur nächste Nachbarn miteinander kommunizieren. Ist der Kristall zweidimensional, ist $D_c = 1,5$. Für einen dreidimensionalen Kristall ist $D_c = 1\frac{1}{3}$. Man kann einen Würfel immer aufs neue in acht kleinere Würfel zerschneiden usw. Dabei nimmt die Skala, d.h. die Gruppengröße, jeweils um den Faktor 8 ab, die Oberfläche der Würfel – also das Maß der Wechselwirkungen zwischen den Würfeln – um den Faktor 2 zu. Das heißt $D_c = 1 + \frac{\ln 2}{\ln 8} = 1\frac{1}{3}$.

Dieses Kapitel soll aber nicht zu technisch werden. Ich wollte nur einmal zeigen, in welche Richtung es gehen könnte, wenn man versucht, quantitative Aussagen im Bild der fraktalen Wechselwirkung zu treffen. Entscheidend ist, daß ein System, das kreativ sein möchte, fraktal strukturiert sein muß. Dabei müssen alle Ebenen und alle Einheiten und Untereinheiten kreativ sein. Ein kreatives System verändert sich, und somit müssen sich auch seine Teile ändern. Der Informationsfluß muß fraktal strukturiert und D_c dem entsprechenden Problem angepaßt sein. Gründe ich eine Firma und stelle dazu Leute ein, die einander sehr ähnlich sind, die ähnliche Interessen haben, ähnliche Fähigkeiten und die ähnlich denken, könnte im Prinzip jeder mit jedem wechselwirken, und das System hätte ein D_c nahe bei Null. Es wäre ein eher unkreatives System, das eine spezielle Aufgabe mit Fleiß erledigt. Ein existierendes System mit der Komplexitätsdimension von ca. Null zu finden ist nicht so einfach, da die Natur im allgemeinen kreativ ist. Eine Box mit gleichartigen Edelgasatomen wäre etwas derartiges. Jedes Atom wechselwirkt mit jedem anderen gleich stark. Mit welchem gerade im Moment, ist zufällig. Es gibt keine Gruppenbildung. Wenn solche Umstände bei Menschen vorliegen, dann sind sie meistens ungesund.

Kreative Lösung des Frauenproblems

Nehmen wir das Frauenproblem der letzten Jahrzehnte. Die Frau war seit jeher in die fraktale Struktur der Großfamilie eingebunden. Die Großfamilie ist jedoch verschwunden, und das, was erst einmal zurückbleibt, ist eine nahezu nulldimensionale Gruppe von Hausfrauen. Es gibt fast keine Gruppen- und Untergruppenbildung. Der Informationsfluß ist damit auch wenig effektiv. Die Geborgenheit der fraktalen Struktur fehlt. Das führt zu Unzufriedenheit und darüber hinaus, weil das System unkreativ ist, zu Hilflosigkeit. Ein Lösungsansatz für diese Probleme wäre, daß die Frau in die fraktale Berufswelt einsteigt. Tut sie es, ist sie unglücklich darüber, daß sie entweder keine Kinder hat oder aber ihren Kindern nicht die Geborgenheit geben kann, die sie ihnen geben möchte. Tut sie es nicht, fehlen ihr Ausgefülltsein und Geborgenheit. Hier stoßen wir auf ein Paradoxon. Die Hausfrau fühlt sich nicht genug gefordert oder aner-

240

kannt. Sie spürt nichts von einer großen Aufgabe. Dieses Gefühl erhielte sie eben nur in einer fraktalen Struktur. Nun ist es aber in der Tat eine enorme Aufgabe, Kinder großzuziehen. Lehrer machen auch nichts anderes, jedoch innerhalb einer etwas fraktaleren Struktur. Ich könnte mir im Prinzip nur wenige erfüllendere Aufgaben vorstellen.

In der Tat aber ist unsere Herausforderung sogar noch um einiges größer: Dazu kommt die bisher nicht erkannte Aufgabe, ein neues fraktales System aufzubauen, das die Großfamilie ablöst. Wir haben es da mit einem Paradoxon zu tun: Nur ein fraktal strukturiertes System ist kreativ, aber nur mit Kreativität läßt sich ein solches System erstellen. Ich habe bisher von Hausfrauen gesprochen. Es gibt jedoch auch immer mehr Männer, die »Hausmann« als ihren Traumberuf sehen, was ich gut verstehen kann. Deshalb möchte ich meinen Gedanken so formulieren:

Hausfrauen und Hausmänner, erkennt die
phantastische Aufgabe: Es gilt, ein neues
Gesellschaftssystem aufzubauen!

Meiner Ansicht nach sind wir von einer Lösung noch weit entfernt. Ich bin jedoch sicher, wenn sie eines Tages gefunden sein wird, wird sie eine fraktale Struktur haben.

Für komplexere Aufgaben – und kreative Aufgaben sind komplex – braucht man Spezialistentum: spezialisierte Leute, spezialisierte Gruppen und Übergruppen. Dabei hat »Übergruppe« nichts mit »Übermensch« zu tun. Der Informationsfluß ist heftig innerhalb der Gruppen, aber alle Gruppen (ob Über- oder Unter-) sind miteinander verwoben. Die Kreativität dieser Systeme zu optimieren ist heute eine der wichtigsten Aufgaben. Und dennoch gibt es ein wachsendes, gefräßiges Ungeheuer, das völlig plump und bar jeden Gefühles für Kreativität jedem System die letzte Lebenskraft rauben kann: die Bürokratie! Sie ist überall, wo es Systeme gibt – also überall. Sie hat einen Sinn, ohne sie geht es nicht; aber sie ist vielerorts in einem miserablen Zustand, sie ist in vielen Fällen antikreativ. Dies hat wohl auch etwas mit Mißbrauch von Macht zu tun. Bevor ich mich der Bürokratie näher widme, möchte ich noch ein paar Worte darüber verlieren, warum Kreativität heute so notwendig ist.

Die Energiequellen bescheren uns einen Urknall

Wenn wir die Entwicklung der Menschheit in den letzten 100 Jahren betrachten, sieht es ganz so aus, als ob wir uns mitten in einem neuen Urknall befänden. Warum jetzt und nicht schon vor 500 Jahren? Weil Lebewesen extrem von der Energieversorgung abhängen. Als die Energieversorgung der Pflanzen durch die natürliche Erfindung der Photosynthese gesichert war, gab es einen Urknall. Als der Mensch das Feuer nutzbar machte, gab es einen Urknall. Jetzt, nachdem unfaßbar große Energiereservoirs in Form von Kohle und vor allem von Öl entdeckt wurden, gibt es eben wieder einen Urknall. Sicherlich trägt auch die Kernenergie dazu bei, auch wenn wir mit unserer Angst dafür zahlen müssen.

Energiereserven sind irgendwann einmal aufgebraucht. Das muß dann aber nicht zum Zusammenbruch führen. Mit Hilfe der rechtzeitig genutzten Reserven kann eine Evolution so voranschreiten, daß neue Energiequellen erschlossen werden können. Die Reserven wirken als eine Art Katalysator.

Für meinen Geschmack gehen wir allerdings etwas zu zaghaft an diese Probleme heran. Man müßte meines Erachtens mit mindestens zehnmal größerem Aufwand, als er heute getrieben wird, herauszufinden versuchen, ob die Kernfusion von Wasser zu Helium eine Zukunft hat. Dies ist natürlich nur eins von vielen Beispielen. Die Energieversorgung der Zukunft bestimmt unsere Zukunft. Daß wir uns dem Problem noch zuwenig zuwenden, hängt wohl damit zusammen, daß wir noch satt mit Energie versorgt werden. Man

242

muß aber bedenken, daß es viel Zeit kosten wird, neue Quellen zu erschließen. Beginnen wir zu spät damit, werden wir nicht rechtzeitig fertig.

Ich wage es nicht, mir vorzustellen, wie eine Menschheit aussehen wird, deren Energiequellen nach und nach versiegen. Nicht daß ich ein schlichtes Leben für eine Katastrophe halte. Ich bezweifle nur, daß wir eine derartige Energiekrise gesellschaftlich verkraften könnten. Unsere gesellschaftlichen Strukturen sind an die Umwelt angepaßt, und zur Umwelt gehören die Energievorräte, sie sind Teil des Systems. Die Strukturen sind sensibel, wie man aus der Geschichte weiß. Ein Versiegen der Energiequellen würde die Menschheit in ihre größte Katastrophe stürzen. Das sehe ich pessimistisch. Ich bin jedoch optimistisch, was das Entdecken neuer Quellen anbelangt. Aber auch dazu wird viel Kreativität notwendig sein.

Kreatives Management und Bürokratie

Das ganze System muß kreativ sein. Dazu gehören ein kreatives Management und eine kreative Administration. Gibt es so etwas überhaupt, und was kann man sich darunter vorstellen? Nehmen wir als Beispiel den gegenwärtigen Zustand an deutschen Hochschulen. Ein Manager oder Administrator, der etwas von Kreativität versteht, wird die Zügel locker lassen und Überkontrolle vermeiden. An unseren Hochschulen gibt es ein unglaubliches Maß an Kontrolle. Es steht wohl die Angst dahinter, Steuergelder könnten mißbraucht werden, deshalb kontrolliert man. Dabei stellt Überkontrolle jedoch ein Höchstmaß an Mißbrauch von Steuergeldern dar. Sie lähmt. Das ganze System kommt zum Stillstand, und Gelder werden trotzdem ausgegeben.

In den USA muß sich ein Professor seine Forschungsgelder von verschiedenen Stellen zusammenkratzen. Hat er das Geld, kann er es sehr flexibel ausgeben. Er und seine Leute wissen, was notwendig ist, und entsprechend werden die Gelder auch eingesetzt. In Deutschland ist es leichter, an Geld zu kommen, aber viel schwieriger, es auszugeben. Folgende Situation ist z.b. Alltag an deutschen Hochschulen: Ein Physikprofessor hat die Bewilligung, ein Gerät im Wert von DM 200.000 zu kaufen. Nun stellt er fest, das Gerät hat sich erübrigt, er möchte statt dessen ein anderes anschaffen. Das geht nicht. Ich bin davon überzeugt, daß in vielen Fällen das nicht mehr benötigte Gerät dann doch gekauft wird – besser als nichts. Vielleicht kann man es ja doch mal gebrauchen. Möglicherweise verzichtet der Professor auf das Gerät; er hat dann DM 200.000 weniger ausgegeben als ursprünglich beabsichtigt. Andererseits könnte es sein, daß er DM 300 mehr als erwartet benötigt, um einem Studenten den Besuch einer Tagung zu ermöglichen. Auch das geht nicht. Selbst wenn er DM 200.000 weniger für Geräte ausgibt als bewilligt, kann er nicht DM 300 mehr für Reisen ausgeben als bewilligt. Nun kommt es natürlich auch immer darauf an, wie flexibel die Leute sind, die im Management oder der Administration sitzen. Ich habe sehr hilfreiche und aufgeschlossene Leute kennengelernt. Aber es reicht nicht aus. Die Gesetze können sie auch nicht ändern.

Der Professor und seine Leute wissen am besten, wofür sie die Gelder am sinnvollsten einsetzen, also sollen *sie* auch darüber entscheiden. Soviel Vertrauen sollte und müßte man ihnen entgegenbringen. Natürlich kann auch das zu Mißbrauch führen, allerdings nur zu einem winzigen Bruchteil des Mißbrauches, der heute betrieben wird.

In einem fraktalen System ist die Verantwortung aufgeteilt

Jeder hat sie für das Gebiet, das er überblickt. Kontrolle ist dann Schwachsinn, wenn einer, der nichts von der Sache versteht, den Fachmann kontrolliert. Ich war ein Jahr an der

244

Stanford Universität in Kalifornien und bin als Gastprofessor von Zeit zu Zeit dort. Ich weiß, daß kein Mißbrauch getrieben wird. Es funktioniert bestens ohne direkte Kontrolle. Es gibt natürlich auch dort einen Kontrollmechanismus – über den Erfolg. Ein erfolgloser Professor hat Mühe, neue Forschungsgelder zu erhalten. Also wird er bemüht sein, die Gelder in Erfolg umzusetzen, d.h. sie sinnvoll einsetzen. Das dämmt den Mißbrauch ein. Auch in Hinsicht auf Mißbrauch kann man in einem fraktalen System beruhigt sein: Das System kontrolliert sich selbst. Wenn schon Freiheiten wegfallen, dann dort, wo man den Sinn dafür erkennen kann, aber nicht bei Rechnungen von DM 250. Das deutsche System, nach dem Forschungsgelder verteilt werden, halte ich für das beste existierende. Mit der Kontrolle darüber, wie die Gelder ausgegeben werden, macht man alles wieder kaputt.

Führen und führen lassen

Wie sollte nun kreatives Management aussehen? Ein kluger Manager wird sehr behutsam mit seiner Macht und seinem Einfluß umgehen. Er wird, wie gesagt, *führen* und *sich führen lassen*. Er wird sich in dem Sinn führen lassen, daß seine Leute Entscheidungen treffen, die auch ihn betreffen und die er akzeptieren muß. Ein Chef, der versucht, alles zu kontrollieren, wird bald merken, daß die Komplexität fraktal ist und gegen Unendlich geht, wenn man immer weiter in die Strukturen hineinschaut. Er wird entweder wahnsinnig oder stirbt am Herzinfarkt. Schon vorher aber wird er seine eigentlichen Aufgaben nicht mehr erfüllen können und wird alles, was er anpackt, miserabel erledigen, denn er versteht von den Aufgaben der anderen sehr wenig. Ein Manager, der seinen Leuten nichts zutraut, ist ein schlechter Manager. Es bleibt ihm auf Dauer gar nichts anderes übrig, als sich von seinen Leuten führen zu lassen. Sie haben wesentlich mehr

Informationen als er, denn es sind mehr Leute. Nur mit Vertrauen zu seinen Leuten kann ein Chef sich in seinen Entscheidungen führen lassen.

Sich führen lassen heißt natürlich nicht, immer das zu machen, was andere verlangen. Es heißt nur, die Information, die man von anderen erhält, mit dem eigenen Bild in einen Topf zu werfen und daraus ein neues Bild zu kochen. Dies ist ein fortwährender Prozeß. Die Information, die er erhält, ist immer subjektiv und immer fehlerhaft. Damit muß er leben. Es gibt kein besseres System. Auch sein eigenes Tun ist ja stets fehlerhaft.

Führen muß er, indem er klarmacht, was geht und was nicht. Auf seiner Hierarchiestufe ist er Sprecher des Systems. Er wird stets mit Wünschen konfrontiert. Nicht alle kann er erfüllen. Er muß nein sagen können, wenn er die Notwendigkeit dafür sieht. Es ist nicht einfach, einem anderen eine unangenehme Nachricht zu überbringen. Er sollte dabei ehrlich bleiben und nicht falsche Gründe vorschieben. So etwas wird auf Dauer immer durchschaut, zumindest erahnt. Er ruiniert sonst damit die Vertrauensbasis und so die Basis des gesamten Systems. Er sollte zu helfen versuchen, wenn eine Sache wirklich wichtig ist. Dabei sollte er nicht nur berücksichtigen, ob er selbst sie für wichtig hält, sondern auch gut beobachten, wie wichtig sein Gegenüber das Anliegen nimmt. Auch hier gilt, daß andere manche Zusammenhänge wesentlich besser erkennen als man selbst. Handelt es sich um einen im Rahmen des üblichen nicht zu erfüllenden Wunsch, aber dem Wünschenden ist es sehr ernst, dann sollte man immer versuchen, eine Ausnahme zu machen.

Ein System, das nicht zu Ausnahmen fähig ist, ist ein totes System.

Im fraktalen Bild könnte man die Ausnahmen als Mutationen ansehen, die einem System erst die Dynamik verleihen. Über die Ausnahme kann eine neue Regel entstehen; näm-

lich dann, wenn sich der neue Prozeß als sinnvoll und gut erweist. Die Ausnahme bietet die Chance zu lernen. Es wäre ein tödlicher Fehler, darauf verzichten zu wollen. Die Ausnahme wird von vielen als gefährlich angesehen, weil sie ein Exempel statuiert, auf das andere sich berufen könnten. So wird es aber nur von denen gesehen, die den Wert der Ausnahme nicht verstanden haben, die Evolution nicht verstanden haben. Für mich als Manager ist es absolut kein Problem, eine Ausnahme auch Ausnahme bleiben zu lassen, wenn das sinnvoll ist. Ich lasse mich nicht unter Druck setzen, sondern kann immer vertreten, daß es sich um eine Ausnahme, um einen Test handelt, der sich möglicherweise nicht mehr wiederholt – entweder weil ein besonderer Umstand vorlag oder weil die Ausnahme sich als Irrtum herausgestellt hat oder weil man ihre Wirkung noch nicht abschätzen kann. Die Ausnahmen sorgen für Vielfalt, für eine pluralistische Gesellschaft. Evolutionen leben davon.

Über das Abstecken von Grenzen hinaus muß ein Manager natürlich auch andere Einflüsse auf die Arbeiten seiner Leute haben. Dabei sollte er möglichst ein Gleichgewicht finden zwischen den Fähigkeiten und Interessen der Leute und dem, was *er selbst* für deren Aufgaben hält. Je kreativer ein System sein soll, desto mehr müssen für den Manager die Fähigkeiten und Interessen seiner Leute im Vordergrund stehen. Eine Möglichkeit wäre: »Dir sage ich jetzt klar und deutlich, was du zu tun hast«, eine andere könnte folgendermaßen klingen: »Mich würde interessieren, was du in Zukunft vorhast.« Das sollte allerdings völlig ohne den Beigeschmack sein, jemandem doch die eigenen Vorstellungen geschickt unterzujubeln. Ebensowenig darf es arrogant gemeint sein, auch wenn man zum Ausdruck bringt, daß der andere Hilfe benötigt.

Aber wer benötigt die denn nicht? Wem würde nicht ab und zu ein Gespräch guttun, in dem man nach seinen Zielen, Träumen, Vorstellungen, Erwartungen, Plänen und Problemen gefragt wird. Gut gestellte Fragen und ein einfühlsames

248

Vorgehen eines Partners können plötzlich Dinge klar und deutlich erscheinen lassen, mit denen man sich schon Monate herumgeschlagen hat. In dieser Hinsicht habe ich viel von meinem Chef, Partner und Freund Heinrich Rohrer gelernt. Mit meiner IBM-Forschungsgruppe an der Uni München stehe ich zur Zeit etwas abseits der fraktalen Struktur des Forschungslabors Rüschlikon und habe keinen Chef im üblichen Sinne. Wenn ich es mir recht überlege, vermisse ich diese Art von Gesprächen eigentlich, in denen man etwas »Kind« sein kann: Jemand macht sich Gedanken um mich. Jemand nimmt sich Zeit, um über mein Leben nachzudenken, wenn auch vielleicht nur in beruflicher Hinsicht. Heute bin ich ein etablierter Physiker, und jeder meint, ich sollte erwachsen sein. Eigentlich schade.

Auch im Management ist Kreativität von immens wachsender Bedeutung. Autoritärer Führungsstil ist out, er verträgt sich nicht mit der hohen Dynamik eines Systems. Es werden *alle* Köpfe gebraucht. Kreatives Management ist im Prinzip nur fraktaler Informationsaustausch. Er besteht aus Zuhören und Informieren, daraus, sich helfen zu lassen und zu helfen auf und zwischen allen Ebenen. Jeder konzentriert sich auf Spezialaufgaben, verliert aber das Ganze nicht aus dem Auge. Kreatives Management ist ehrlich.

Glauben Sie, daß es viele Manager gibt, die so denken?

Verschiedene Arten von Kreativität

Zum Abschluß des Kapitels möchte ich noch einem Mißverständnis vorbeugen: Mit Kreativität meine ich nicht nur die großen Ereignisse, nicht nur die »Urknälle«, sondern genauso auch die Kleinarbeit. Jede größere Evolution wird von einem größeren Schritt, von einem kleinen Urknall eingeleitet. Diesem Knall folgt aber eine Unzahl ineinandergeschachtelter »Erfindungen«. In die großen Evolutionen sind kleine Evolutionen eingeschlossen, in denen wiederum noch kleinere enthalten sind. Schaut man aus einer gewissen Distanz, sieht man nur die eine Evolution. Geht man mehr und mehr ins Detail, erkennt man mehr und mehr Evolutionen. Wenn ich Kreativität als die Fähigkeit zur Evolution definiere, dann sind die kleinen Schritte ebenfalls kreative Prozesse.

Nun meint man ja in Europa oder in den USA, daß die Japaner nicht kreativ seien. Das ist eine Täuschung. Sie beherrschen weniger die großen Schritte, die kleinen dafür aber um so besser. Zudem haben die Japaner ein großes Maß an Mut bewiesen, indem sie sich mit uns und damit mit einer für sie äußerst fremdartigen Welt zu mischen begannen. Dieses Mischen stellt ein hohes Kreativitätspotential dar. Sie sehen die Dinge, die sie bei uns vorfinden, mit anderen Augen an, und damit ist die Mutation schon vorprogrammiert. In den letzten Jahrzehnten hat es sich meistens so dargestellt, daß die Amerikaner für große Schritte, die Japaner für die vielen kleinen zuständig waren und die Europäer dazwischen lagen. Wer ist dabei am besten gefahren? Das ist schwer zu beantworten. Es zeigt sich jedoch, daß alle drei Arten von Kreativität ihren Stellenwert haben. Es sieht so aus, als ob große Sprünge in der Entwicklung von Einzelpersonen ausgehen, die kleinen von großen Gruppen getragen werden.

Schließen die verschiedenen Arten von Kreativität einander aus? Oder könnten wir von den Amerikanern das freie, ungebundene Denken und von den Japanern die Fähigkeit zur Teamarbeit lernen? Ich glaube ja, aber nur sehr begrenzt. Sowohl hinter der einen wie der anderen Fähigkeit steht eine ganze Kultur. Zur Kreativität gehört eben die gesamte fraktale gesellschaftliche Struktur. Als Einzelkämpfer muß man vor allem mit der Einsamkeit und als Gruppenmitglied vor allem mit dem Neid und den Rangordnungen fertigwerden. Warum scheitern Helden, und warum scheitern Gruppen? Die Gruppenmitglieder arbeiten gegeneinander, und der Held hat sich irgendwo in der Wüste verirrt, niemand führt ihn zurück. Man braucht sich nur die Bevölkerungsdichte und auch die geschichtliche Entwicklung anzuschauen, um zu verstehen, warum die Japaner das eine und die Amerikaner das andere besser können.

Eine Gesellschaft, die beide Fähigkeiten in sich vereinigen könnte, wäre sicherlich noch um einiges kreativer. Es ist nur fraglich, ob das überhaupt realisierbar ist. Es würde bedeuten, daß Einzelkämpfer und Gruppen intensiv miteinander an ein und demselben Strang ziehen müßten, daß es stark gebundene und weniger stark gebundene Gruppen gibt, je nach Aufgabe. Die einen wären für wenige große, die anderen für viele kleine Schritte zuständig. Es liefe auf eine pluralistische Gesellschaft hinaus.

Man kann es aber mit dem Pluralismus auch übertreiben. Die verschiedenen Gruppen müssen sich noch verstehen und miteinander wechselwirken. Wenn die Charaktere zu verschieden sind, läuft nichts mehr. Im Extremfall wird der Einzelkämpfer von Teamworkern für einen Spinner und Angeber (er meint ja, er schafft es allein) und der Teamworker vom Einzelkämpfer für einen angepaßten Trottel gehalten. Beide denken sehr unterschiedlich und drücken sich auch sprachlich sehr unterschiedlich aus. Solche psychologischen und sozialen Barrieren sind schwer zu überwinden. Hier muß Toleranz ins Spiel kommen. Zu einem kreativen System gehört ein hohes Maß an Toleranz.

Naturgesetze sind
Evolutionsgesetze

Bewegung – deckungsgleich und frei
zugleich...
Immer wieder kehrt der Gegenstand
in sich zurück
Muß sich seiner Anwesenheit versichern
dort wo er vorher nicht war
Aber auch seine Abwesenheit eingestehen
wo er jetzt fehlt

In diesem Kapitel wollen wir uns etwas eingehender und konkreter mit den Konsequenzen befassen, die aus dem Modell der fraktalen Evolution, falls es richtig ist, für das physikalische Weltbild gezogen werden könnten. Im fraktalen Bild hat sich die Entstehung der Materie, was die evolutionären Mechanismen angeht, selbstähnlich zu allen anderen Entstehungsgeschichten vollzogen. Die Evolution der Materie ist eine sehr alte Evolution und heute nicht mehr so dynamisch wie in ihren Anfängen. Dennoch müßte sich evolutionäres Verhalten in den Eigenschaften der Materie noch nachweisen lassen; vor allem auch deswegen, weil das Produkt einer Evolution von den Mechanismen der Evolution geprägt sein muß.

Bewegung ist Anpassung an die Umwelt

Wenn alle dynamischen Prozesse letztlich evolutionäre Prozesse sind, dann kann man auch alle physikalischen Abläufe

253

als evolutionär ansehen. Die Bewegung eines Steines durch den Raum würde sich plötzlich ganz anders darstellen: Es ist dann keine kontinuierliche Verschiebung eines Gegenstandes mehr, sondern eine Folge von *diskreten* Mutationen, eine Anpassung des Steines an Umweltbedingungen. Die diskreten Veränderungen müßten dabei so fein sein, daß wir sie bisher nicht beobachten konnten. Darwin hat die evolutionäre Dynamik in den Eigenschaften und Fertigkeiten von Tierarten als Anpassung an die Umwelt gesehen. Diese Dynamik kann man auch als eine Bewegung von Tierarten in einem »Möglichkeitsraum« auffassen. Die Giraffe bewegte sich im »Halslängenraum« hin zu längeren Hälsen. Wir wollen jetzt Bewegung wörtlich nehmen und physikalische Bewegung als evolutionären Prozeß sehen. Dann hätten die elementaren Teilchen, aus denen der Stein zusammengesetzt ist – ähnlich wie ein Lebewesen bei der Reproduktion –, nur diskrete Möglichkeiten zu mutieren. Wie bei allen Mutationen spielt der Zufall, also das Unvorhersehbare, Chaotische, die entscheidende Rolle.

Schon mit dieser noch sehr allgemeinen Annahme ergeben sich einige konkrete Konsequenzen. Die zwei bedeutendsten, die wir auch bereits im Kapitel »Die fraktale Struktur der Evolutionen« angedeutet haben, wären:

○ Das statistische Verhalten der Materie wäre verständlich. Wir Physiker haben uns an diese Eigenschaft der Materie gewöhnt, wirklich verstanden haben wir sie noch nicht.

○ Die obere Grenze der Geschwindigkeit, mit der sich Materie bewegen kann, wird ebenfalls verständlich: Kein evolutionäres System kann sich mit unbegrenzter Geschwindigkeit verändern, wenn die Einflüsse der Umwelt auch noch so dramatisch werden. Mutationen werden durch zufällige Begegnungen bewirkt, und diese brauchen Zeit.

Das statistische Verhalten der Materie wird von der Quan-

Keplers Traum:
Ein Höchstmaß an Ordnung

tenmechanik und die Konsequenzen aus der oberen Grenz-
geschwindigkeit werden von der Relativitätstheorie beschrieben. Ich bin davon überzeugt, daß ein gemeinsamer
Ursprung von Relativitätstheorie und Quantenmechanik in
einer allgemeinen Evolutionstheorie zu suchen ist. Wir wollen uns nun ein paar zaghafte Schritte in diese Richtung vor-
tasten, indem wir ein konkretes, einfaches Evolutionsmo-
dell zu konstruieren versuchen, das die physikalischen
Grundgesetze in Ansätzen richtig wiedergibt. Ein derartiges
System sollte so beschaffen sein, daß es statistische Schwan-
kungen aufweist und in der Lage ist, auf Umwelteinflüsse zu
reagieren.

Das relativistische Nagelbrett

Eines der einfachsten statistischen Systeme stellt das sogenannte Galtonbrett dar: ein senkrecht aufgestelltes Nagelbrett (ähnlich einem Fakirbrett), das mit horizontalen Reihen von Nägeln in gleichmäßigen Abständen versehen ist.
Die Reihen sind derart horizontal gegeneinander versetzt,
daß jeder Nagel einer Reihe genau in die Mitte zwischen
zwei Nägel der Reihen darüber und darunter angeordnet ist.
Fällt eine Kugel zwischen zwei Nägeln hindurch, dann steht
sie wie Herkules am Scheideweg vor der Entscheidung,
rechts oder links am darunterliegenden Nagel vorbeizurol-
len. Das wesentliche hierbei ist, daß die Kugel sich ständig
neu bei jeder neuen Nagelreihe zwischen links und rechts
entscheidet. Die Kugel, so könnte man es sich plastisch vorstellen, würfelt jedesmal, ob sie rechts oder links gehen soll.
Dieses System ist deswegen so einfach, weil die Kugel sich
nur zwischen zwei Möglichkeiten entscheiden muß. In
komplexen evolutionären Systemen ist die Anzahl von Möglichkeiten meistens um ein Vielfaches höher.
   Jetzt versuchen wir einen Umwelteinfluß zu konstruieren.
Man könnte das Brett leicht zur Seite neigen, so daß die Ku-

gel dazu tendiert, öfters nach einer Seite zu rollen. Nun wollen wir aber die Möglichkeit schaffen, mehrere Kugeln unter unterschiedlichen Umwelteinflüssen gleichzeitig nebeneinander zu untersuchen. Dann dürfen wir nicht das Brett, sondern müssen die Kugel von der Umwelt beeinflussen lassen. Eine äußere Kraft könnte z.B.»ihre Sinne verwirren«, so daß sie den Würfel nicht mehr richtig abliest. Oder ihr Würfel wird beschädigt, so daß rechts und links nicht mehr gleich häufig vorkommen. Allgemeiner formuliert: Wir nehmen an, die Symmetrie der Würfelwahrscheinlichkeiten rechtslinks wird durch eine Krafteinwirkung gebrochen, und das Zahlenverhältnis der Würfe links (N_L) zu Würfen rechts (N_R), $\alpha = \frac{N_L}{N_R}$ wird verändert. Die Kugel merkt nichts davon. Nach einer Krafteinwirkung geht sie, sagen wir, überwiegend nach rechts.

Daß derartige Unsymmetrien etwas Natürliches sind, kann man gut am Beispiel des Wanderers durch die Wüste ablesen. Niemand ist in der Lage, völlig gerade zu gehen. Leichte Unsymmetrien der Beine z.B. bewirken, daß man im Kreis läuft. Mit jedem Schritt dreht sich der Wanderer ein Stück weiter aus seiner ursprünglichen Richtung. Eine äußere Kraft, die diese Unsymmetrie verändern würde (z.B. eine leichte Verletzung eines Beines), beeinflußte auch den Weg des Wanderers. Wenn nun verschiedene Wanderer gleichzeitig durch die Wüste gehen, jeder aber seinen eigenen Weg beschreitet, wird jeder von sich denken, er sei der einzige, der einen geraden Weg geht. Jeder hält sich selbst für normal. Ebenso ginge es den verschiedenen Kugeln im Nagelbrett, wenn wir davon ausgehen, daß sie sich gegenseitig beurteilen. Jede hält den eigenen Würfel für das Maß aller Dinge und sieht die Bahnen der anderen Kugeln verzerrt.

Solange keine Meßmethode erfunden und angewandt wird, die die Meinungsverschiedenheiten der Wüstenwanderer in bezug auf gerade und gekrümmte Wege aufklären könnte, meint jeder, er geht gerade, und sieht somit die Wege des anderen verzerrt.

Schon dies erinnert an die spezielle Relativitätstheorie, nach der zwei Beobachter in verschiedenen Bewegungszuständen sich darüber streiten, wie lang irgendwelche Gegenstände sind und wie schnell die Zeit vergeht. Jeder sieht Raum und Zeit des anderen verzerrt im Vergleich zum eigenen System. Die Relativitätstheorie ist ein wesentlicher Bestandteil des Fundamentes, auf dem die moderne Physik aufbaut, und obwohl sie nun viele Jahrzehnte alt ist, sind ihre Erkenntnisse uns wohl noch nicht völlig in Fleisch und Blut übergegangen. Es meinen nicht nur Laien, sondern auch etliche Physiker, daß die Relativitätstheorie etwas Unanschauliches sei, das unserem gesunden Empfinden und den Alltagserfahrungen völlig widerspreche. Es gibt eine höchste Geschwindigkeit, die nicht überboten werden kann, die Lichtgeschwindigkeit »c«. Zudem ist es völlig gleichgültig, ob man sich selbst gegen das Licht bewegt oder mit ihm in die gleiche Richtung, man mißt immer den gleichen Wert für c. Es ist kein absolut ruhender Raum feststellbar. Dies sind die beobachteten Tatsachen, die man akzeptieren muß, ob sie einem gegen den Strich gehen oder nicht. Wenn man jedoch diese Beobachtungen im Licht der fraktalen Evolution sieht, dann erscheinen sie einem viel einleuchtender: Dann wird auch das Fehlen eines absolut ruhenden Raumes verständlich, denn in evolutionären Systemen gibt es wohl kaum das absolute Maß, alles bezieht sich auf alles (alles ist eben relativ).

Kommen wir zurück zum Nagelbrett. Wir wollen nun Ort und Zeit in diesem System definieren. Die Zeit haben wir im fraktalen Bild bereits definiert, als die Drehung der Mutations-Auslese-Helix. Die Mutation ist in unserem Fall der Würfelvorgang. Nach jedem Wurf stellt sich die Kugel auf eine äußere Kraft (Umwelt) ein, indem sie sich in einem Ausleseverfahren ihr anpaßt. Darüber, wie diese Auslese im speziellen aussehen könnte, machen wir uns etwas später noch ein paar Gedanken. Jedenfalls wäre damit der Würfeltakt gleich dem Zeittakt: *Ein Wurf entspricht einer Zeitein-*

258

heit t_o. Wieviel Zeit vergangen ist, kann man daran ablesen, wie weit die Kugeln im Nagelbrett nach unten gefallen sind. Nehmen wir an, alle Kugeln fallen gleich schnell, so daß ihre Zeit gleich schnell verrinnt. Für die Ortskoordinate bleibt nur die horizontale Richtung übrig. *Ein Schritt nach links bzw. rechts entspricht der Einheitsstrecke x_o.* Seitlich bewegen sich die Kugeln aber keineswegs gleich schnell. Eine Kugel mit einem $\alpha = 1$ wird nach unten fallen, also »altern«, seitlich aber kaum vom Fleck kommen. Sie wandert statistisch umher, mal rechts, mal links, sie vollführt einen sogenannten »random walk«. Die Rechts- und die Linksentscheidungen werden sich dabei ungefähr aufheben, so daß man von einer Geschwindigkeit in horizontaler Richtung nicht reden kann. Für ein α, das von 1 abweicht, wird die Anzahl Schritte in eine der beiden Richtungen überwiegen, so daß die Kugel sich in eine der beiden Richtungen bewegen wird. Mit diesen Erwägungen werden also eine zurückgelegte Strecke Δx mit $(N_L - N_R)x_o$ und eine verstrichene Zeit Δt mit $(N_L + N_R)t_o$ berechnet. Somit ist die Geschwindigkeit $V = \frac{\Delta x}{\Delta t} = \frac{N_L - N_R}{N_L + N_R} \cdot \frac{x_o}{t_o}$. Da $\frac{N_L}{N_R} = \alpha$, kann man V durch α ausdrücken: $V = \frac{\alpha - 1}{\alpha + 1} \cdot \frac{x_o}{t_o}$. $\frac{x_o}{t_o}$ nennen wir c und erhalten

$$V = \frac{\alpha - 1}{\alpha + 1} \cdot c$$

Die Größe »c« repräsentiert dabei die maximale Geschwindigkeit, die eine Kugel nach rechts oder links rollen kann, wenn $\alpha = 0$ oder $\alpha = \infty$ ist, wenn ihr Würfel also so verstellt ist, daß sie bei jeder Entscheidung die *gleiche* Seite wählt.

Addition von Geschwindigkeiten

Nehmen wir nun an, es wären mehrere Kugeln mit unterschiedlichem V unterwegs. Wie beurteilen sie sich gegenseitig? Nehmen wir an, jede der Kugeln mißt die Geschwindigkeit der anderen, indem sie deren α herausfindet. Jede der Kugeln hält sich selbst für »normal«, d.h. sie hält ihr α für 1. Dann sieht sie also ihr eigenes α um den Faktor $\frac{1}{\alpha}$ verzerrt (mit α x $\frac{1}{\alpha}$ = 1), und somit die aller anderen Kugeln ebenfalls um den Faktor $\frac{1}{\alpha}$ verzerrt. Eine Kugel 1 mit einem α_1 wird die Geschwindigkeit einer zweiten mit α_2 relativ zu sich selbst so beurteilen:

$$\text{Vrel}_1 = \frac{\frac{\alpha_2}{\alpha_1} - 1}{\frac{\alpha_2}{\alpha_1} + 1} \cdot c = \frac{\alpha_2 - \alpha_1}{\alpha_2 + \alpha_1} \cdot c$$

Die zweite Kugel wird ihrerseits folgende Relativgeschwindigkeit messen:

$$\text{Vrel}_2 = \frac{\alpha_1 - \alpha_2}{\alpha_1 + \alpha_2} \cdot c = -\text{Vrel}_1$$

So wie wir es in der Physik gewohnt sind, kommen beide zum gleichen Ergebnis mit umgekehrten Vorzeichen. Es steckt aber noch viel mehr in dem Ansatz: Drückt man Vrel_1 statt durch V_1 und V_2 aus, so erhält man

$$\text{Vrel}_1 = \frac{V_1 - V_2}{1 - \frac{V_1 V_2}{c^2}} \quad \text{mit } V_1 = \frac{\alpha_1 - 1}{\alpha_1 + 1} c, V_2 = \frac{\alpha_2 - 1}{\alpha_2 + 1} c$$

Dies ist genau die Einsteinsche Formel für die Addition von Geschwindigkeiten. Die Geschwindigkeiten addieren sich nicht linear (außer bei sehr kleinen Werten von $\frac{V_1 V_2}{c^2}$). Da jeder die α_i der anderen im äußersten Fall als 0 bzw. ∞ ansieht, beurteilt er deren Geschwindigkeiten als maximal c bzw. -c.

Subjektive Wechselwirkungen

Im Einsteinschen Bild ist kein System vor dem anderen ausgezeichnet. Man kann zwar eines der Systeme als das absolut Ruhende benennen, ohne dabei zu Widersprüchen zu gelangen, doch dazu könnte erstens jedes der Systeme auserkoren sein, und zweitens zöge man keinen Gewinn daraus. In unserem Nagelbrett wäre zwar von außen feststellbar, welche der Kugeln sich im Mittel senkrecht nach unten bewegt, also ein »absolutes« α von 1 besitzt. Für das System der Kugeln bringt diese Erkenntnis jedoch keinen Nutzen. Zudem haben wir auch keine Garantie, daß *wir* nicht die α_i verzerrt sehen. Dies gilt allerdings nur solange, bis wir eine Wechselwirkung gefunden haben, bei der es auf die absolute Geschwindigkeit der Kugeln ankommt. Für unsere Materie hat man eine solche Wechselwirkung bisher nicht entdecken können. Die Subjektivität oder Relativität der Wechselwirkungen zeigt sich auch in anderen Bereichen. Wenn ich einen Gesprächspartner als langweilig, witzig, dumm oder klug erachte, dann ist doch völlig gleichgültig und auch nicht wirklich objektiv feststellbar, ob er es tatsächlich ist. Wichtig für meine Wechselwirkung mit ihm ist einzig und allein, daß ich es so empfinde. So etwas wie Intelligenz absolut messen zu wollen ist schon im Ansatz ein Irrweg. Die Subjektivität der Wechselwirkung, die auf die Partner bezogene Quantität und Qualität einer Wechselwirkung, scheint mir ebenfalls ein allgemeines evolutionäres Prinzip zu sein.

Zeitdehnung

Wie im einzelnen könnte ein »verwirrter Sinn«, also ein verzerrtes α einer Kugel zustande kommen? Sie könnte zwei Zählwerke besitzen, eines für Rechts- und eines für Linksentscheidungen. Diese Zählwerke könnten verstellt sein, und zwar unterschiedlich für rechts und links. Man könnte nun annehmen, daß dieses Zählwerk in gleichem Maß wie der Würfel verstellt wird. Mit dem gleichen Resultat könnte aber auch die Kugel selbst den Würfel solange beeinflussen, bis sie eine gleiche Anzahl Rechts- und Linkswürfe beobachtet. Der letzte Fall kommt dem Wüstenwanderer näher, der auch seine Beine so kontrolliert, daß er nach bestem Wissen gerade läuft. Nun wollen wir als letzte Annahme uns vorstellen, daß die Verstellung des Zählwerkes auf eine symmetrische Art geschieht. Mit unserer Voraussetzung, daß jeder das α der anderen um einen bestimmten *Faktor* verzerrt sieht, bleiben nicht viele Möglichkeiten. Die naheliegendste ist, daß die Rechtsentscheidungen um einen Faktor ε und die Linksentscheidungen um den Faktor $\frac{1}{\varepsilon}$ falsch gezählt werden. Da

$$\frac{N_L}{N_R} = \alpha \quad \text{und} \quad \frac{N_0 \cdot \varepsilon}{N_0 \cdot \frac{1}{\varepsilon}} = \frac{N_L}{N_R} \quad \text{folgt } \sqrt{\alpha} = \varepsilon \ .$$

(Hierbei ist N_0 die Anzahl der Links- bzw. Rechtsschritte für eine Kugel mit $\alpha = 1$.) Anders ausgedrückt: Wenn ich N_L um den Faktor $\sqrt{\alpha}$ und N_R um den Faktor $\frac{1}{\sqrt{\alpha}}$ verzerrt sehe, dann sehe ich das Verhältnis $\frac{N_L}{N_R}$ um den Faktor α verzerrt.

Wir wollen nun an einem Zahlenbeispiel sehen, wie die Kugeln ihre Umwelt beurteilen. Nehmen wir für $\alpha = 9$ und damit für $\varepsilon = 3$ an. Eine Kugel mit einem derart verstellten Zählwerk wird nach 10 Schritten im Mittel 9 mal nach links und 1 mal nach rechts gerollt sein. Sie glaubt aber von sich, daß sie 9:3 also 3 mal nach links und 1 x 3 also 3 mal nach rechts gerollt sei. *Ihre Uhr geht langsamer*, da sie annimmt, nur 6 statt 10 Schritte unternommen zu haben. Der Faktor, um den die Uhr langsamer geht, ist $\frac{10}{6}$ oder allgemeiner

$$\frac{N_0 + N_0}{\varepsilon N_0 + \frac{1}{\varepsilon} N_0} = \frac{2}{\varepsilon + \frac{1}{\varepsilon}} = \frac{2}{\sqrt{\alpha} + \frac{1}{\sqrt{\alpha}}} = \sqrt{1 - \frac{v^2}{c^2}} \ .$$

Dies entspricht genau der Einsteinschen Zeitdilatation.

Stellen wir uns ein Nagelbrett vor, in dem eine große Anzahl von Kugeln mit unterschiedlichem α_i sich verabredet haben, nach jeweils 10 Schritten ein Signal abzufeuern. Wir könnten beobachten, daß die Kugeln umso seltener Signale gäben, je mehr ihr α von 1 abweicht. Wie beurteilen sie sich aber gegenseitig? Sie starten alle an einem Punkt und ver-

abreden, sich jeweils nach 10 Schritten ein Photon, also eine Kugel mit $\alpha = 0$ bzw. $\alpha = \infty$, zuzuschicken. Eine Kugel mit $\alpha = 1$ erwartet von einer Kugel mit $\alpha = 9$ das Photon nach 18 Schritten, da das Photon noch 9 - 1 = 8 Schritte seitlich zurücklegen muß. Es empfängt das Photon aber erst nach 30 Schritten, da die andere Kugel falsch zählt und erst nach 15 plus $\frac{5}{3}$ Schritten ihr Photon abschickt. Das Verhältnis $\frac{30}{18}$ entspricht wieder dem gehabten Wert von $\frac{10}{6}$.

Die zweite Kugel mißt die gleiche Relativgeschwindigkeit und erwartet das Photon somit ebenfalls nach 18 Schritten. Es empfängt das Photon jedoch nach 45 plus 5 Schritten. Da sie falsch zählt, meint sie, 15 plus 15 also erst 30 Schritte zurückgelegt zu haben. Somit glaubt sie ebenfalls, daß die Zeit der anderen Kugel um $\frac{10}{6}$ langsamer läuft.

Massenzuwachs

Nach der Relativitätstheorie ist für Beschleunigungen in Richtung der vorhandenen Geschwindigkeit die ausübende Kraft folgendermaßen zu berechnen:

$$K = \frac{m_o}{(1-\beta^2)^{\frac{1}{2}}} \cdot \frac{dv}{dt} \, , m_{II} \equiv \frac{m_o}{(1-\beta^2)^{\frac{1}{2}}} \, , \beta = \frac{v}{c} \, .$$

m_{II} nennt man die longitudinale träge Masse.

Wir wollen überprüfen, ob unser Nagelbrett dieses Ergebnis liefert. Wir errechnen dazu das Verhältnis

$$\frac{m_{II}}{m_o} = \frac{K \, \Delta t \cdot \Delta V_o}{\Delta V \cdot K_o \, \Delta t_o} \quad \text{mit } K = K_o$$

Wir nehmen an, daß eine bestimmte Kraft bei allen Kugeln das gleiche bewirkt: nämlich eine Multiplikation der α_i mit einem bestimmten Faktor λ, der für alle Kugeln gleich sein soll. Dann ist

$$\Delta V_o = \frac{1-1\lambda}{1+1\lambda} \cdot c - o \quad \text{und} \quad \Delta V = \frac{1-\alpha\lambda}{1+\alpha\lambda} - \frac{1-\alpha}{1+\alpha} \ .$$

Wenn man $\frac{\Delta V_o}{\Delta V}$ berechnet, erhält man $\frac{\Delta V_o}{\Delta V} = \frac{1+\alpha+\lambda\alpha(1+\alpha)}{2\alpha(1+\lambda)}$
Nun soll unser evolutionäres System nicht überfordert werden, und die Störung λ soll klein, also $\alpha = 1$ sein. Dann ist

$$\frac{\Delta V_o}{\Delta V} = \frac{(1+\alpha)^2}{4\alpha} = \frac{1}{4}\left(\frac{1}{\sqrt{\alpha}} + \sqrt{\alpha}\right)^2$$

Wir müssen uns überlegen, was unter Δt und Δt_o zu verstehen ist. Δt_o ist sicherlich der Zeittakt des ruhenden Systems. Mit Δt ist die Zeit gemeint, die man benötigt, um die Kraft K wirken zu lassen. Nun wird aber das bewegte System vom ruhenden System aus betrachtet die Kraft länger wirken lassen, da dort die Uhren langsamer laufen. Deshalb muß Δt um den Faktor ($\frac{1}{\sqrt{\alpha}} + \sqrt{\alpha}$) größer sein. Damit ist

$$\frac{\Delta V_o}{\Delta V} \cdot \frac{\Delta t}{\Delta t_o} = \frac{1}{8}\left(\frac{1}{\sqrt{\alpha}} + \sqrt{\alpha}\right)^3 = \frac{1}{(1-\frac{V^2}{C^2})^{\frac{1}{2}}} = \frac{m_{II}}{m_o} \ .$$

Das statistische Verhalten

Jetzt wollen wir uns etwas mehr dem statistischen Verhalten der Kugeln zuwenden. Eine senkrechte Linie soll den Ort A repräsentieren. Eine Kugel, die am Ort A gestartet wird, wird sich auch ohne Krafteinwirkung von der Linie seitlich entfernen. Sie vollführt in x-Richtung eine zufällige Bewegung, einen »random walk«, wie bereits erwähnt. Ihre wahrscheinlichste Position ist immer noch bei A (bei der Linie), aber auch weiter entfernt gelegene Orte werden mit immer größerer Wahrscheinlichkeit aufgesucht, je länger die Kugel unterwegs ist. Das Wahrscheinlichkeitsprofil für den Aufenthaltsort der Kugel in x-Richtung zerfließt mit der Zeit.

Dies ist quantenmechanisches Verhalten, denn die Aufenthaltswahrscheinlichkeit eines freien Teilchens zerfließt mit der Zeit.

Nun kann man das Zerfließen zu verhindern suchen, indem man die Kugeln mit einer Kraft in der Nähe von A bindet. Auf welche Art und Weise dies sinnvoll zu geschehen hat, wissen wir noch nicht. Vor allen Dingen ist uns noch unklar, wie die Wellennatur, die in der Quantenmechanik eine zentrale Rolle spielt, einzubringen ist. Wir wissen nicht, ob das überhaupt gelingen wird. Wir glauben jedoch daran.

Unabhängig von einem speziellen Ansatz kann man aber doch schon einige Aussagen treffen. Je stärker man versucht, die Kugeln an einen Ort zu binden, umso mehr geht ihre Bewegung wegen ihrer Fähigkeit, sich ein α merken zu können, von einer zufälligen Bewegung (einem random walk) in eine gezielte Bewegung (Schwingung) über. Je schneller die rücktreibende Kraft K mit x zunimmt, desto größer werden die α-Werte der Kugel und damit ihre Geschwindigkeit. Beim reinen random walk, also bei $\alpha = 1$ und $K(x) = 0$, ist zu jedem Zeitpunkt die Geschwindigkeit V = 0. Die Geschwindigkeit ist also beliebig scharf, der Ort dafür beliebig unscharf. Begrenzen wir den Ort immer stärker, wird die Geschwindigkeit immer unschärfer. Dies gibt zumindest qualitativ die Aussage der Unschärferelation der Quantenmechanik wieder. Wir untersuchen im Moment, ob dies auch quantitativ zutrifft. Die kinetische Energie der Kugel ist auch nicht beliebig scharf zu bestimmen. Je „unschärfer", je länger die Beobachtungszeit ist, umso genauer ist α und damit V und damit die Energie zu ermitteln.

Tunneln

Wir hatten bereits öfter in diesem Buch über den quantenmechanischen Tunneleffekt gesprochen, den man bei der Tunnelmikroskopie benutzt. Keine Barriere ist für ein Teilchen undurchdringlich, wenn sie nur dünn genug ist. Das Durchdringen geschieht, ohne die Barriere zu zerstören. Eine scharfe Barriere entspricht einem schlagartigen Verstellen von α auf einen neuen Wert. Ist die Barriere so hoch, daß das α, mit $\alpha>1$, des ankommenden Teilchens so stark abgebaut wird, daß es zu einem $\alpha_0<1$ wird, so wird das Teilchen reflektiert. Es muß wieder zurück. Mit einer gewissen Wahrscheinlichkeit dringt es dennoch in die Barriere ein. Die Wahrscheinlichkeit, in die Barriere einen Schritt einzudringen, ist $\omega=(1+\alpha_0^{-1})^{-1}$, zwei Schritte ist ω^2, drei ω^3 usw. Die Wahrscheinlichkeiten nehmen also mit der Eindringtiefe rasant ab und zwar mit exakt dem quantitativen Verhalten, wie es die Quantenmechanik beschreibt. Man nennt es exponentielles Abklingen, wenn für jeden Schritt die Wahrscheinlichkeit um den gleichen Faktor (in unserem Fall ω) abnimmt.

Alle Rechnungen und Beschreibungen in diesem Kapitel sollen zeigen, daß die physikalischen Gesetze in Einklang mit evolutionärem Verhalten stehen. Meiner Meinung nach muß man hier suchen, um Relativitätstheorie und Quantenmechanik zu verbinden und auf eine gemeinsame Basis zu stellen. Die Modelle, die ich hier beschrieben habe, sind ein Anfang. Auch wenn sich auf Anhieb erstaunliche Analogien erkennen lassen, heißt das nicht, daß diese speziellen Ansätze mit dem Nagelbrett schon den richtigen Weg darstellen. Es bleiben noch zu viele offene Fragen. Aber es bleibt auch noch viel Zeit, diesen mit Vergnügen nachzugehen.

Unser Nagelbrett-Modell weist einen weiteren Mangel auf: Wir betrachten die Kugeln nicht als fraktale Gebilde. Jede Wirkungseinheit ist im fraktalen Bild ein fraktales System von Untereinheiten. Wir könnten uns eventuell vorstellen, daß jede Kugel aus vielen kleinen, stark miteinander attraktiv wechselwirkenden und somit aneinandergebundenen Kugeln besteht. Dieses System könnte eine »pluralistische Gesellschaft« bezüglich der α-Werte der kleinen Kugeln sein: Jede kleine Kugel besitzt ein etwas verschiedenes α. Da sie aneinandergebunden sind, wäre das α der großen Kugel ein Mittelwert der kleinen. Hier könnte man dann ein Auslesemodell ansetzen, in dem unter bestimmten Voraussetzungen die Sub-Kugeln mit bestimmten α-Werten bessere Chancen haben, zu überleben und sich zu vermehren. In einem solchen Fall kann man Bindungsenergie definieren, was wir auch probiert haben. Unter bestimmten Annahmen erhalten wir tatsächlich für diese Bindungsenergie den Ausdruck $E = mc^2$. Mehr möchte ich dazu nicht sagen, da alles noch auf viel zu wackligen Beinen steht.

Es sei noch erwähnt, daß wir in unserem Nagelbrettmodell die Mutationsblockade eingeführt haben, ohne es zu bemerken. Die Kugel behandelt nämlich die Möglichkeiten, die sie hat (sie hat nur zwei: links oder rechts), nicht als gleichwertig. Hat sie ein von 1 verschiedenes α, ist eine der Möglichkeiten in einem gewissen Maß blockiert. Zu den Mutationsblockaden möchte ich noch einige etwas allgemeinere Betrachtungen machen.

Wir hatten es Mutationsblockaden genannt, wenn ein System »gezielt« nach selbst aufgestellten Mutationsregeln und Mutationsneuerungen mutiert. Vielleicht ist der Begriff Mutationsblockaden unglücklich gewählt, denn er impliziert, daß Möglichkeiten nur eingeschränkt und keine neuen aufgetan werden. Das Mischen der Gene als ein Ziel der Sexualität ist ein gutes Beispiel dafür, daß Mutationen selbst Evolutionen durchlaufen und die Natur auch in dieser Hinsicht erfinderisch ist. Nebenbei gesagt entspricht die sexuelle Vermehrung bei höher entwickelten Lebewesen einem Naturgesetz, das wir heute allerdings schon brechen können. Vielleicht sollte man statt Mutationsblockaden den Begriff »Mutationssteuerung« benutzen. Die Mutationssteuerung mutiert selbst.

An uns selbst können wir das am besten studieren: Arbeiten wir an der Lösung eines Problems, gehen wir dabei nach bestimmten persönlichen Regeln vor. Jeder hat seine eigene Art und Weise, Probleme anzugehen. Der Zufall, also die

Mutation, spielt dabei aber auch eine wesentliche Rolle. Am Anfang wird man alle Gedanken, die etwas mit dem Problem zu tun haben, in einen Topf werfen: Man rührt eine »Ursuppe« an. Welche Gedanken dazu gehören, entscheidet der Zufall mit. Durch Ereignisse, die man zufällig erlebt hat, oder durch Bemerkungen anderer, die auch nicht vorhersehbar sind, werden in uns Gedanken ausgelöst, die man zu dieser »Ursuppe« gibt. Auch das eigene, losgelöste Denken im stillen Kämmerlein ist zufallsgesteuert: Es ist nicht vorhersehbar, welche Gedanken auftauchen. Könnte man den Denkvorgang wieder löschen und neu starten, käme niemals exakt das gleiche dabei heraus. Durch Denkvorgänge und zufällige Begegnungen ändert sich die »Ursuppe« ständig. Neue Gedanken werden hinzugefügt und neu sortiert, alte verlieren an Bedeutung: Die »Ursuppe« mutiert.

Natürlich ist die Mutation nicht rein zufällig. Sie ist gesteuert von Regeln, von erworbenen und angeborenen Verhaltensweisen. Wir suchen uns unsere Gesprächspartner aus – der Zufall ist zwar immer dabei, er ist aber bei weiten nicht rein. Vielleicht hat sich einer angewöhnt, erst einmal die Literatur über das Problem zu studieren, während ein anderer zunächst die Literatur, auch zu verwandten Problemen, möglichst meidet. Jeder hat seine Methoden. Mit diesen Methoden werden wir aber nicht geboren. Diese Mutationssteuerungen erlernen wir, indem sie selbst einen dynamischen Prozeß durchlaufen: Die Mutationssteuerungen mutieren von einem Zustand in einen anderen. Bei uns Menschen ist es sicherlich so, daß die *Mutation der Mutationssteuerung* selbst nach gewissen Regeln erfolgt, also auch nicht rein zufällig ist. Diese Regeln mutieren ebenfalls. Wieviele dieser Ebenen gibt es? Ich weiß es nicht und habe auch nicht darüber nachgedacht. Es ist sicherlich auch nicht so einfach zu beantworten.

Jedenfalls konzentriert sich der Mensch nicht nur auf einen *Zustand*, sondern auch auf dessen Änderung und auf die Änderung der Änderung usw. In der Mathematik gibt es eine Technik, die sehr an diesen Sachverhalt erinnert. Es ist die Entwicklung einer Funktion in eine Taylorreihe. Danach kennt man den Verlauf einer Funktion vollständig, wenn man den Funktionswert nur an einer Stelle weiß, zusätzlich aber noch die Änderung des Funktionswertes an dieser Stelle (z.B. die Steigung einer Kurve), die Änderung der Änderung usw. bis zu einer unendlichen Stufe von Änderungen. Man kann also an einer Stelle einer komplizierten Kurve sitzen und den weiteren Verlauf der Kurve vorhersagen, wenn man nur alle Stufen von Veränderung der einen Stelle kennt. Mit unseren verschiedenen Ebenen von Mutationskontrollen versuchen wir, die Evolution der Welt in eine Taylorreihe zu entwickeln. Wenn man bedenkt, daß Leben über mehr Ebenen von Mutationskontrollen verfügt als Materie – und Intelligenz möglicherweise schon heute über mehr Ebenen als Leben –, dann könnte man sogar vermuten:

Die Welt entwickelt sich selbst mit der Zeit
mehr und mehr in eine Taylorreihe.

Da der Zufall kräftig mitmischt, ist die Entwicklung der Welt aber nicht als stetige und differenzierbare Funktion zu beschreiben, und damit auch nicht die Entwicklung der Naturgesetze bzw. der Regeln oder wie man es auch immer nennen möchte. Insofern kann dieser Versuch nur unvollkommen sein.

In diesem Zusammenhang kann man sich Gedanken zur künstlichen Kreativität machen. Sie wäre nur dann sinnvoll, wenn sie zumindest in Teilgebieten vergleichbar gut oder besser funktionierte als die menschliche. Das heißt aber auch, daß künstliche Kreativität über ähnlich viele Ebenen von Mutationskontrolle verfügen müßte wie der Mensch oder sogar über mehr. Man könnte sich also künstliche Kreativität wie folgt vorstellen: Programmbefehle werden zufällig zu einem Programm zusammengewürfelt und dann ständig variiert. Dies geschieht aber nicht rein zufällig, sondern

270

nach einem Mutationskontrollprogramm, welches selbst mutieren kann. Ein weiteres Programm kontrolliert die Änderungen des Kontrollprogramms usw. bis zu einer großen Anzahl von Mutationskontrollebenen. Dies entspricht einer Hierarchie. Eine solche fraktale Mutationsstruktur ist wie ein Lebewesen in einem Computer und muß sich zusammen mit befreundeten Programmen gegen Konkurrenten und Feinde behaupten. Dabei entwickeln sich die Programme immer weiter. Die Umweltbedingungen, die der Programmierer von außen eingibt, bestimmen, welche Art von Programmen entstehen und welche Aufgaben sie erfüllen können. Ein derartiger Computer wäre in der Lage, Evolutionen zu durchlaufen und sich mehr und mehr von einer direkten Abhängigkeit vom Menschen zu lösen.

Kreative Stationen meines Lebens

Mühsam gezimmerte Heimat –
Flüchtlingsnamen überall
und all die Illusionen, umhergetrieben
wie Zeitungspapier im Wind.
Sorgfältig aufbewahrte Küsse im
goldenen Rahmen, verschlossene Koffer
und Liebe ohne dich …
Geschichten, die wir unsern
Kindern halb erzählen
zwischen Wänden aus Papier
unter einem Dach aus Regen

Jeder Mensch hat in seinem Leben Stationen, die für ihn von ganz besonderer Bedeutung waren, die sein Leben verändert und in eine neue Richtung gelenkt haben. Im Leben eines jeden Menschen gibt es Schlüsselerlebnisse. Einige davon sind Situationen, die unsere Kreativität fördern. Ich möchte hier die eine oder andere schildern, weil ich glaube, daß Sie überrascht sein werden, welche ich in meinem Fall dazuzähle.

Ich werde meinen beruflichen Werdegang schildern und einige Erlebnisse als Beispiele nehmen, weil ich diese am besten kenne und ich ihre Wirkung am besten abschätzen kann. Ich möchte also diejenigen Situationen oder Umstände schildern, die möglicherweise meinen Horizont erweitert haben, aber auch die, die mir Mut gemacht haben, kindlich zu bleiben und spielerisch die Mechanismen der Kreativität zu erproben.

Es handelt sich bei menschlichen Belangen immer um ein Wechselspiel von Geborgenheit und Herausforderung. So auch bei der Kreativität. Eingefügt in eine fraktale Struktur erfährt man beides. Man ist ein Teil des Fraktals und ist dadurch geborgen. Andererseits aber ist das ganze Fraktal dynamisch und die Rolle, die man darin spielt, ebenso. Dies bringt uns Menschen immer wieder an die Grenzen dessen, was wir verkraften können.

Ich bin 1947 geboren, also kurz nachdem das ganze Fraktal Deutschland in sich zusammengebrochen war, zusammengebrochen in jeder Hinsicht: wirtschaftlich, militärisch und moralisch. Wie aus dieser Asche so schnell wieder etwas Neues entstehen konnte, ist ein Wunder der Evolution. In der Geschichte der Evolutionen haben Katastrophen oft eine entscheidende Rolle gespielt. Der Physiker würde sagen, ein System wird aus einem lokalen Minimum geschüttelt, oder anders ausgedrückt: Eingefahrene, sich selbst stabilisierende Verhaltensformen werden aufgebrochen. Das System findet nach dem Schock möglicherweise in den vorherigen Zustand zurück, möglicherweise jedoch in einen

274

besseren. Es ist ja eine anerkannte Theorie, daß die Säugetiere ebenso wie wir Menschen sich erst entwickeln konnten,
nachdem solche Ungeheuer wie die Dinosaurier durch eine
Katastrophe vernichtet worden waren. Hier war die eingefahrene Situation die, daß im Prinzip eine höhere Entwick-
lungsssstufe möglich gewesen wäre, solche Entwicklungen
aber von den gefräßigen Sauriern im Keim erstickt wurden.
Welche Ungeheuer wurden durch den Zweiten Weltkrieg
ausgelöscht? Einige wenige Ungeheuer in Menschengestalt
waren nach dem Krieg beseitigt. Es gab Selbstmorde und
Hinrichtungen. Viel entscheidender aber ist der Umstand,
daß einige ungeheuerliche Denkweisen, einige *Denk-Unge-
heuer*, in Deutschland verschwunden sind oder zumindest
ein wesentlich kärglicheres Leben führen. Das Denkungeheuer Monarchie bzw. Diktatur ist ein gutes Beispiel. Es ist
verschwunden, wir denken heute, daß es etwas besseres
gibt. Genausowenig, wie dem Menschen heute Saurier gefährlich werden könnten, falls sie evolutionär wieder entstehen würden, kann, so glaube ich, der Demokratie die Denkweise »Monarchie« gefährlich werden. Die Demokratie ist
überlegen. Kein Wunder: Sie ist ja auch fraktaler. Die Demokratie wird eines Tages natürlich einem neuen Konkurrenten begegnen, es sei denn, sie ist so flexibel (was ich bezweifle), daß sie in der Lage ist, in bessere Formen zu mutieren. Auch Demokratie wird nicht der Weisheit letzter
Schluß sein. Solange Politiker bei uns fast ihre gesamte
Kraft brauchen, um ihr seelisches Immunsystem aufrechtzuerhalten, sind wir nicht am Ziel.

Das Denkungeheuer »Disziplin, absoluter Gehorsam«
hat es heute schwerer. Wer konnte nach dem Krieg noch mit
solchen Begriffen aus voller Überzeugung argumentieren?
Das Ungeheuer war erheblich geschwächt, und so konnten
sich andere Formen – kreativere Formen – bilden, entwik-
keln und durchsetzen. Heute sind solche neuen Formen
schon so stark, daß die alten immer weniger Chancen haben.
Man kann aber noch allgemeiner fragen: Wer in Deutsch-

land konnte, was solche »Werte« anging, überhaupt noch argumentieren? Welche Werte waren denn noch gültig? Man hatte ein sehr schmutziges Geschäft betrieben und dabei auch noch eine umfassende Niederlage hinnehmen müssen. Was blieb, waren Scham und enorme Schuldgefühle. Sie sind zu einem Komplex geworden, da die Schuld nie verarbeitet wurde. Versuchen Sie einmal mit einer Person, die im Zweiten Weltkrieg bereits erwachsen war, über diese Schuldfrage zu reden. Es gibt nur wenige, denen es gelingt, ehrlich zu argumentieren. Meist zeigt sich massive Verdrängung. Und schauen Sie sich einmal die deutschen Nachkriegsfilme daraufhin an. Nur ein Thema: Schuld – aber fast immer wird jemandem zu Unrecht Ungeheuerliches zugeschrieben. Alles spricht gegen ihn, aber in Wahrheit ist er rein.

Die Amerikaner gedenken jedes Jahr des Vietnamkrieges. In den USA habe ich eine Fernsehsendung dazu gesehen, bei der Redner vor Publikum über ihre persönlichen Kriegserlebnisse berichteten. Fast jeder der Redner kam zu einem Punkt, an dem er nicht mehr weiterreden konnte, an dem seine Schilderung von Tränen erstickt wurde. Bei uns wird das Thema – wenn überhaupt – intellektuell abgehandelt. Wenn man sich distanzieren will, wird man intellektuell. Ich schäme mich für das, was in Deutschland in den Jahren vor 1945 passiert ist, und ich schäme mich dafür, wie man nach 1945 damit umgegangen ist. Manchmal hört man das Argument, daß die nach dem Krieg Geborenen ja nichts mit der »deutschen Sache« zu tun hätten. Solche Argumente werden insbesondere von Leuten vorgetragen, die sich mit deutschen Goldmedaillengewinnern bei Wettkämpfen sehr wohl identifizieren können.

Wir sind Bestandteile des Fraktals Deutschland und identifizieren uns damit. Dazu gehört ganz sicher auch die Vergangenheit, vor allem, wenn sie noch so frisch ist.

In diese Nachkriegszeit bin ich hineingeboren und bin sicher, daß sie mich geprägt hat. Meine Generation ist ohne

276

feste Basis großgeworden. Es gab kaum Werte, die weiter-vermittelt werden konnten. Es kam zu einem Bruch zwischen den Generationen, wie ich ihn in anderen Ländern nicht beobachten konnte. Dies ist ein trauriger Hintergrund, der aber wie alles eine positive Kehrseite besitzt: Wenn wenig vorhanden ist, muß man Neues erfinden. Aus dem Nichts? Geht das? Nichts ist unmittelbar aus dem Nichts. Das scheint manchmal nur so. Alles geht in kleinen Schritten, aufeinander aufbauend. Trotzdem werden immer wieder Dinge möglich, die vorher nicht möglich waren. Waren sie schon angelegt, schon vorbereitet? Ein großer Sprung der Evolution sieht immer nur von weitem wie ein einziger Sprung aus. Schaut man aus der Nähe, sind es viele einzelne Schritte. Schon lange bevor der »Urknall« passiert, wird er vorbereitet, indem sich eine »Ursuppe« zusammenbraut. Evolution hat etwas Zwanghaftes und Unberechenbares. Und da das Zufällige für uns nicht greifbar ist, sieht es so aus, als ob die Dinge aus dem Nichts entstünden. Im fraktalen Bild erhält der Begriff »Nichts« eine neue Bedeutung. Ein absolutes Nichts gibt es genauso wenig wie den reinen Zufall. Es existiert nur ein *relatives* Nichts: Vor der Evolution des Lebens gab es ein »Nichts« an Leben.

Die Antwort, die meine Generation auf ihre Probleme gefunden hat, bestand darin, sehr intensive Freundeskreise zu bilden. Nicht von ungefähr wurde die Blütezeit der Kommunen von meiner Generation getragen. Ich selbst habe auch ungefähr vier Jahre in einer kleinen Kommune gelebt. Es war für mich eine sehr wichtige Zeit, weil in Kommunen in der Regel mit wesentlich größerer Offenheit miteinander gesprochen wird als sonst üblich.

Ich hatte das Glück, bereits vom dritten Lebensjahr an sehr engen Kontakt mit Gleichaltrigen zu haben. Wir wohnten in einem ringförmigen Wohnblock, in dessen Mitte ein Spielplatz lag. Dort war der Treffpunkt aller Kinder, von dem aus wir auch Ausflüge in die benachbarten Trümmerhaufen machten. Ich bin meiner Mutter dankbar, daß sie mir diesen Spielraum – im wahrsten Sinne des Wortes – gewährt hat. So lernte ich spielerisch, die Welt zu erkunden. In der Schule fehlte es mir am nötigen Ernst. Das hatte ich wohl glücklicherweise von meinem Vater geerbt. Ohne Ehrgeiz war ich jedoch nicht. Ich wollte zeigen, was ich konnte, aber ich wollte nicht besser sein als andere. Ich war meilenweit davon entfernt, ein Streber zu sein.

Im Alter von zehn Jahren erkrankte ich für eine relativ lange Zeit. Durch falsche ärztliche Behandlung wurde ich zunehmend kränker. Nach einem Arztwechsel habe ich mich dann doch wieder erholt. Mein Großvater hat daraufhin den bevorstehenden Wechsel zum Gymnasium für zu schwierig gehalten und dafür gesorgt, daß ich in ein privates Gymnasium kam. Dort hatte ich nur Unsinn im Kopf und entwickelte mich zum Klassenclown. Der Übermut verging mir, als ich drei Jahre später auf ein reguläres Gymnasium wechselte. In Englisch schaffte ich die Versetzung nur, weil der Lehrer mich mochte und mir am Ende des Schuljahres eine Gnaden-Vier gab. Er hätte auch anders entscheiden können. Mein Lebensweg wäre ein anderer geworden, dessen bin ich sicher. Mein Optimismus hätte einen Knacks erlitten. Es war so schon schlimm genug. Ich war in diesem Jahr in manchen Fächern so miserabel, daß ich einige Demütigungen hinnehmen mußte. Ich hatte meine Lockerheit verloren. Zudem war es die Zeit der Pubertät, in der es mir sowieso nicht gelungen wäre, locker zu bleiben. Ich war eher verklemmt.

Zu dieser Zeit fing ich an, bewußter über die Welt und mich nachzudenken. Ich baute mir eine eigene Philosophie und eine private Psychologie. Das war, glaube ich, der Anfang eines eigenen Weges. Die Ursuppe war aber schon vorher angerührt. Ich hatte Heißhunger nach einem Weltbild und konnte keines entdecken. So habe ich es mir selbst geschustert. Natürlich nicht aus dem Nichts. Es war aber ein Weltbild, das ich mir selbst zusammengetragen habe, nicht eines, das mir von einem oder einigen anderen vermittelt

278

worden wäre. Die wesentlichen Informationen dazu erhielt ich durch das Leben, durch Bücher, die Schule, und auch die christliche Erziehung spielte damals eine Rolle.

Als sehr wesentlich habe ich den Gedankenaustausch mit Freunden empfunden. Ab meinem 19. Lebensjahr spielte dabei meine Frau die zentrale Rolle. Ein Gespräch kann beides: abenteuerlich sein *und* Geborgenheit vermitteln. Mit einem Freund habe ich jahrelang jeden Tag nach der Schule mehr oder weniger lange, sehr persönliche Gespräche geführt. Er hat mir einmal erzählt, daß er schon daran gedacht habe, sich umzubringen. Wir haben oft über den Sinn des Lebens gesprochen.

Durch das Nachdenken und Philosophieren ist ein persönliches Weltbild entstanden. Das Weltbild hat mir geholfen, mein Leben besser zu gestalten. Dies wiederum hat mir sehr viel Selbstvertrauen gegeben. Ich hatte das Gefühl, mich selbst an den Haaren aus dem Morast ziehen, selbst etwas machen zu können, nicht hilflos zu sein. Es entstand eine Kreativität, die letztlich aus der seelischen Not der basislosen Nachkriegszeit resultierte, aber sie war auch mit viel Lebensfreude und Spaß verbunden. Im Freundeskreis haben wir uns gegenseitig mit unseren Ideen fasziniert und oft beim Rumblödeln Tränen gelacht. Es war der Aufbau von Neuem, der uns Spaß gemacht hat.

In den letzten vier bis fünf Schuljahren habe ich keine Hausaufgaben mehr gemacht. Statt dessen traf ich mich mit Freunden. Ich denke, daß ich dabei mehr gelernt habe als durch Hausaufgaben. Zudem mußte man kreativ sein, um die fehlenden Hausaufgaben vor dem Lehrer vertuschen zu können, denn Hausaufgaben wurden nachgeprüft. Bei Klassenarbeiten stand ich dann oft vor dem Problem, ungeübt – quasi aus dem Nichts – etwas hinzaubern zu müssen.

Ich muß allerdings dazu sagen, daß mir die letzten Schuljahre Spaß gemacht haben. Ich war während des Unterrichts oft ganz konzentriert und habe mitgemacht. Natürlich aber hatte ich auch – wie alle – Angst vor der Schule.

Mit ungefähr zwölf Jahren, also noch auf der Privatschule, wurde ich von einem älteren Schüler gefragt, was ich einmal werden wolle. Physiker, habe ich geantwortet, ohne zu wissen, was das ist. Daraufhin wollte er von mit den Unterschied zwischen Chemie und Physik erklärt bekommen. Das konnte ich nicht, war aber völlig sicher, daß mein Beruf Physiker sein mußte. Später, vor meiner ersten Physikstunde in der Schule, war ich wie elektrisiert und hatte Herzklopfen wie vor dem ersten Rendezvous. Ich weiß bis heute nicht, woher das kam. Ich kann mich nicht an Kontakte mit Physikern oder Physikinteressierten erinnern. Zu der Zeit habe ich auch keine Bücher zu diesem Thema gelesen. Es ist mir schleierhaft.

Eines ist mir im Physikunterricht aufgefallen. Hatte der Lehrer eine Aufgabe gestellt, wußte ich meistens sofort die Antwort. Es hat mich aber immer extrem viel Mühe gekostet, mir eine Begründung zu überlegen. Es war intuitives Denken. Ich wußte, *daß* ich es wußte, aber ich wußte nicht, *warum* ich es wußte. Diese Intuition habe ich während der Schulzeit so ausgeprägt nur in Physik gespürt. Ich habe auch festgestellt, daß ich, wenn eine Antwort bekannt war, für die Begründung oft länger brauchte als andere.

Ich war ein eher mittelmäßiger Schüler. Selbst in Physik hatte ich niemals ein »Sehr gut«. Es war mir nicht wichtig, Autoritäten zu gefallen. Freundschaften waren mir wesentlich wichtiger. Hier kann man wieder den Zusammenhang zur Nachkriegszeit erkennen. Die Distanz zu Autoritäten verschaffte mir enorme Freiheit, anders zu denken. Beim Erringen dieser Freiheiten hat mir auch die Musik ungeheuer geholfen. Von dem Interesse und Spaß meiner Mutter an klassischer Musik wurde ich schon früh angesteckt. Ich hatte jedoch nie den Versuch unternommen, ein Instrument zu spielen. Mein Bruder verspürte eines Tages den Drang, Geige zu lernen. Er bekam eine Violine und ging zum Unterricht, aber nicht lange. Ihn haben die Rolling Stones schließlich mehr fasziniert, und die hatten nur ein Stück mit Geige

280

(»As tears go by«). Die Geige lag nun herum, und ich wurde in ihren Bann gezogen. Nachdem ich ungefähr ein Jahr lang autodidaktisch gespielt hatte, ging ich mit etwa 17 Jahren zum Geigenunterricht. Es hat mir enorm Spaß gemacht. Für eine Weile galt mein ganzes Interesse diesem Instrument. Fast jeden Tag nach der Schule habe ich über ein Jahr lang fünf Stunden gespielt, wie besessen. Dabei habe ich keineswegs nur nach Noten gespielt, sondern auch sehr viel improvisiert. Ich trat unserem Schulorchester bei, das sogar zu einigen öffentlichen und offiziellen Anlässen spielte. Durch diese Aufgabe bekam ich noch mehr Distanz zur Schule und wurde ständig .... besser – erstaunlich, nicht? In diesem Jahr war ich nach Noten sogar Klassenbester. Das hat mich aus dem Grund sehr gefreut, weil es für mich der Beweis war, daß es auch anders geht als mit Selbstdisziplin und Fleiß, nämlich mit Freude und Begeisterung. Ich hatte etwas begriffen, oder besser, ich hatte es erfahren: Mit Freude und Spaß lernt man zehnmal schneller und besser.

Ich will ein – vielleicht unspektakuläres – Beispiel erzählen, das alles aussagt. In Deutschaufsätzen hatte ich Mühe, ich schrieb verkrampft und mußte aufpassen, nicht auf eine Fünf abzurutschen. Wieder einmal vor einem leeren Blatt sitzend, kam mir die Idee, den Aufsatz als Dialog zwischen zwei Personen anzugehen. Ich weiß nicht, wie es heute ist, aber 1965 schrieb man Aufsätze nach strengen Regeln. Ich kannte niemanden, der es je gewagt hätte, derart von der Form abzuweichen. Ohne die Musik und die Freunde im Hintergrund hätte ich mich nicht getraut, so aber tat ich es. Der Knoten war geplatzt. Von da an gelang es mir, mit mehr Freude zu schreiben, so zu schreiben, wie es mir liegt, und nicht zu versuchen, Erwartungen gerecht zu werden. Der Lehrer war flexibel genug, um das sofort anzuerkennen. In dem folgenden Zeugnis hatte ich als einziger der Klasse eine Zwei in Deutsch. Darüber sind Sie sicher erstaunt, nachdem Sie nun fast das ganze Buch gelesen haben.

Die ständige Berieselung mit den Rolling Stones und den

Beatles durch meinen Bruder blieb nicht ohne Wirkung. Ich begann mich für diese Art von Musik zu interessieren. Ein Freund, der auch im Schulorchester Geige spielte, besaß eine Gitarre und zeigte mir darauf einen einzigen Griff, mit dem man im Prinzip sämtliche Dur- und Moll-Akkorde spielen kann. Ich probte etwas, wir gründeten eine Band, ich begann zu komponieren (mit einem Griff), und einige Wochen später standen wir schon auf der Bühne, um vor anderen Schülern unsere Eigenkompositionen vorzuspielen. Ich hatte immer ungeheure Hemmungen, vor ein Publikum zu treten. Aber, wie gesagt, der Knoten war geplatzt, und jetzt probierte ich sogar, vor Publikum zu singen und mich auf der Gitarre zu begleiten, anfänglich zitternd, später entspannter. In der Band zu spielen war für mich ein tolles Erlebnis. Nach dem Abitur ging alles auseinander. Aber während des Studiums haben wir in anderer Besetzung wieder eine Band gegründet. Wir spielten fast ausschließlich Eigenkompositionen. Komponiert haben wir, indem mal der eine, mal der andere ein Grundgerüst ausarbeitete und wir dann *zusammen* fertigkomponierten. Das kreative Zusammenspiel der Gruppe hat mir riesigen Spaß gemacht.

Während der Abiturzeit war ich in Aufbruchstimmung. Danach kam der große Dämpfer: die Bundeswehrzeit. Das war die Antikreativitätserfahrung meines Lebens. Plötzlich war man wieder in der Steinzeit: Absoluter Gehorsam war angesagt, und das auch noch in einer großen Ernsthaftigkeit in bezug auf absolut lächerliche Dinge wie Bügelfalten. Ich hätte nie gedacht, daß soviel Schwachsinn heute noch lebensfähig ist. Das funktioniert auch nur, weil es sich um einen Staat im Staat handelt. Das System in der Schweiz ist wesentlich besser. Das Militär dort wird zum großen Teil von Leuten betrieben und bestimmt, die ständig wieder in zivilen Berufen tätig sind. Auf diese Art und Weise kann gar nicht eine völlig andere Welt entstehen, die Durchmischung mit der Normalbevölkerung ist zu groß.

Ich bin nicht gegen die Bundeswehr an sich. Es handelt

sich aber um die größte Energieverschwendung, die mir je begegnet ist. Erstens fließen Unsummen in eine völlig veraltete und unfähige Managementstruktur. Zweitens werden unzählige talentierte Bundesbürger dort zu Idioten erzogen, und drittens: Was hätte man alles in dieser Zeit für positive Dinge tun können?

Ich bin der Ansicht, daß ein Land in der Lage sein muß, sich militärisch zu verteidigen – zumindest heute noch. In dieser Hinsicht mag Militärdienst eine Bürgerpflicht sein. Es ist aber genauso die Pflicht der verantwortlichen Politiker und Militärs, die Bundeswehrzeit für den Soldaten so angenehm und nutzbringend wie möglich zu machen. Das heißt nicht, daß die Leute von morgens bis abends auf der Couch liegen sollen, im Gegenteil: Man muß ihnen etwas bieten, ihre Fähigkeiten herausfordern! Es muß eine Zeit sein, von der alle Beteiligten etwas haben. Nur so funktionieren gute Beziehungen. So gesehen erfüllen die *Verantwortlichen* ihren Wehrdienst *nicht*. Ich kann jeden verstehen, der als Achtzehnjähriger versucht, darum herumzukommen.

Ich könnte viele unglaubliche, selbsterlebte Geschichten erzählen, verzichte aber darauf. Ich möchte keine Effekthascherei, sondern schlicht verstanden werden. Was ich sagen will, ist, daß ein gutes Militär ganz ähnliche Management- und sonstige fraktale Strukturen besitzen muß wie eine gute Firma.

Auch diese Zeit ging vorüber, und ich freute mich auf mein Studium. Welche Enttäuschung! Ich stellte es mir so ähnlich vor wie den Physikunterricht in der Schule, nur noch aufregender. Ich hatte das Glück gehabt, in der Schule einen Physiklehrer zu haben, der zwar machmal extrem langsam vorging – jeder sollte es verstehen, auch die, die es nicht verstehen wollten –, der aber kein Formalist war. Jede Verständnisbarriere wurde im Unterricht zwischen den Schülern zusammen mit dem Lehrer ausdiskutiert. So stellte ich mir Physikunterricht auch vor.

Nichts von alledem gab es an der Universität. Die Meinungen, die Barrieren, die Fragen, die Probleme, die Verständnisschwierigkeiten der Studenten waren nicht gefragt. Massenabfertigung: rein in den Hörsaal mit 500 anderen Studenten und zuhören. In manchen Vorlesungen verstand man gar nichts, andere waren besser. Fast alle Vorlesungen waren formalistisch: Physik wurde gelehrt wie Mathematik. Mathematik machte mir so sogar noch einigermaßen Spaß, Physik dagegen stellte ich mir anders vor. Zur Physik gehören meines Erachtens philosophische Erwägungen. Es geht doch um die Natur – die kann man nicht definieren, sie ist bereits definiert. Man kann staunen, man muß es sogar: warum so und nicht anders? Die meisten Physikvorlesungen waren für mich unerträglich, ich habe sie nicht mehr besucht.

Waren die Vorlesungen schon schlimm genug, so wurden sie von den dazugehörigen Übungsgruppen im negativen Sinne noch übertroffen. Hier hätte man Gelegenheit gehabt zu diskutieren. Die Atmosphäre war jedoch kälter, als man es sich vorstellen kann. Es gab *nicht eine* Gruppe, die mir auch nur etwas Spaß gemacht hätte. »Herr Sowieso, treten Sie bitte vor, und rechnen Sie die Aufgabe Nr. Sowieso an der Tafel vor.« So war der Ablauf. Ich habe mehrfach Leute an der Tafel vorrechnen sehen, die derart am ganzen Leib zitterten, daß sie kaum noch stehen konnten. Ich denke und hoffe, daß es heute an den Universitäten anders aussieht. Es hat mich natürlich interessiert, wie andere das heute beurteilen, und ich habe nachgefragt. Erstaunlicherweise fanden es nicht alle so schlimm wie ich. Doch habe ich keinen getroffen, der wirklich positiv geurteilt hätte, viele dagegen, die meine Sicht der Dinge teilen.

Interessanterweise kann man eine Ordnung innerhalb der verschiedenen Meinungsträger finden. Je mehr jemandem formalistische Vorgehensweisen liegen, desto erträglicher findet er die Universität. Man kann also schließen, daß unsere Universitäten ein Sieb für Formalisten darstellen. Ich finde das schlimm, nicht weil ich Formalisten für schlimm halte, sondern weil ich denke, daß es auch andere Qualitäten gibt. Wir brauchen die Formalisten. Sie haben entscheidend mitgeholfen, die Wissenschaften aufzubauen. Wir brauchen aber genauso die kritischen und die anschaulichen Denker, die Emotionellen, die Begeisterten, die Kämpfer. Wir brauchen – wie überall – auch hier eine pluralistische Gesellschaft. Darüber hinaus brauchen wir an unseren Universitäten eine fraktale Struktur. Das Verhältnis von einem Professor, der redet, und 500 Studenten, die zuhören, hat eine fraktale Komplexitätsdimension von 1, hat also wenig Fraktales. Es sind zwei Punkte, die durch eine Einbahnstraße miteinander verbunden sind.

Ich glaube, man sollte Lehr- und Forschungstätigkeit mehr voneinander trennen. Beides ist heute so anspruchsvoll, daß eine Person in der Regel überfordert ist, wenn sie versucht, mit gutem Gewissen beides auszuüben. Nun kommt es aber darauf an, wie drastisch die Trennung aussieht. In der Tat glaube ich, daß bei einer völligen Trennung sowohl der Forschung als auch der Lehre etwas fehlen würde. Ohne Forschung fehlt der Lehre die Aktualität, der Pfeffer, die Faszination, das Ganze würde schulmäßiger. Um klarer zu machen, was ich meine, ein Beispiel: Auch Schulunterricht kann interessant sein. Wenn Sie aber einen Zirkus besuchen, ist es etwas anderes, ob Sie eine offizielle Führung erhalten oder ob der Zirkusdirektor – oder sagen wir der Dompteur, der dort auftritt – Sie führt. Es ist die Information aus erster Hand, die fasziniert. Auf der anderen Seite fehlen der Forschung ohne Lehre die Studenten – abgesehen davon, daß man als Professor beim Lehren auch selbst lernt. Wie kann man das Problem also lösen?

Um nun Forschungs- und Lehrtätigkeit mehr voneinander zu trennen, ohne dabei Forschung und Lehre zu trennen, könnte ich mir folgendes vorstellen: Es gibt lehrende und forschende Professoren. Die Grenze zwischen ihnen muß nicht einmal scharf sein, d.h. es gibt weiterhin Professoren, die beides tun. Beide Sorten von Professoren sind nun aber in *einer Organisation vereint*. Sie sitzen möglicherweise im gleichen Gebäude, sie besuchen die gleichen Seminare, sie gehen zu den gleichen Sitzungen, sie *wechselwirken* miteinander. Wenn ein Professor will, kann er als Lehrender zur Forschung und als Forschender zur Lehre beitragen, aber er muß es nicht. Es ist ohnehin so, daß dem einen mehr das eine und dem anderen mehr das andere liegt. Warum nicht die Struktur dem anpassen? Mit den Max-Planck-Instituten hat man eigentlich diesen Schritt schon fast getan. Man hat die Möglichkeit geschaffen, daß ein Wissenschaftler sich vorwiegend oder sogar ganz auf die Forschung konzentrieren kann. Man sollte nun als Gegenstück die Möglichkeit schaffen, daß sich ein Wissenschaftler überwiegend oder ganz der Lehre widmen kann. Um einer drohenden Trennung von Lehre und Forschung entgegenzuwirken, wäre es dann möglicherweise besser, die Max-Planck-Institute in die Universitäten einzugliedern.

Auf die kreativen Stationen zurückkommend wage ich zu behaupten, daß die intensiven Wechselwirkungen mit Freunden gegen Ende meiner Schulzeit und auch später und die aktive Beschäftigung mit Musik zu den bedeutendsten kreativen Lernprozessen meines bisherigen Lebens zählen.

Ich halte es auch nicht für unbedeutend, daß ich eine Zeitlang malte und daß ich schon früh begann, mich mit Psychologie auseinanderzusetzen, wenn auch beides nur laienhaft. Für etwa ein Jahr probierte ich Selbsthypnose nach einem Buch. Weil es gefährlich wurde, hörte ich dann völlig damit auf. Tagträumen und eine autodidaktische Art von Meditation jedoch hatten schon immer einen gewissen Stellenwert in meinem Leben.

Dummerweise wird man in der Physik-Vordiplomprüfung nicht nach musikalischen Kenntnissen gefragt. Da ich die meisten Vorlesungen nicht besucht hatte, auch zu Hause sehr faul gewesen war und erst einige Tage vor den Prüfun-

286

gen den Ernst der Lage erkannte, machte ich eine interessante Feststellung: Man kann den Stoff der ersten vier Semester in wenigen Tagen nachholen. Diese Aussage ist nicht ganz fair, denn Mathematikvorlesungen und -übungen hatte ich besucht und ebenso einige Physikübungen. Ich hatte jedoch das Gefühl, von der Physik nichts zu verstehen.

Bei der Vorbereitung auf die Prüfungen war ich jedoch in einer ganz besonderen Verfassung, die sich nie zuvor eingestellt hatte und danach nie wieder auftrat. Ich war in einer Art Panikstimmung, konnte jedoch voll konzentriert *ohne Pause* von morgens 9.00 Uhr bis abends 22.00 Uhr durcharbeiten, ohne nur eine Minute an etwas anderes als an den zu lernenden Stoff zu denken. Der Stoff kam mir auch plötzlich wesentlich einfacher vor, teilweise regelrecht trivial. Dies lag nicht nur an dem erhöhten Adrenalinspiegel, es war etwas viel Entscheidenderes im Spiel: Ich habe mich dem Stoff ausgeliefert, d.h. ich habe ihn relativ unkritisch akzeptiert. Wie soll man lernen, wenn einen bei jedem Schritt, den man vollziehen soll, großes Unbehagen erfüllt: »Brauche ich das überhaupt? Warum so und nicht anders? Eigentlich hätte ich gern erst einmal den Schritt davor so richtig ausdiskutiert, bevor ich diesen mitgehe.« Sind diese Barrieren weg, fließt der Stoff nur so rein.

Information verändert unseren Verstand, sie verändert unser Gehirn. Lernen heißt, sich eine Gehirnstruktur zu bauen. Dabei muß man höllisch aufpassen, daß man nichts verbaut. Offensichtlich gibt es in der fraktalen Struktur des Gehirnes Bereiche, die darüber entscheiden, ob die auf den Verstand einstürmende Information als Bauplan akzeptiert wird oder nicht. Dies gehört zur Immunität des Verstandes. Jemand, der alles, was ihm in der Schule oder Universität angeboten wird, auch aufnimmt, wird zu kreativen Prozessen nicht fähig sein. Lernen ist eine Sache des Könnens, genauso aber auch eine des Wollens. Wollen wir etwas nicht lernen, ist dies nur ein Zeichen dafür, daß wir nicht davon überzeugt sind, daß die Sache lernenswert ist. Es ist eine

Frage der Motivation. Sind wir motiviert, d.h. sehen wir den Sinn einer Sache ein, dann können wir Dinge mit Freude tun, die wir vielleicht vorher für absolut unangenehm gehalten haben. Dafür kann ich Ihnen ein gutes Beispiel geben:

Für mich war Schreiben immer ein Greuel, das Schreiben von Briefen und Postkarten, das Schreiben der Diplom- und der Doktorarbeit, von wissenschaftlichen Aufsätzen oder Forschungsanträgen. Hätte mir jemand vor nur drei oder vier Jahren prophezeit, daß ich einmal ein Buch schreiben würde, hätte ich ihn für verrückt erklärt. Hätte ich dennoch versucht, eines zu schreiben – ich wurde öfters gebeten, ein Buch über Tunnelmikroskopie zu schreiben –, dann wäre es nie fertig geworden. Das wußte ich, und deshalb habe ich abgelehnt. Es gab einfach nichts, was mich daran gereizt hätte. Es wird momentan soviel über Tunnelmikroskopie geschrieben. Ich hätte dem nicht viel Neues hinzufügen können. Es hätte keinen großen Unterschied gemacht, ob ein solches Buch von mir existiert oder nicht.

Ich kann es selbst kaum fassen, aber das Buch, das Sie gerade lesen, habe ich mit größter Freude geschrieben. Ich mußte mich nicht einmal überwinden, weiterzuschreiben. Es hat mich wie von selbst getrieben. Dafür gibt es – so glaube ich – nur eine Erklärung: Dieses Buch hätte sonst kein anderer geschrieben. Ich habe das Gefühl, daß es einen Unterschied macht, ob es existiert oder nicht. Das kann sich als Irrtum herausstellen, wenn niemand es liest. In diesem Zusammenhang ist das aber nicht entscheidend. Nur das Gefühl, das ich beim Schreiben habe, zählt für mich.

Wenn man also an sich selbst merkt, daß man einer bestimmten Tätigkeit nur sehr widerwillig nachgehen kann, dann sollte man sich nicht zwingen. Man sollte herauszufinden versuchen, ob man die Tätigkeit überhaupt für sinnvoll hält. Die Unwilligkeit kann auch bedeuten, daß man sich nicht schlüssig ist. Dann lohnt es sich, in die Klärung der Frage mehr Energie zu stecken als in die Tätigkeit. Ich wollte, mir würde dies in der Praxis immer so gelingen.

Ich hatte mir gewünscht, daß die universitären Lehrstrukturen genügend motivierend wären, um meine Wißbegierde zu erhalten oder sogar zu steigern. Leider war dem nicht so, und ich habe nur einen winzigen Bruchteil von dem gelernt, was ich hätte lernen können. Wenn man etwas verliert, gewinnt man meistens gleichzeitig auch etwas. Was wäre dies in meinem Fall? Es ist die Distanz zur Physik. Ich bin eigentlich nie ein richtiger Physiker geworden. Ich sitze nicht mitten drin in der Physik, sondern schaue sie mir von außen an. Dies schafft ungeheure Möglichkeiten und Freiheiten.

Es fällt natürlich wesentlich leichter, anders zu denken, wenn man Distanz hat. Man muß jedoch ein Gefühl dafür haben, auf welchen Gebieten man mit seiner größeren Distanz ansetzen kann. Man muß sich mit Dingen beschäftigen, bei denen eine größere Distanz auch tatsächlich ein Gewinn ist. Da gibt es aber ein enorm breites Betätigungsfeld.

Ich habe einen berühmten Kollegen, der aus einer ähnlichen Situation heraus eine Revolution in der Physik auslösen konnte: Albert Einstein. Er war kein besonders guter Schüler und Student. Auch später hat er von sich behauptet, er könne nicht gut mit den mathematischen Formalismen umgehen, was für einen Theoretiker ein gewaltiges Handicap ist. Offensichtlich hatte er aber die Fähigkeit, anders zu denken. Das soll nicht heißen, daß ich mich mit Einstein vergleichen oder gar auf eine Stufe stellen will. Leider beobachtete ich solche Tendenzen manchmal bei Nobelpreiskollegen oder anderen herausragenden Wissenschaftlern.

Gegen Ende des verunglückten Studiums begann es dann wieder aufwärtszugehen. Einige glückliche Umstände halfen mir dabei. Ich begann eine Diplomarbeit im Institut von Professor Martienssen. Endlich konnte ich selbst etwas tun. Es begann mir mehr und mehr Spaß zu machen.

Bereits mit der Diplomarbeit steckt man in einem kreativen Prozeß, denn man gestaltet Forschung mit. Man weiß nicht im voraus, was dabei herauskommt. Man kann auch nicht einfach einen erlernten Mechanismus einsetzen, um ans Ziel zu gelangen. Man muß so nach und nach einen Weg finden, um ein Problem zu lösen. Dabei ist das Problem selbst nicht einmal wohldefiniert. Anfänglich wurde meine Diplomarbeit von Professor Barth, später von Dr. Hoenig betreut. Die Fragestellung zu Beginn war, supraleitende Halbleiter bei sehr tiefen Temperaturen (ca. 1/10 Grad vom absoluten Nullpunkt entfernt) zu untersuchen. Was dabei interessant sein könnte, weiß man im voraus nie. Es stellt sich erst während der Arbeit heraus. Es waren schon einige supraleitende Halbleiter bekannt und bereits ansatzweise untersucht, und ich suchte mir den Halbleiter $SrTiO_3$, einen Halbedelstein, heraus. Dies war keine schlechte Entscheidung, denn erstens war das Material interessant genug, um mich noch ungefähr sieben Jahre zu begleiten, und zweitens hat $SrTiO_3$ sehr viel mit den neuen Hochtemperatursupraleitern gemeinsam.

Eine Meßapparatur zu kontrollieren, um der Natur ihre Geheimnisse zu entlocken, hat mich elektrisiert. Stundenlang, tagelang, oft die Nächte hindurch konnte ich an den Knöpfen drehen, ohne müde zu werden. Auch das Lernen begann Spaß zu machen. Braucht man eine Information, so besorgt man sie sich, auch wenn es sich manchmal um komplizierte Zusammenhänge handelt. Man tastet sich vor. Im Prinzip sollten wir ja nicht lernen, nur um das Wissen zu *besitzen*, sondern um etwas *damit anzufangen*. Das Wissen soll für unser Leben eine Bedeutung haben, wir sollen es einsetzen. Im Leben gibt es kaum die schulische Situation, in der jemand eine konkrete, wohldefinierte Frage stellt und wir die Antwort nur ausrechnen müssen. So einfach ist es nicht, zumindest dann nicht, wenn man an einer Evolution teilnehmen will. Evolutionen spielen sich heute aber überall, in allen Bereichen ab. So müssen wir uns die Fragen schon selber stellen, und natürlich mit Hilfe etablierter Methoden, aber auch mit z.T. abgewandelten oder neuen Methoden schrittweise versuchen, einer Antwort näherzukommen. Dies ist kindliches Lernen. Es ist Lernen aus Neugierde, Lernen durch Ausprobieren, durch Selbermachen. Es ist für mich die einzige sinnvolle Form von Lernen. In der Natur ist Lernen ja offensichtlich auch so angelegt, nur haben wir es noch nicht begriffen. Sie können einen Computer vollpumpen mit Wissen. Der dumme Kerl weiß doch nichts damit anzufangen. Er steht herum und macht nichts, nichts ohne Kommando. Er kann sich die Fragen nicht selbst stellen, noch nicht jedenfalls!

Während meiner Doktorarbeit, die ich zum Thema SrTiO$_3$ begann und schließlich unter der Anleitung von Eckhardt Hoenig, der sehr viel Geduld mit mir, meinem Unwissen und meinen Extravaganzen bewies, mit einem etwas abgewandelten Thema zu Ende führte, bekam ich eine Assistentenstelle. Anderen etwas beizubringen ist eine gute Methode zu lernen. Ich wurde Übungsgruppenleiter, was bedeutete, daß ich für ca. 500 Studenten die Übungsaufgaben ausarbeitete, die jede Woche in den vielen, aus etwa 15 Studenten bestehenden Übungsgruppen besprochen wurden. Außer mir kam noch ein anderer Assistent für die Rolle des Übungsgruppenleiters infrage. Wir warfen eine Münze, und ich gewann.

Dies war für mich der wichtigste Münzwurf meines Lebens. Ich erfand insgesamt zwischen 50 und 100 neue Übungsaufgaben, in denen ich versuchte, Physik so plastisch wie möglich darzustellen. Möglicherweise half ich damit den Studenten, ganz sicher half ich mir selbst. Ich hatte viel nachzuholen. Lernen durch Kreativität.

Ich selbst leitete Übungsgruppen und versuchte die kalte Atmosphäre abzubauen. Ich duzte mich mit den Studenten, was zu der Zeit absolut unüblich war. (Ich weiß nicht einmal, ob es heute üblich ist.) Das ist sicherlich nur eine Äußerlichkeit, und man kann auch anders vorgehen. Dennoch glaube ich, daß es eher darum geht, Distanz abzubauen als sie aufzubauen. Man kann auch mit »Sie« ein gutes Verhältnis zueinander haben und eine entspannte Atmosphäre schaffen. Mir hat jedoch das »Du« die Sache erleichtert, und ich bin auch heute mit den Studenten in meiner Gruppe per »Du«.

In einem Forschungsteam sind Hierarchien völlig zweitrangig. Man kann sich gegenseitig nichts befehlen, man kann höchstens beraten. Man glaubt manchmal, als Chef einer Gruppe etwas mehr Einfluß als andere auf die Richtung zu haben, in die sich die Gruppe bewegt. Dies ist ein Irrtum oder ein Zeichen, daß die Gruppe schlecht geleitet wird. In meinen ersten Jahren in Rüschlikon habe ich als einfacher Physiker tausendmal mehr verändert als später und als ich wahrscheinlich auch in Zukunft als Manager verändern werde. Die Richtung wird nicht – zumindest nicht allein – von den Managern bestimmt. Was ein Manager aber tun kann, ist, eine Atmosphäre zu gestalten, in der Neues entstehen kann.

Noch während meiner Doktorarbeit lernte ich K. A. Müller kennen, der damals die Physikgruppe des IBM-Forschungslabors Rüschlikon leitete. Er besuchte Frankfurt als Gutachter des Sonderforschungsbereiches. Ich erzählte ihm von meinen Messungen an exotischen Supraleitern und von meinem selbstentwickelten Kühlgerät (Mischkryostat). Um Proben auf so extrem tiefe Temperaturen abzukühlen, brauchte man damals ca. eine Woche. Ich entwickelte ein Gerät, mit dem es erstmals möglich war, dies in sehr kurzer Zeit, nämlich in etwa 10 Minuten, zu tun. A. Müller gefiel meine Arbeit, und er erzählte, zurück in Rüschlikon, Heinrich Rohrer von mir, denn dieser suchte einen Physiker für das Forschungslabor. Eckhardt Hoenig hatte mir bereits vor diesem Ereignis vorgeschlagen, mich für die Stelle in Rüschlikon, von der er gehört hatte, zu bewerben. Ich hatte kein Interesse. Schließlich rief mich Heini Rohrer an, um mich für einen Vortrag einzuladen. Ich wußte natürlich, daß es um die Stelle ging. So erzählte ich ihm, daß ich mich nicht dafür interessierte. Er schlug mir vor, trotzdem den Vortrag zu halten, ganz zwanglos. Dies tat ich dann auch. Als er mir

292

anschließend wieder die Stelle anbot, reagierte ich schon etwas anders. Die Situation hatte sich geändert: Jetzt hatte ich das Labor kennengelernt, und vor allem: Ich hatte Heini kennengelernt. Ein sehr alter Freund, der mittlerweile auch Heinrich Rohrer kennt und meine Beziehung zu ihm recht gut einschätzen kann, hat mir vor einiger Zeit gestanden: »Um den Nobelpreis beneide ich dich nicht, aber um deine Begegnung mit Heini.« Natürlich war das nicht ganz wahr, denn er beneidet mich – in diesem Fall zu Unrecht – auch um den Nobelpreis. Er hat jedoch die Situation als alter Freund sehr gut beurteilt. Die Begegnung mit Heini war ein Schlüsselereignis. Ich habe von ihm unendlich viel gelernt, nicht nur in wissenschaftlicher Hinsicht. Eine gute Beziehung verstärkt die guten Seiten aller Beteiligten.

Ich nahm damals seine Offerte an, beendete relativ hektisch meine Doktorarbeit und fing in Rüschlikon an. Meine Gefühle waren extrem gemischt. Wieso stellten die jemanden ein, der besser Gitarre spielen und singen und besser Fußballspielen kann als Physik machen? Es stellte sich bald heraus: Sie suchten für die Firmenmannschaft einen Mittelstürmer – ein Posten, den ich während meiner gesamten Zeit in Rüschlikon (ungefähr acht Jahre) ausgefüllt habe. Ich hatte große Bedenken, unter so vielen etablierten Wissenschaftlern bestehen zu können. Nach einigen wenigen entscheidenden Diskussionen mit Heinrich Rohrer begann ich zwei Projekte in Rüschlikon. Das eine war, zu versuchen, Oberflächen bzw. Grenzflächen mit Hilfe von Vakuumtunneln lokal zu untersuchen. Dies führte zum Tunnelmikroskop. Das andere war, die Supraleitung an $SrTiO_3$ zu studieren. Das letztere Projekt betrieb ich zusammen mit Alexis Baratoff und Georg Bednorz. Mit Baratoff teilte ich glücklicherweise ein Büro. Er brachte mir theoretische Physik bei, so gut ich es eben verstehen konnte. Wir hatten sehr lange und fruchtbare Diskussionen miteinander. Georg Bednorz war noch mit seiner Doktorarbeit an der Eidgenössischen

Technischen Hochschule beschäftigt. Er war in der Lage, $SrTiO_3$-Kristalle der verschiedensten Zusammensetzung (Dotierung) herzustellen.

Nach ungefähr zwei Jahren glaubten wir, einen neuen Supraleitmechanismus gefunden zu haben. Das polare Oxid erzeugt mit den Schwingungen der Atome gegeneinander, den sogenannten Gitterschwingungen, hohe elektrische Felder, die von den Elektronen deutlich gespürt werden. Elektronen und Gitterschwingungen koppeln sehr stark miteinander, was für die Supraleitung entscheidend ist. Dadurch kommt $SrTiO_3$ mit weniger Leitungselektronen aus, um supraleitend zu werden, als jedes andere Material. Die Temperatur, die man benötigt, um es supraleitend zu machen, ist jedoch sehr tief ($T_c <$ 1k). Bringt man mehr Leitungselektronen ein (höhere Dotierung), um diese Temperatur T_c anzuheben, baut dummerweise die Elektronensuppe immer stärkere Gegenfelder auf, die die Felder der Gitterschwingungen kompensieren, also unwirksam machen. Wir phantasierten damals, daß man diese Abschirmung verhindern müsse. Wir dachten an zweidimensionale Schichtstrukturen ($SrTiO_3$/Metall/$SrTiO_3$ usw.). Dann wären die Ladungsträger in eine Richtung (senkrecht zu den Schichten) nicht mehr verschiebbar, und die Gitterschwingungen könnten voll zur Wirkung kommen. Wir phantasierten von einem Supraleiter bei Zimmertemperatur, ohne das wirklich für machbar zu halten. Wer hätte gedacht, daß Georg Bednorz zusammen mit Alex Müller tatsächlich einige Jahre später eine derartige Entwicklung auslösen würde? Daß sie Hochtemperatursupraleitung verblüffenderweise tatsächlich in zweidimensionalen polaren Oxiden fanden, ist möglicherweise ein Zufall. Bednorz und Müller wurden letztlich auch von Überlegungen ganz anderer Art getrieben. Die Entwicklung ist jedoch noch offen. Die neue Supraleitung ist noch nicht verstanden.

Ich begann in Rüschlikon offensichtlich mit zwei sehr heißen Projekten. Man kann sagen, meine Entscheidung war eine ganz ansprechende Intuition. Andererseits kann man jedoch auch behaupten, daß es eine miserable Intuition war, mit einem der Projekte aufzuhören. Es wurde mir aber einfach zuviel. Die Tunnelmikroskopie wurde zu erfolgreich und hat meine ganze Energie in Anspruch genommen.

Das Tunnelmikroskopieprojekt habe ich zusammen mit Christoph Gerber begonnen. Christoph war zu dem Zeitpunkt Heinis langjähriger Laborant. Dieser stellte mir also Christoph als Unterstützung zur Verfügung und mußte somit fortan seine eigenen Experimente alleine durchführen. Eine sehr ungewöhnliche Entscheidung für einen Manager. Christoph war und ist ein absolutes Organisationstalent und eine ausgeprägte Persönlichkeit. Mit ihm verbindet mich heute eine Freundschaft, die weit über das Berufliche hinausgeht. Wir sind 1985 zusammen für ein Jahr nach Kalifornien gegangen. Ich arbeitete dort in erster Linie an der Stanford Universität, mit der mich auch heute noch einiges verbindet, und auch zu einem gewissen Maß in dem IBM-Labor in San Jose (heute Almaden). Diese Zeit muß auch als eine kreative Station verbucht werden. Sechs Monate nach meinem Start in Rüschlikon erhielt ich einen weiteren Laboranten: Edmund Weibel. Er ist sehr geschickt und sorgfältig. Letzteres stellte eine gute Ergänzung zu Gerber (er möge mir verzeihen) und mir dar. Schließlich ließ Heinrich Rohrer seine eigenen Arbeiten liegen und machte außer als Gesprächspartner nun auch handfest bei uns mit. Die Arbeit in diesem Team war äußerst angenehm, anregend und aufregend. Die Teamarbeit an sich war ein kreatives Erlebnis.

An dieser Stelle möchte ich meinen Bericht abbrechen. Zu den letzten Jahren habe ich noch zu wenig Abstand, um sie beurteilen zu können. Ich wünsche mir aber, daß ich auch in Zukunft und noch im Alter für Kreativität offen sein werde.

Ich hoffe, daß das Buch und vor allem das letzte Kapitel nachdenklich stimmt. Ob das Bild der fraktalen Evolution sich zu einer Wirkungseinheit entwickeln wird, ist ungewiß.

Es wäre schön, wenn zumindest einiges davon als Futter für neue Theorien oder Anschauungen dienen könnte. Vor allem aber liegt mir eines am Herzen: Mut zu machen, eifrig am Mutations-Auslese-Rädchen zu kurbeln. Das Buch habe ich für die »Faulen« geschrieben, denen Reproduktion ohne Mutation und ohne kritisches Betrachten zu wenig ist. Ich denke dabei an die, die in ihrem Herzen Kinder geblieben sind.

REGISTER

Auf ein umfängliches Register – wie es bei einer fachwissenschaftlichen Veröffentlichung angebracht ist – wurde bewußt verzichtet. Vielmehr sollen hier nur noch einmal einige wesentliche Begriffe und Namen aufgeführt werden, um ein gezieltes Nachschlagen zu erleichern.

Richard P. Feynman

»Sie belieben wohl
zu scherzen, Mr. Feynman!«

Abenteuer eines neugierigen Physikers
Gesammelt von Ralph Leighton. Herausgegen von Edward Hutchings.
Vorwort zur deutschen Ausgabe von Harald Fritzsch.
Aus dem Amerikanischen von Hans-Joachim Metzger.
463 Seiten. Leinen

»Interessieren Sie sich für Physik? Nein? Dann sollten Sie unbedingt das
Feynman-Buch lesen. Interessieren Sie sich für Physik? Ja? Dann sollten Sie
unbedingt das Feynman-Buch lesen.
Ein Feuerwerk von Pointen und Überraschungsgags, von spitzen
Formulierungen und vielen Streichen.
So lernt man in seinem Buch einen intelligenten, furchtbar neugierigen,
humorvollen und grundehrlichen Menschen kennen.
Nur: Stellen Sie keine Erwartungen an das Buch – es wird doch ganz anders
kommen. Lesen Sie es einfach – aber lassen Sie es nicht rumliegen. Wer erst
mal die Nase reinsteckt, steckt das ganze Buch ein.«

Frank Elstner, Die Welt

Vom selben Autor ist lieferbar:

QED – Die seltsame Theorie des
Lichts und der Materie

Aus dem Amerikanischen von Siglinde Summerer und Gerda Kurz.
200 Seiten mit 93 Abbildungen. Geb.

Harald Fritzsch

Eine Formel verändert die Welt
Newton, Einstein und die Relativitätstheorie
346 Seiten mit 82 Abbildungen. Geb.

Harald Fritzsch, der mit »Quarks – Urstoff unserer Welt« und »Vom Urknall
zum Zerfall« bereits ein großes Publikum erreichen konnte, bringt dem Leser
in seinem Buch Einsteins Relativitätstheorie auf besonders eingängige Weise
nahe: Newton, Einstein und der erfundene zeitgenössische Physiker Haller
erklären sich gegenseitig und damit auch dem Leser die Relativitätstheorie
und ihre Folgen.

QUARKS
Vorwort von Herwig Schopper.
320 Seiten mit 91 Abbildungen. Serie Piper 332

»Dem mit physikalischen Grundprinzipien vertrauten Leser wird dieses Buch
eine Fülle neuer Einsichten vermitteln.«   Süddeutsche Zeitung

Vom Urknall zum Zerfall
Die Welt zwischen Anfang und Ende
351 Seiten mit 55 Abbildungen. Serie Piper 518

»Aber das Besondere ist wohl, daß sich die Darstellung so spannend und
überzeugend liest und daß man das Gefühl hat, hervorragend informiert zu
werden.«   Heinz Maier-Leibnitz

»Gemessen an der Komplexität der Phänomene versteht es der Autor aber
gekonnt, auch komplizierteste Zusammenhänge klar und verständlich auf
ihren wesentlichen Kern zu reduzieren.«   Bernd Kröger, DIE ZEIT

Alfred Gierer

Die Physik, das Leben und die Seele
Anspruch und Grenzen der Naturwissenschaft
310 Seiten mit 19 Abbildungen. Geb.
(Auch in der Serie Piper 927 lieferbar)

In diesem Buch zeigt der Physiker und Biologe Alfred Gierer die Reichweite, aber auch die prinzipiellen Grenzen naturwissenschaftlichen Denkens auf. Beides wird besonders deutlich im Verhältnis der Biologie zur Physik. Hier stellen sich die Fragen, was Leben ist, wie es entstand und sich bis zur Höhe des Menschen entwickelte, wie der Reichtum der Formen zu verstehen ist und in welcher Beziehung das Bewußtsein, die »Seele«, zu einem wissenschaftlichen Verhältnis der Lebensvorgänge steht.

»Gierers Buch war überfällig. Er überläßt die Diskussion um die unüberschaubare Komplexität der Wirklichkeit nicht länger den Philosophen, Theologen und Mystikern.«   Die Zeit

»Gierer hat hier zweifelsohne ein sehr lesenswertes – im übrigen auch gut lesbares – Buch vorgelegt, das für jeden an den Grundproblemen eines naturwissenschaftlichen Weltbildes interessierten Leser einiges an Perspektiven bietet.«   Spektrum der Wissenschaft

»Ein vorzügliches Buch, das die wissenschaftlichen Erkenntnisse von Logik, Erkenntnistheorie, Physik und Biologie auf dem neuesten Stand diskutiert.«
Frankfurter Allgemeine Zeitung

P̶IPER

Werner Heisenberg

Gesammelte Werke
Abteilung C:
Allgemeinverständliche Schriften
Herausgegeben von Walter Blum, Hans-Peter Dürr und Helmut Rechenberg

Band I
Physik und Erkenntnis 1927–1955
Ordnung der Wirklichkeit, Interpretation der Quantenmechanik, Atomphysik, Kausalität,
Unbestimmtheitsrelationen u. a. 453 Seiten. Leinen

Band II
Physik und Erkenntnis 1956–1968
Gifford-Lectures, Sprache und Wirklichkeit, Abstraktion und Vereinheitlichung, Goethes
Naturbild u. a. 440 Seiten. Leinen

Band III
Physik und Erkenntnis 1969–1976
Der Teil und das Ganze, Die Bedeutung des Schönen, Naturwissenschaftliche und religiöse
Wahrheit, Elementarteilchen u. a. 242 Seiten. Leinen

Band IV
Biographisches und Kernphysik
Autobiographisches, Laudationes, Nobelvortrag, Münchner Festrede, Kernphysik,
Buchbesprechungen u. a. 505 Seiten. Leinen

Band V
Wissenschaft und Politik
Organisation der Forschung, Schule und Studium, A. v. Humboldt-Stiftung, Verantwortung des
Wissenschaftlers u. a. Ca. 560 Seiten. Leinen

Die »Allgemeinverständlichen Schriften« in fünf Bänden – etwa die Hälfte der Texte wird
erstmals in Buchform veröffentlicht – wenden sich vor allem an naturwissenschaftlich und
philosophisch interessierte Laien. Sie erhalten aufregende Einblicke in das Denken des
Nobelpreisträgers.
Das Werk Heisenbergs, das sich an das allgemeine Publikum wendet, umfaßt neben Reden und
Aufsätzen zum Inhalt und zur Deutung der Physik seine Gesamtschau des Naturbildes, wie es
sich von der Antike bis zur Gegenwart entwickelt hat. Darüber hinaus ist von der Organisation
der Forschung und vor allem auch von der Verantwortung des Wissenschaftlers in einer
wissenschaftlich-technischen Welt die Rede. Heisenbergs Schriften sind – wie schon seine
erfolgreichen Bücher zeigen – geeignet, ein großes Publikum zu erreichen. Ihm gelang – wie
nur wenigen bedeutenden Naturwissenschaftlern – die Vermittlung zwischen der modernen
Naturwissenschaft und einer interessierten Öffentlichkeit.

PIPER